직업 체험, 방과 후 수업, 고교학점제 활용 교재

전기자동차
PLC 프로그래밍 코딩
(XGB, FX 3U_PLC 사용)

김일호 지음

光文閣
www.kwangmoonkag.co.kr

PREFACE

4차 산업시대에 나는 어느 분야에 어떻게 무슨 기술로 전문성을 지닌 엔지니어가 될까?

그 많은 길을 멘토로서 길잡이 역할을 하고자 하는 마음에서 PLC 전기자동차 프로그램 코딩 교재 집필을 시작하였다. 프로그램 코딩은 현재 초등학교부터 교육하고 있지만 그 프로그램 코딩을 적용하는 하드웨어는 다양하지 못한 현실에서 현장에 쓰이는 XGB_PLC를 활용하여 자동차 제작 프로젝트 코딩을 집필하고자 한다.

PLC는 Programmable Logic Controller, 즉 산업용 컴퓨터로 생각하면 된다. 프로젝트 이름을 XGB_PLC 전기자동차로 PLC 코딩을 처음 접하는 초보자에게 접할 수 있는 자동차 제작을 목적으로 집필했으며, 2025년부터 고교학점제 운영을 시작하므로 학생들이 쉽게 코딩을 접근할 수 있도록 자동차, 드론 부분을 참작하여 계속 업데이트하고자 한다.

XGB, FX3U_PLC 전기자동차 교재 내용은 전기 기초 이론, 전기 배선, 기구조립, 3D 프린팅, 프로그램 코딩, 전기, 전자장치 공부, 테스터 사용 전기자동차 유지보수 점검 등 초등학생에서 중학교 체험학습, 고교학점제, 전기기능장 준비 수험생까지 집에서 PLC 전기자동차 프로그램 코딩을 공부할 수 있도록 집필하였다.

또한, 그 외 NCS 적용 교과목으로는 전기전자 장치 조립 준비, 전기전자회로 분석, 전기기기회로 조립부, 모터 제어, 센서 활용 기술, PLC 프로그램 개발, PLC 프로그램 테스트, 전장 시스템 제어, 계장 제어 전기 배선, 전기 시퀀스 제어, 전기자동차 전기 배선, 전동기 속도 제어, 프로젝트 제작 등 다양한 고교학점제 교과목에 적용할 수 있다.

PLC 전기자동차 제작을 통해서 납땜 기초 실습, 전기 배선, PLC 프로그램 코딩, 전기전자 기초 실습, 전기자동차 유지보수에 필요한 실습, 테스터 및 메거 사용법, HMI 기술, 센서 통신, SCADA 등 다양한 기술을 습득할 수 있는 교재와 키트 모듈로 중·고등학생들의 과학 학습 자료로 활용하고자 한다. 향후 교재를 계속 업데이트하여 현장 기술을 추가시켜 공부할 수 있는 교재와 키트로 활용하고자 한다.

2022. 03.

저자 씀

CONTENTS

CONTENTS

Chapter
01

전기자동차 구성

1. 모터(Motor)

모터는 로봇자동차에서는 기동 역할을 한다. 모터의 속도 제어는 자동화 기술에서 핵심 기술이다. 모터 드라이버의 개발은 매우 중요하고 모터 속도 제어 기술을 습득하는 기초 기술에 중점을 두었다.

(1) 스테핑 모터

모터 사진	용도 및 모터 특성
	정밀한 위치 제어 Brush 무 최대 속도 1000rpm 소형 경량으로 저렴 소음 회전 불균형이 크다. 프로젝트 제작용으로 많이 쓰임

(2) DC 서보모터

모터 사진	용도 및 모터 특성
	높은 출력 위치 제어 Brush 있음 최대 속도 5000rpm 무철심형은 토크의 직진성이 양호 부러시 마모에 의한 수명 단축 프로젝트 제작용으로 많이 쓰임

(3) RC 서보모터

모터 사진	용도 및 모터 특성
	위치 제어 제어 회로와 기어 자체 내장 펄스 제어 시스템 구조가 간단 소비 전력이 적다. 노이즈가 적다. 토크가 작다. 프러스 마이너스 90도로 제한되어 있다.

(4) 감속비 사양

감속기 길이[mm]		17.3							
중량[g]		57		76	77				
감속비		1/6	1/10	1/15	1/21	1/30	1/44	1/60	1/77
02type 12v	정격 토크 [kgf.cm]	99	160	220	320	400	550	780	800
	정격 회전수 [rpm]	593	340	230	160	110	80	59	46
	무부하 회전수 [rpm]	750	450	300	214	150	102	75	58

2. 램프(Lamp)

표시등은 배전반이나 제어반 조작반 등에 설치되어 전원 on-off, 기기의 운전, 정지, 고장 등을 빛으로 표시한다. 트랜스를 내장한 것과 내장하지 않은 것이 있으며, 푸시버튼 스위치가 붙여 있는 조광형 스위치도 있다. 표시등은 형태에 따라 사각형, 원형, 육각형, 숫자형, 화살표형 등 여러 가지 종류가 있으며 용도에 따라 사용된다.

(1) 표시등 램프

동작 상태	색상	기 호	영 문
전원 표시	백색	WL. PL	white. poliot lamp
운전 표시	적색	RL	red lamp
정지 표시	녹색	GL	green lamp
경보 표시	등색	OL	orange lamp
고장 표시	황색	YL	yellow lamp

(2) LED 램프

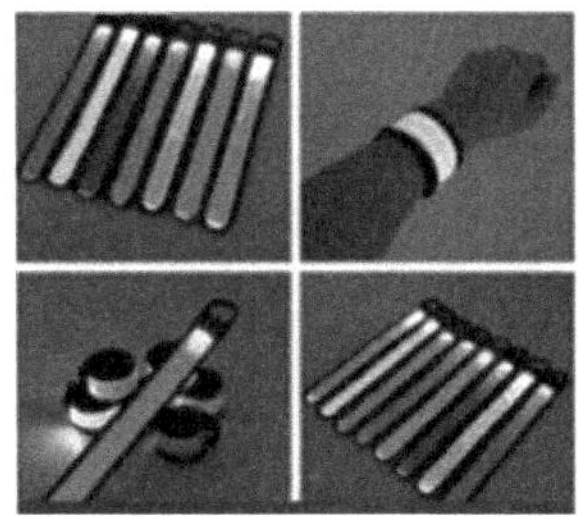

LED표시등CRP-30A(G)

LED표시등CRP-30A(R)

LED표시등CRP-300(G)

LED표시등CRP-25A(Y)

LED표시등CR-252(CF)

3. 푸시버튼 스위치(Push Button Switch)

푸시버튼 스위치(PBS: Push Button Switch)는 수동으로 버튼을 누르면 접점 기구부가 개폐 동작을 행하여 전로(電路)를 개로 또는 폐로한다.

표시색	기 능	적 용
녹 색	시 동	start 적용
적 색	정 지	stop 적용
황 색	리 셋	사이클 완료 후 리셋에 사용
백 색	규정 외에 사용	

(1) 버튼 스위치

(2) 푸시버튼 스위치

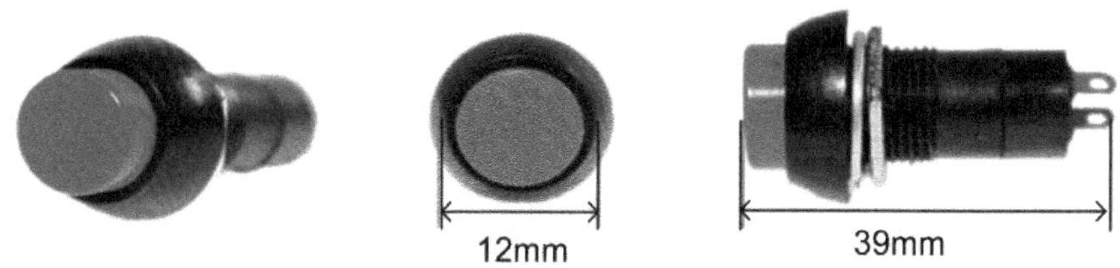

(3) 조작 스위치

푸시버튼 스위치

셀렉트 스위치

토글 스위치

비상 스위치

4. 전선(IV)

(1) 단선과 연선

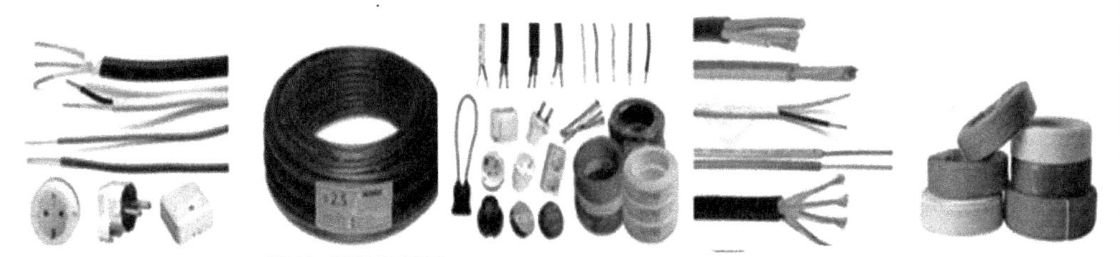

콘센트. 스위치. 플러그　1롤-80m(CV2.5SQX2C　전선기타부자재모음　케이블　전선

(2) 케이블

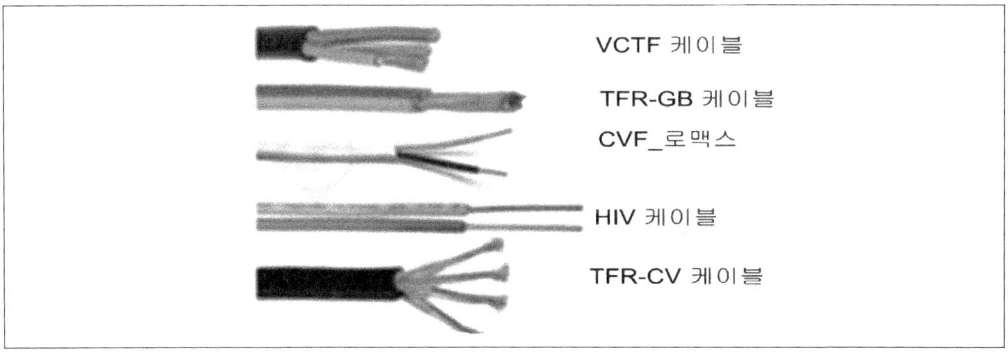

5. 바퀴(Wheel)

PLC 전기자동차에 활용하는 바퀴는 고정 프레임과 자동차 크기를 고려하여 선정해야 한다.

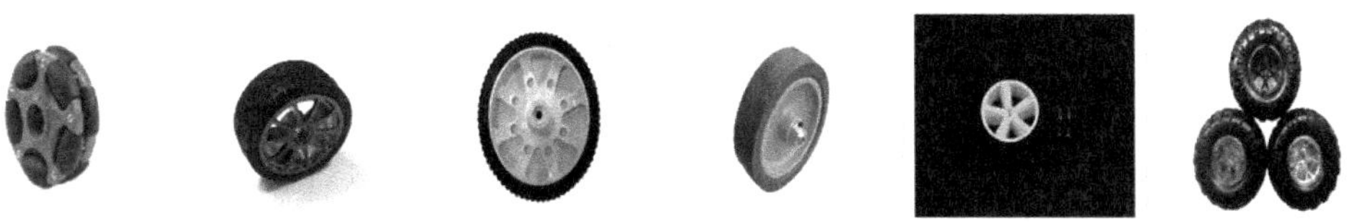

Chapter 02

전기자동차 기술 개요

1. 접점(Contact)

(1) 전기장치 기호

스위치 종류	회로도 기호			동작 원리
	접점	횡서 표기	종서 표기	
수동 조작 자동 복귀	a접점	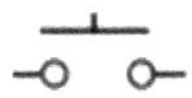	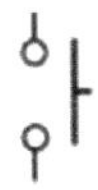	수동 조작 자동 복귀 접점 푸시 버튼 스위치
	b접점			
계전기 보조 계전기	a접점	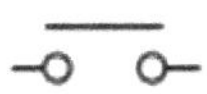		전자 접촉기 릴레이 접점 등이 주로 표기된다.
	b접점			
타이머 접점	a접점			타이머 접점 한시 a, 한시 b 접점
	b접점			
전자 접촉기	a접점	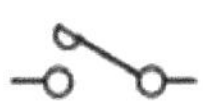		전자 접촉기 주회로 표기에 사용
	b접점			
과부하 계전기	a접점	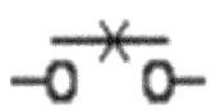		EOCR. 과부하 계전기 접점
	b접점			

(2) PLC 접점 기호

기 호	이 름	기 호	이 름
	ESC 처음 시작점	-(　　)-	코일[출력]
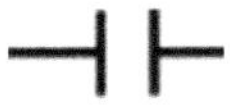	A 접점	-(F)- F10	코일[응용 명령]
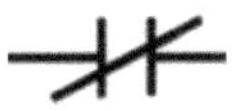	B 접점	-(S)-	Set 코일
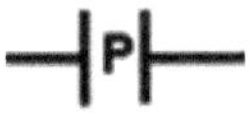	P접점[양변환]	-(R)-	Reset 코일
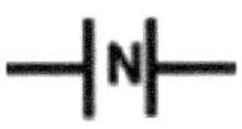	N접점[음변환]	-(P)-	P코일

(3) PLC 제품 종류

XGT Series 제품 구성

XGT(Series) – XGK(I) –

XGR –

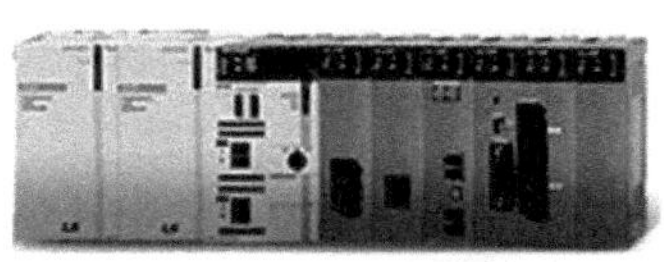

XGB – XB(E)C –

XBM –

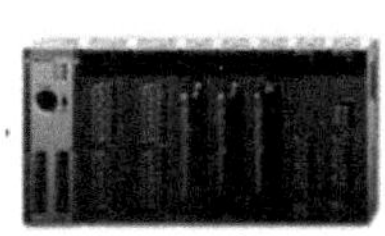

Chapter 03

전기자동차 기구 장치

1. 제어 방식(Control System)

전장 시스템은 시퀀스 제어를 바탕으로 어떤 시스템의 제어 장치를 만들거나 유지 보수하는 것을 의미한다. 즉 시스템의 자동 제어(automatic control)이다. 산업의 발달로 자동화 시스템의 설비가 증가함에 따라 전장 시스템 기술에 대한 시대적 필요이며 요구이다. 그러므로 계전기 마이크로 프로세서, PLC(programmable logic controller) 등을 사용하여 전장 시스템 제어를 시행하고 있다.

(1) 유접점 제어 방식

유접점 제어는 전자 릴레이(magnetic relay)를 사용하여 시퀀스 제어를 동작시키는데 다음과 같은 장단점이 있다.

① MC 14핀, 20핀 사진

② 모터 기동 정지 시퀀스 제어 회로

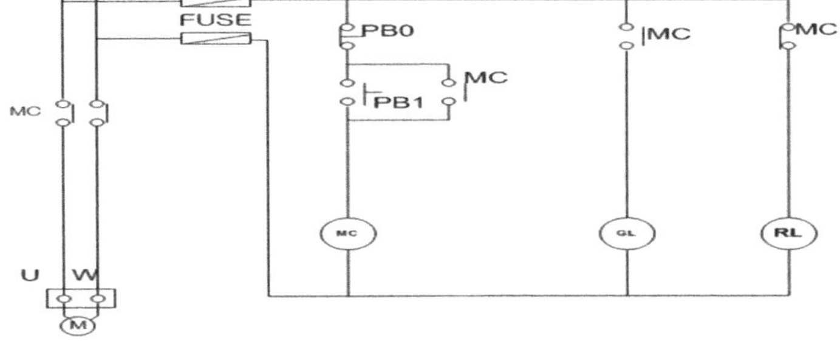

(2) 무접점 제어 방식

무접점 제어는 로직 시퀀스(Logic Sequence)라고도 하며 트랜지스터나 IC 등의 반도체를 사용하는 논리 소자를 스위치로 이용하여 제어하는 방식으로 표현 방법에는 논리회로가 사용된다.

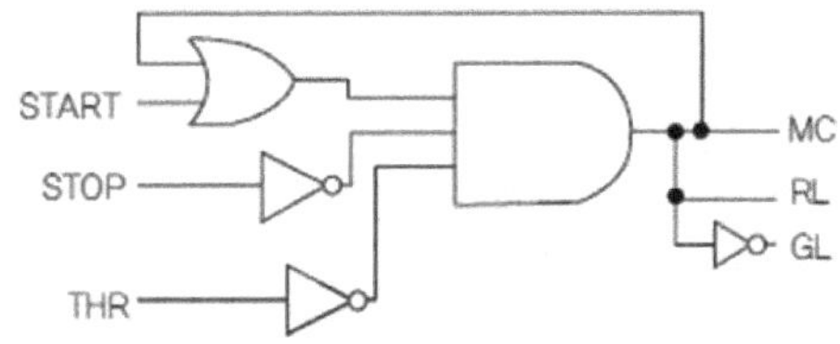

(3) PLC 제어 방식

PLC(programmable logic controller) 제어 장치를 각종 입출력 제어 장치와 조합하여 제어반을 구성하고 프로그램을 제어하는 방식이다.

① PLC 제어

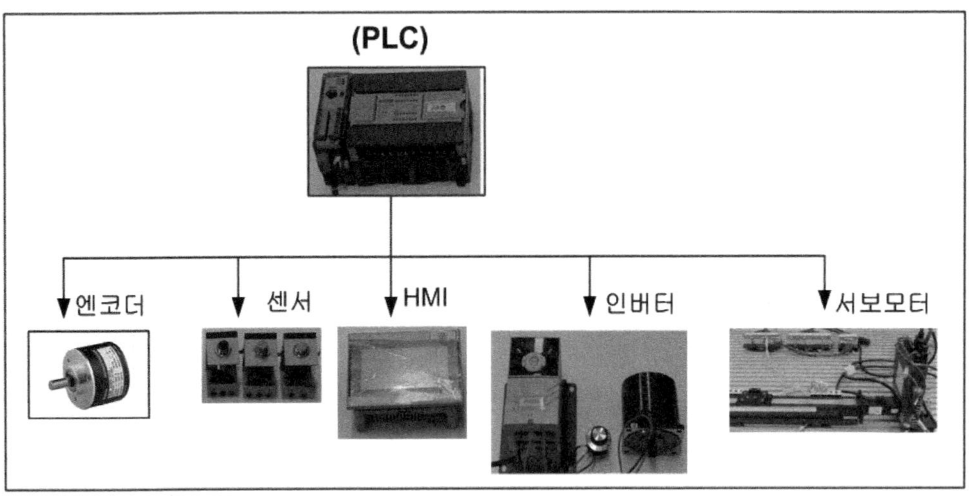

② XGB_X5000 프로그램

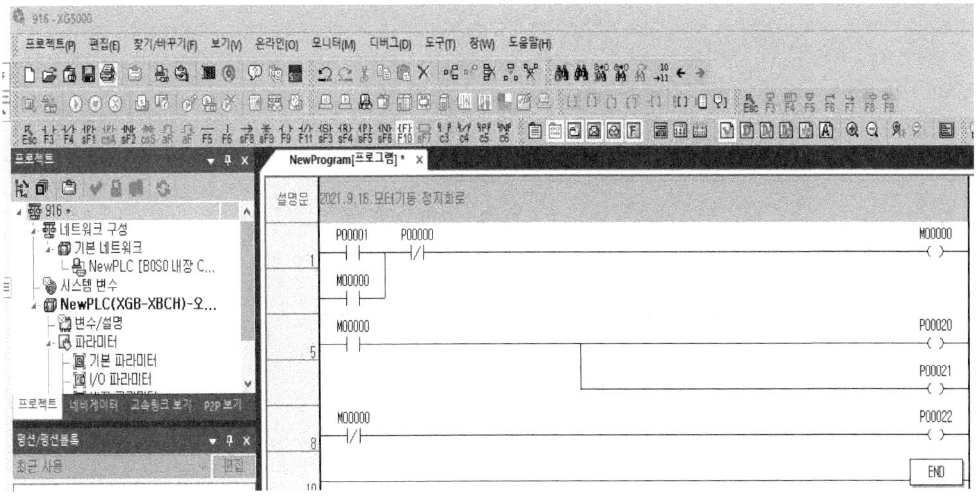

(4) PC 기반 제어

① PC 기반 제어 장치

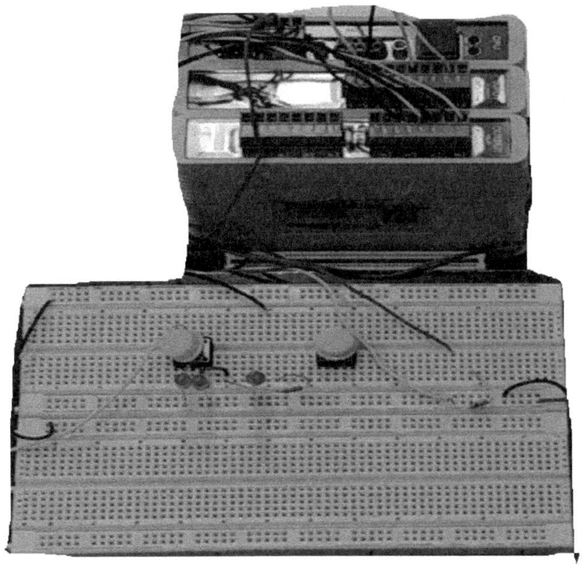

② PC 기반 프로그램 예

```
void setup() {
  // put your setup code here, to run once:

}

void loop() { digitalWrite(LED_BUILTIN, HIGH);   // turn the LED on (HIGH is the
                                                    voltage level)
  delay(1000);                                   // wait for a second
  digitalWrite(LED_BUILTIN, LOW);                // turn the LED off by making the
                                                    voltage LOW
  delay(1000);                                   // wait for a second
                                                 // put your main code here, to run
                                                    repeatedly:
}
```

2. 전기 장치 전기 계전기(Electric Apparatus Relay)

전기 배선도를 통하여 전기전자 장치에 적합한 전기 배선 요소 부품을 선정할 수 있다.

(1) 차단기

차단기(circuit breaker)란 수동으로 회로를 개폐하고, 미리 설정된 전류의 과부하에서 자동적으로 회로를 개방하는 장치로 정격의 범위 내에서 적절히 사용하는 경우 자체에 어떠한 손상을 일으키지 않도록 설계된 장치를 말한다.

〈배선용 차단기〉

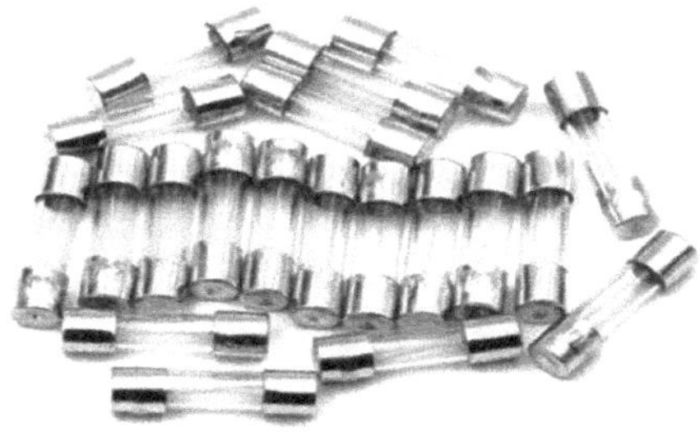

〈유리관 퓨즈〉

(2) 퓨즈

퓨즈(fuse)란 과전류가 통과하면 가열되어 끊어지는 용융 회로 개방형의 가용성 부분이 있는 과전류 보호 장치를 말한다.

(3) 과전류 차단기

과전류 차단기(over current circuit breaker)란 정상적인 회로 조건에서 전류를 보내면서 차단할 수 있고, 또한 일정한 시간 동안만 전류를 보낼 수도 있으며, 단락 회로와 같은 비정상적인 특별 회로 조건에서 전류를 차단시키기 위한 장치를 말한다.

〈EOCR〉

(4) 누전 차단기

누전 차단기(earth leakage breaker)란 지락 전류를 영상 변류기로 검출하는 전류 동작형으로 지락 전류가 미리 정해 놓은 값을 초과할 경우, 설정된 시간 내에 회로나 회로의 일부의 전원을 자동으로 차단하는 장치를 말한다.

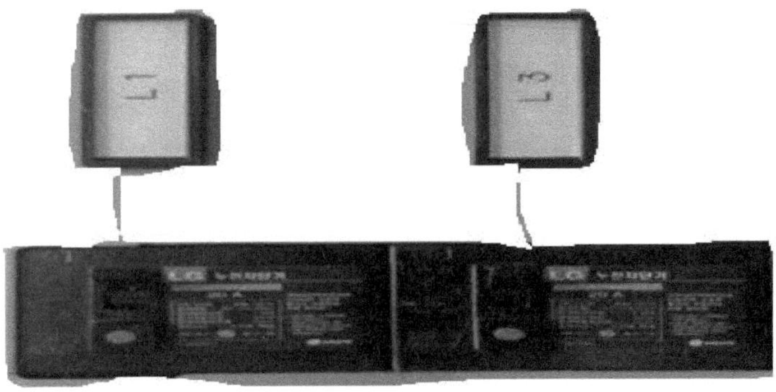

〈누전 차단기〉

Chapter

04

전기자동차 전기 장치

1. PLC(Programmable logic controller)

종래 제어반에 사용하던 릴레이, 타이머, 카운터 등의 기능을 IC, 트랜지스터 등의 반도체 소자로 대체·기본적인 시퀀스 제어 기능에 수치 연산을 추가하여 프로그램 제어가 가능하도록 한 자율성이 높은 제어 장치이다. 미국공업협회(NEMA: National Electrical Manufacturers Association)에서는 “디지털 또는 아날로그 입출력 모듈을 통하여 로직, 시퀀싱, 타이밍, 카운팅, 연산과 같은 특수한 기능을 수행하기 위하여 프로그램 가능한 메모리를 사용하고 여러 종류의 기계나 프로세서를 제어하는 디지털 동작의 전자 장치”로 정의하고 있다.

(1) PLC 구성 및 구조

PLC는 인간의 두뇌 역할을 하는 중앙처리장치(CPU), 외부 입·출력 기기와 CPU의 신호 중계 역할을 하는 입·출력 인터페이스부 그리고 각 부에 전원을 공급하는 전원부로 구성되어 있으며, 프로그래밍 패널과 프로그램 전용 소프트웨어를 이용해서 PLC 내의 메모리에 프로그램을 기록한다.

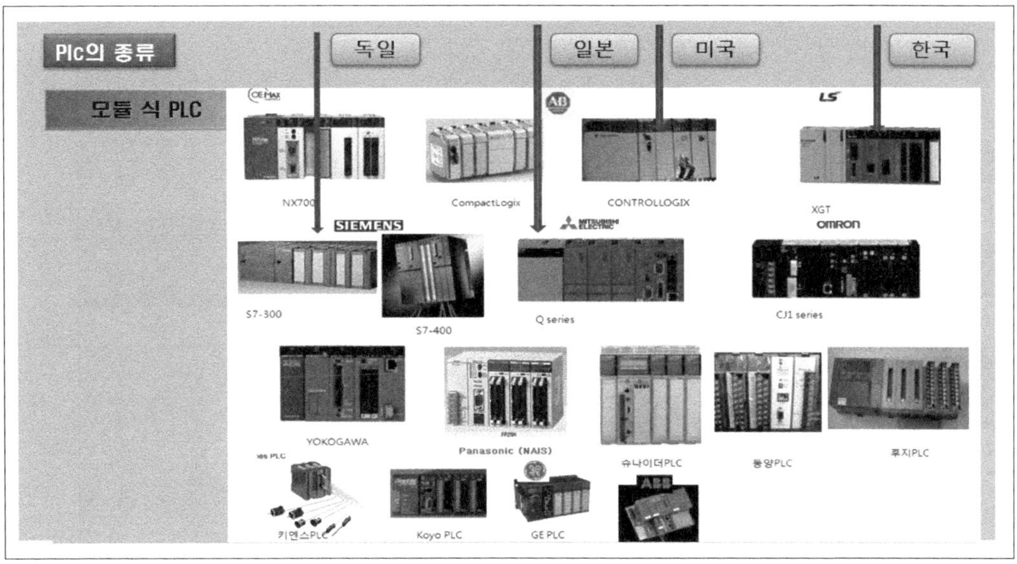

〈PLC 종류〉

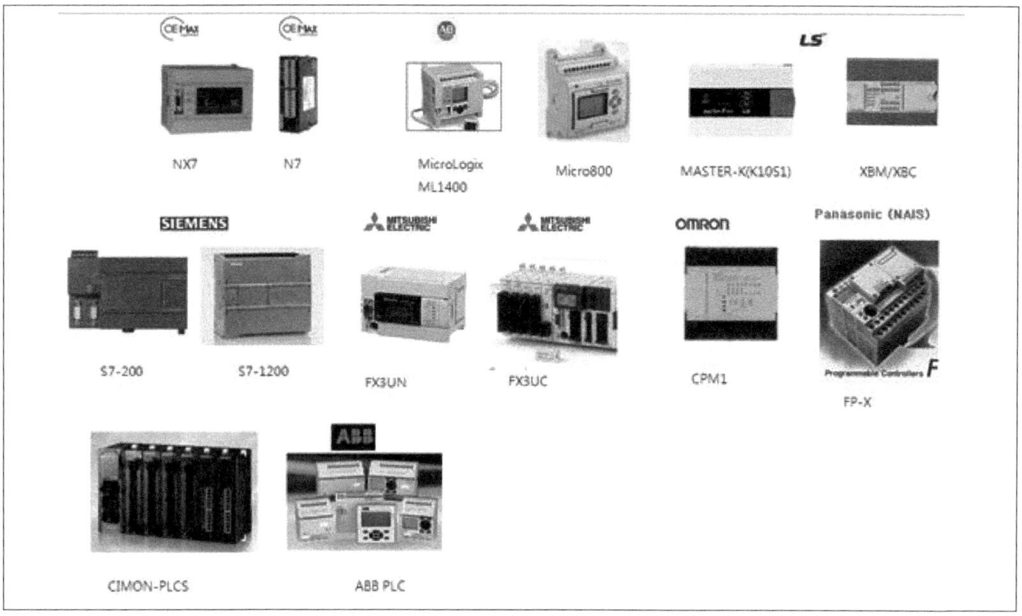

<소형 PLC 종류>

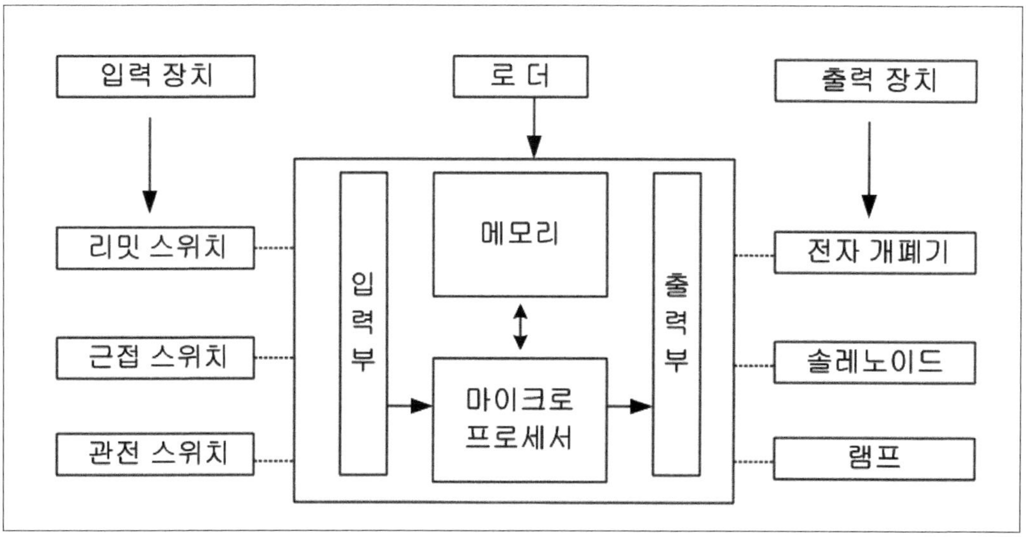

<PLC의 구성>

2. PLC 입출력 설정(PLC Input. Output Set-up)

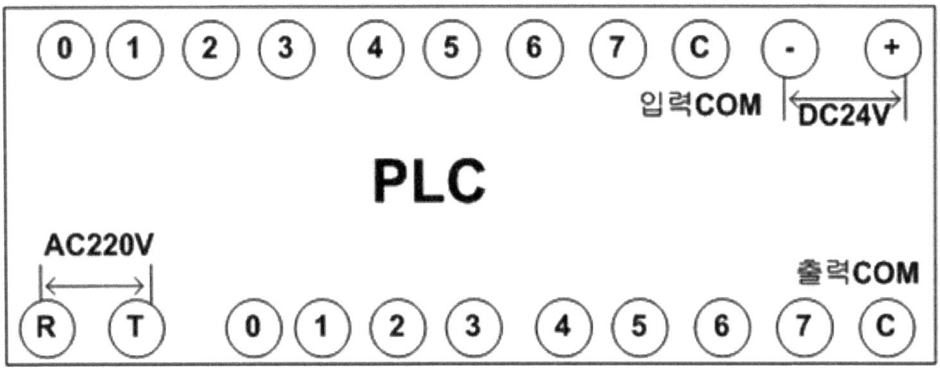

〈PLC 구성도〉

① 전원부: 입력 전원 AC 220V용/릴레이 타입, DC 24V, 5V 사용 가능(아두이노 출력)

② 입력부: 스위치, 센서, 릴레이, 스위치 COM

③ PLC 입력 COM

④ 출력부: 램프, MC, 솔레이드밸브, 모터, 램프 COM

⑤ PLC 출력 COM

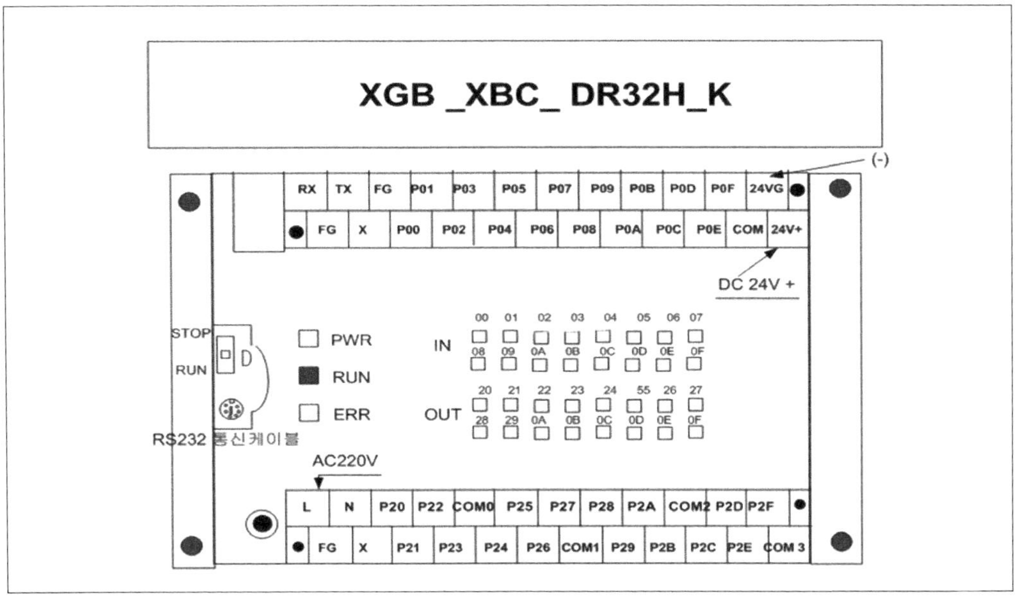

〈XGB PLC 구조〉

3. 전기자동차 관련 계전기(Electric Car Relay)

릴레이는 힌지형과 플런저형이 있으며, 전원 방식으로는 코일에 공급되는 전압에 따라 직류용과 교류용이 있다. 릴레이 핀수는 8핀(2c), 11핀(3c), 14핀(4c)이 있고, 베이스를 사용하여 배선하고 계전기 핀을 베이스에 삽입하여 사용할 때는 가운데 홈 방향이 아래로 오도록 고정시켜야 하고, 그리고 계전기를 꼽아서 사용할 때는 홈에 맞도록 하여 사용하여야 한다.

(1) 릴레이

릴레이 외관	8핀 RELAY	11핀 RELAY	14핀 RELAY
	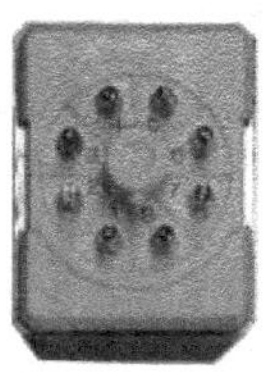		
	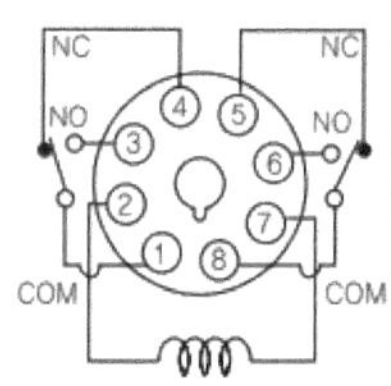	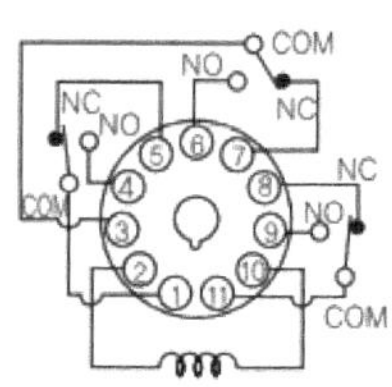	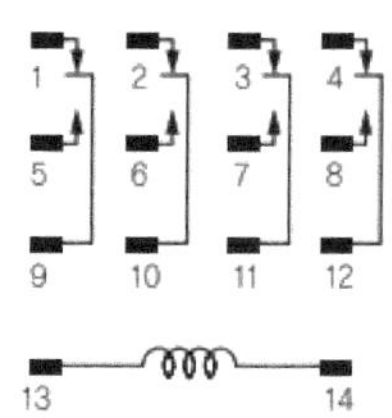

<릴레이의 종류>

(2) 타이머

타이머는 전기적 또는 기계적 입력을 부여하면, 정해진 시한이 경과한 후에 그 접점이 폐로 또는 개로하는 것을 말한다. 타이머의 종류는 모터식 타이머, 전자식 타이머, 제동식 타이머 등이 있고 타이머의 출력 접점에는 동작 시에 시간 지연이 있는 것과 복귀 시에 시간 지연이 있는 것이 있다

타이머 외관	타이머 내부 회로도
	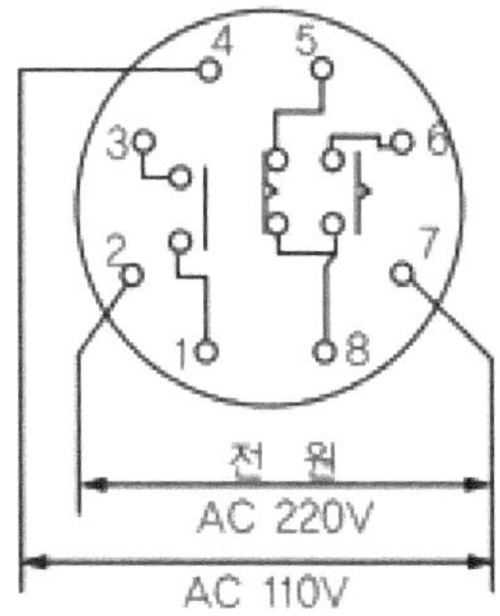

① 한시 동작 순시 복귀형(on delay timer)

입력 신호가 들어오고 설정 시간이 지난 후 접점이 동작하며 신호 차단 시 접점이 순시 복귀되는 형태 타이머

타이머 접점	타임차트
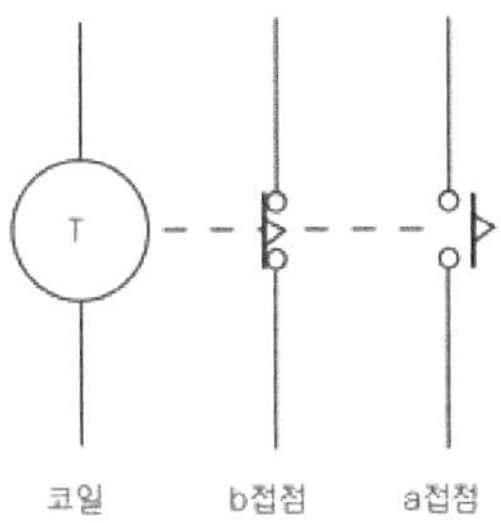	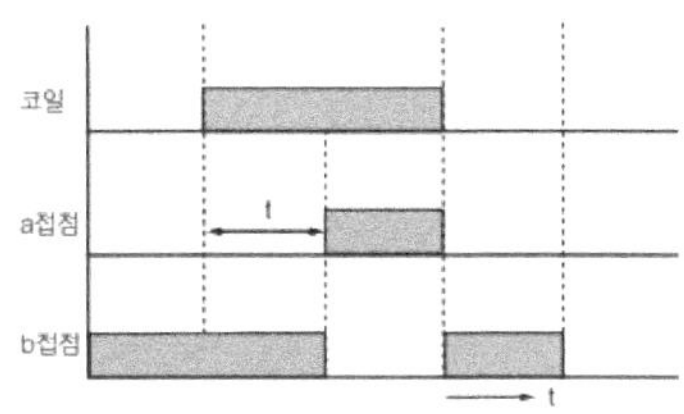

(3) 카운터

각종 센서와 연결하여 길이 및 생산 수량 등의 숫자를 셀 때 사용하는 용도로 카운터는 가산(Up), 감산(Down), 가·감산용(Up, Down)이 있으며 입력 신호가 들어오면 출력으로 수치를 표시한다. 카운터 내부 회로 입력이 되는 펄스 신호를 가하는 것을 셋(Set), 취소(복귀) 신호에 해당되는 것을 리셋(Reset)이라고 한다. 계수 방식에 따라서는 수를 적산하여 그 결과를 표시하는 적산 카운터와 처음부터 설정한 수와 입력한 수를 비교하여 같을 때 출력 신호를 내는 프리셋 카운터(Free Set Counter)가 있으며, 출력 방법으로는 계수식과 디지털식이 있다.

카운터 외관	카운터 내부 회로
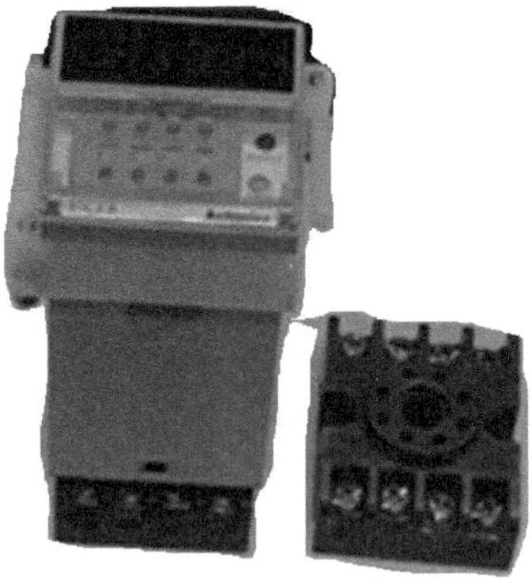	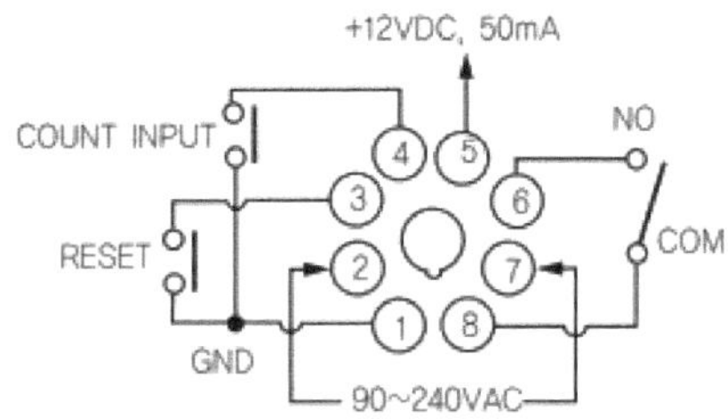

(4) 전자 접촉기

전자 접촉기는 전자석의 동작에 의해 접점을 개폐하는 기구로서 전동기 등의 동력 부하에는 필수적으로 사용되고 있다. 동작 원리는 앞서 설명한 릴레이와 완전히 동일하다. 다만 차이점은 릴레이가 적은 전류를 제어하는 보조 접점의 개념인데 반해 전자 접촉기는 개폐하는 회로의 전력이 큰 회로의 주 접점으로 이용되어 빈번한 개폐 조작에도 충분히 견딜 수 있는 구조이다.

12핀 MC	내부 접점
	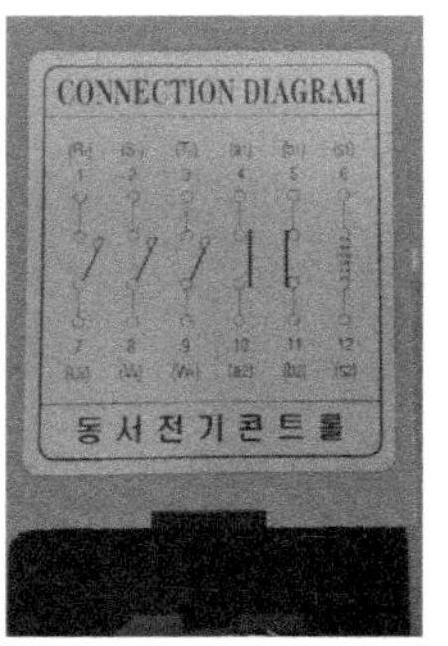

- MC 12핀 계전기 회로의 원리

코일에 AC220V를 가하면 전자석이 되어 a접점 4개와 b접점 1개가 동시에 작동하여 a접점은 붙고, b접점은 떨어지는 원리이다.

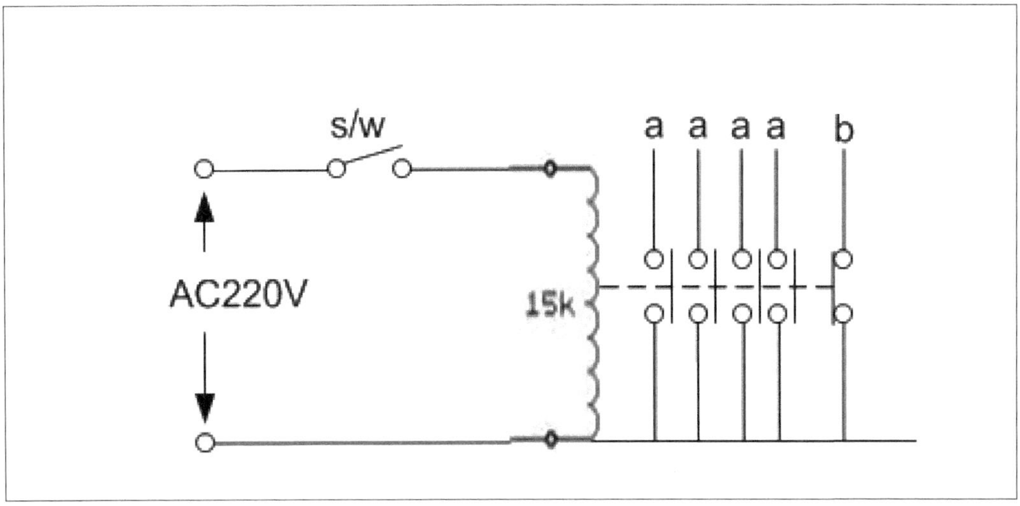

(5) 전자식 과부하 계전기

전자식 과부하 계전기(EOCR)는 열동식 과부하 계전기에 비해 동작이 확실하고 과전류에 의한 결상(缺相) 및 단상(單相) 운전이 완벽하게 방지되며 전류 조정 노브와 LED에 의해 실제 부하 전류 확인과 전류의 정밀 조정이 가능하다. 지연 시간과 동작 시간이 서로 독립되어 있으므로 동작 시간의 선택에 따라 완벽하게 보호가 가능하다. Test 기능이 내장되어 동작 시험과 회로 시험이 가능하고 CT 관통식으로 관통 횟수를 가감하여 사용 범위를 넓힐 수 있다. 신호 출력 회로가 내장되어 있어 촌동 및 파동 부하에도 오동작이 없으며 온도 보상 회로가 내장되어 있어 안전하다.

12핀 EOCR	내부 회로
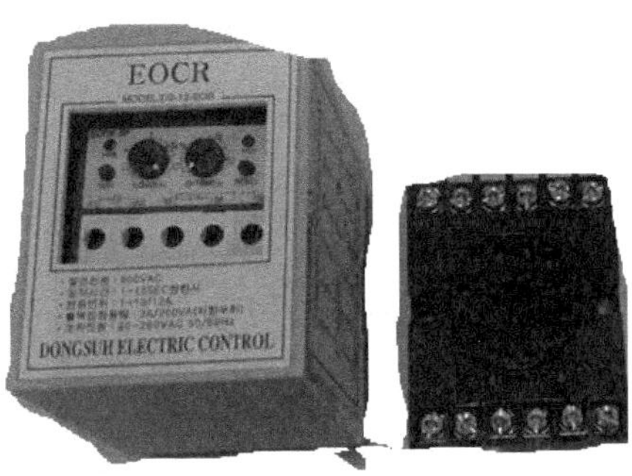	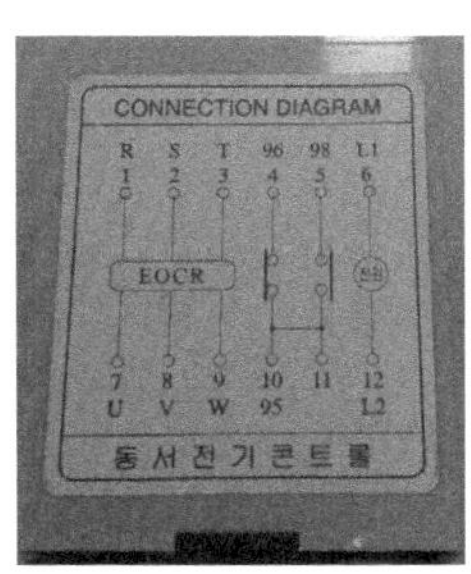

(6) 검출 스위치

접촉식 센서로서 자동화 장치의 입력으로 다양하게 활용된다.

(7) 근접 스위치

비접촉 근접 센서로서 광센서, 금속 센서, 비금속 센서, 초음파 센서, 습도 센서 등 다양한 종류가 있으며 PLC 제어에서는 주로 24V용을 활용한다.

4. 공구의 종류(Variety Of Tools)

전기자동차 제작에 여러 가지 지참 공구가 필요하다.

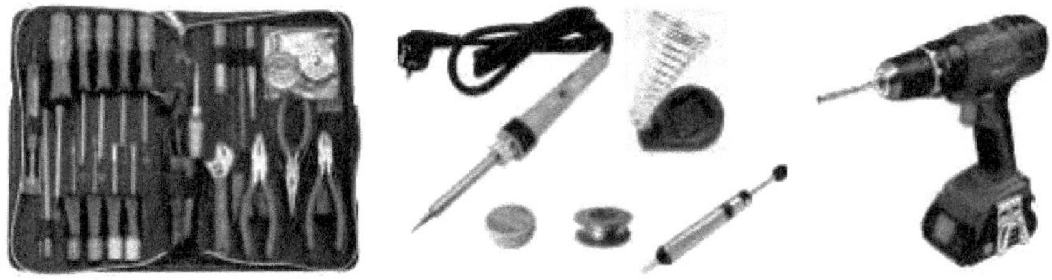

(1) 드라이버

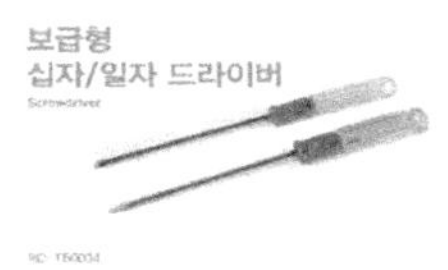

KARAS보급형 십자드라이버 [3mm*73mm][RC-TB0034] [십자/레드]

KENDOPH0x75mm 십자 드라이버 [K20121]

CKTOOLESD 십자 드라이버[PH] T4722ESD 0

■ 로봇전기자동차 프로젝트 제작 시 필요 공구

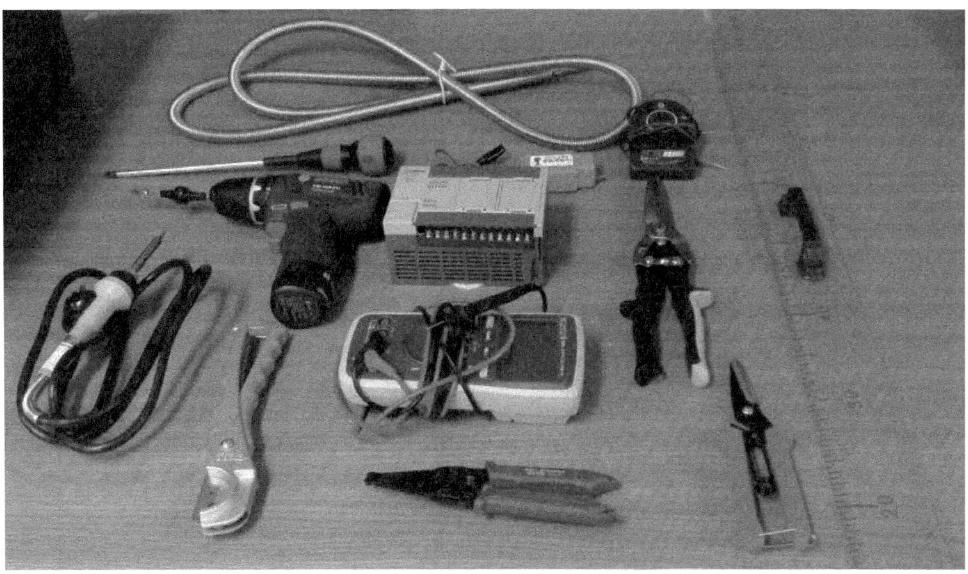

(2) 전동드릴

전동드릴

(3) 롱로즈

롱로즈(6인치)

(4) 스트리퍼

(5) 압착 펜치

(6) 니퍼

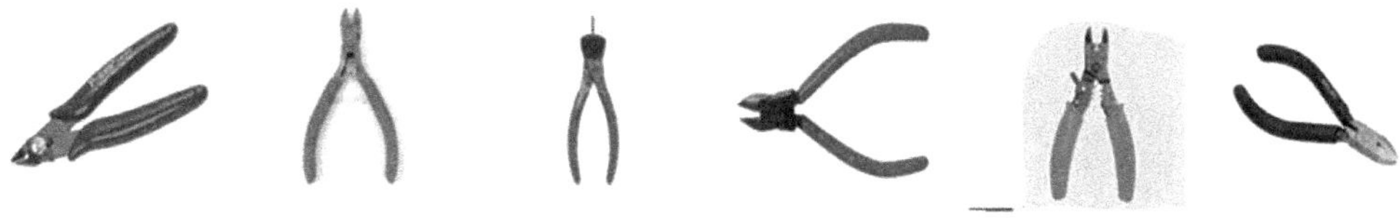

니퍼(6인치)

(7) 펜치

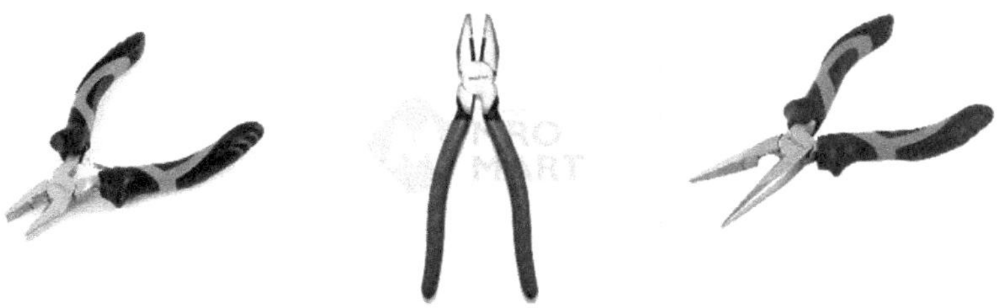

(8) 납땜 인두기 세트

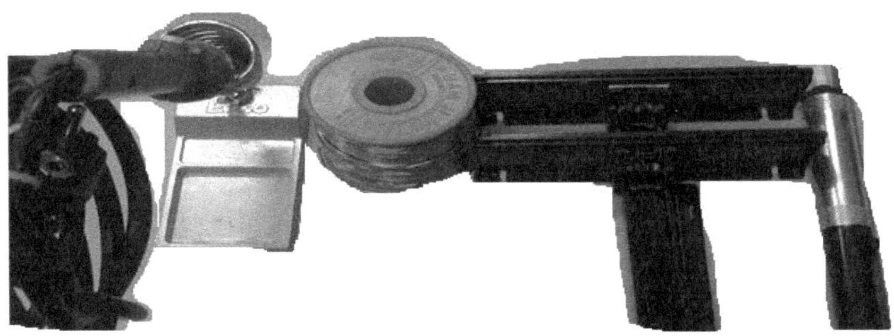

(9) 수축 튜브

(10) XBC_DR32H 외형도

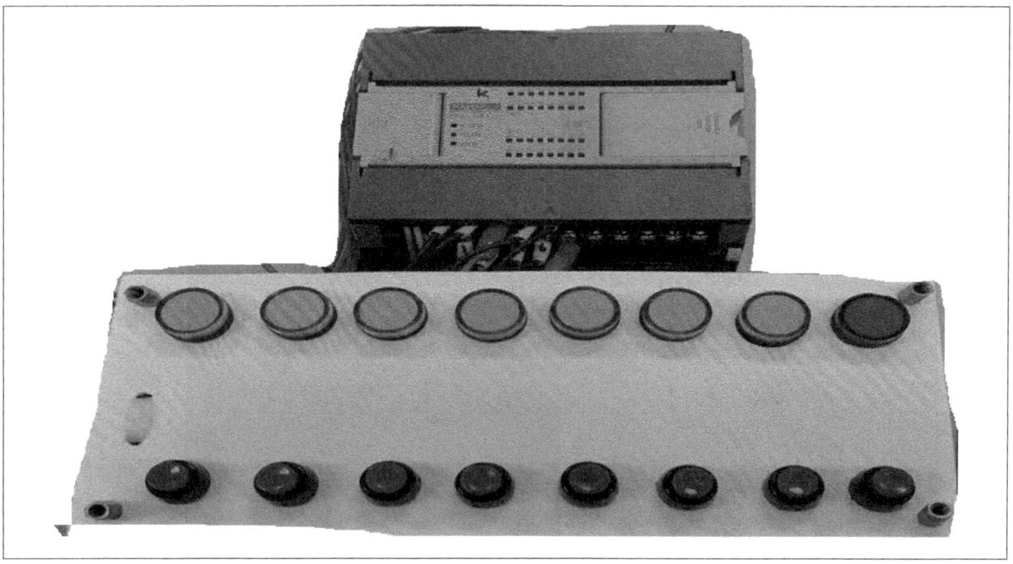

(11) Arduino 자동차 키트

(12) Raspberry Pi 자동차 키트

(13) ATmega128 자동차 키트

Chapter

05

전기자동차 프로젝트 제작

프로젝트 조립은 사진과 같이 부록에 공구 재료를 준비하여 조립한다. 안전에 유의하여 재료 및 공구를 취급한다. 지도교수는 로봇자동차 제작 시 관심을 가지고 멘토한다.

(1) 전기자동차 외형도 조립

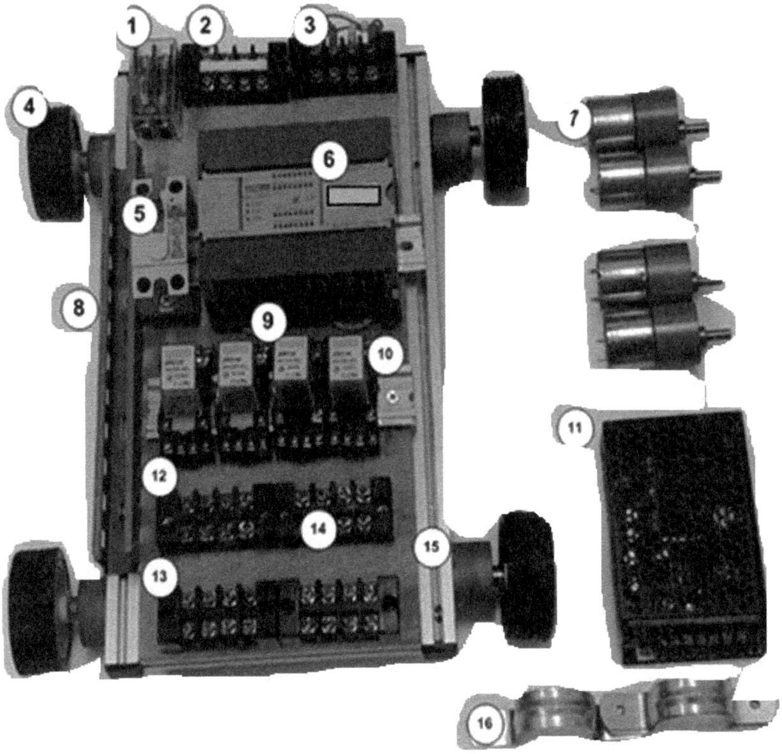

① AC220V FUSE	⑪ SMPS(변압기)
② 220V용 단자대	⑫ 스위치용 단자대
③ DC24V용 단자대	⑬ 램프용 단자대
④ 바퀴	⑭ 합판
⑤ 차단기 AC220V용20A	⑮ 프로파일
⑥ PLC	⑯ 새들(바퀴 고정)
⑦ DC 24V용 모터	
⑧ 덕트	
⑨ DC24V RELAY(14핀)	
⑩ 제어반 구성 체널	

(2) 로봇자동차 전기 배선 기구 배치도

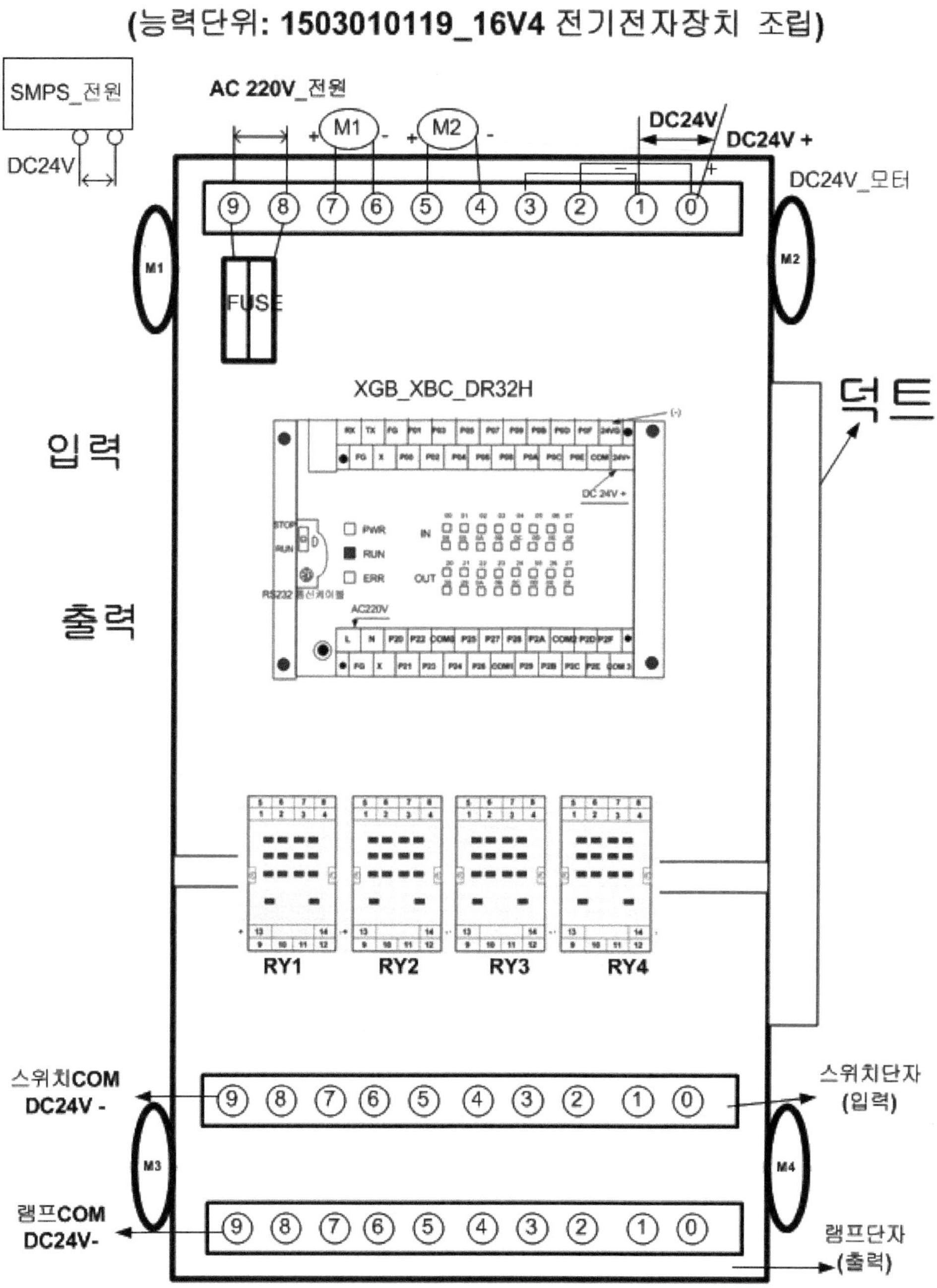

(3) 로봇전기자동차 공구 사용 및 전기 배선 작업

① 작업 공구의 활용 및 제어 패널 가공

전기 제어반(Control Panel)에는 제어 컨트롤러, 계전기, 차단기 및 스위치 등의 무수히 많은 각종 제어 장치로 구성되어 있으며, 이 장치들의 단자에는 복잡한 케이블들로 유기적으로 연결되어 있다. 그러나 각 장치들과 케이블 상호 간에 어떤 기호나 숫자 등으로 명확하게 표시되어 있지 않다면 기계 장비의 제작 또는 유지보수를 하는데 상당한 어려움에 직면하게 된다.

따라서 이러한 문제점들을 해결하기 위해 케이블과 기계 장비를 식별할 수 있도록 기호나 숫자 등을 인쇄한 넘버링 튜브(Numbering Tube)나 라벨(Label)을 붙인다.

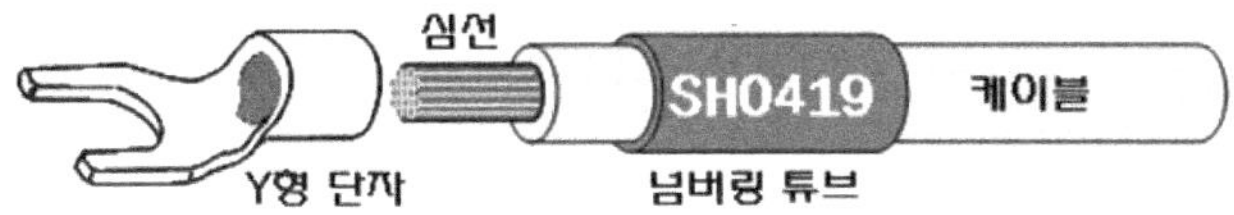

<넘버링 작업하기>

② 와이어 스트리퍼 사용 전선 피복 벗기기 작업

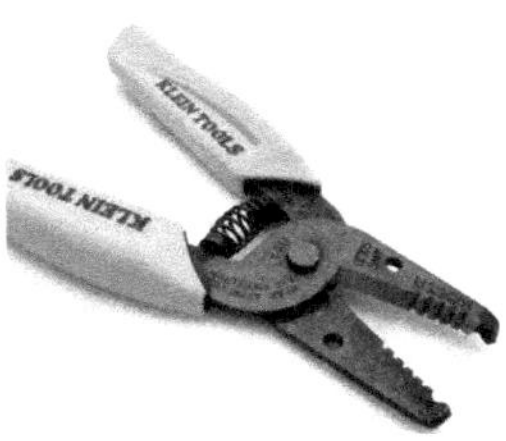

와이어 스트리퍼 　　　　 1cm 전선 피복 벗기기

그리고 케이블의 심선이 삽입된 Y형 단자는 압착기를 이용하여 단자가 파손되지 않도록 확실하게 압착 작업을 하고 넘버링 튜브를 단자의 압착 작업된 홈이 보이지 않도록 이동시킨다. 제작된 압착 단자의 넘버링 방향은 특별한 규정이 없으나 일반적으로 그림에서와 같이 세로쓰기는 '위에서 아래 방향'으로 가로쓰기는 '좌측에서 우측 방향'으로 하여 넘버링 튜브에 기입된 번호를 쉽게 볼 수 있는 방향으로 한다.

③ 압착 펜치 사용하기

압착 펜치

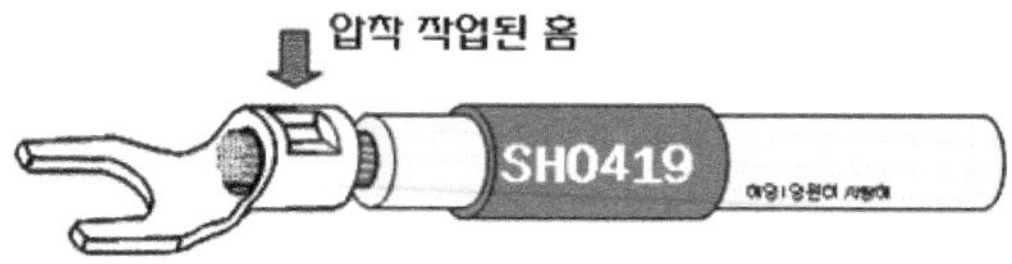

와이단자 압착 작업하기

전기 제어반(Control Panel)을 제작할 경우 먼저 제어 컨트롤러, 계전기, 차단기 및 스위치 등의 무수히 많은 각종 제어 장치들을 부착할 수 있도록 패널을 가공하여야 한다.

홀-커터(Hole Cutter)는 비교적 큰 지름의 구멍을 뚫을 때 사용하며 직소는 사각형 등의 구멍을 낼 때 사용한다.

④ 홀스 드릴 전기톱 사용하기

홀스

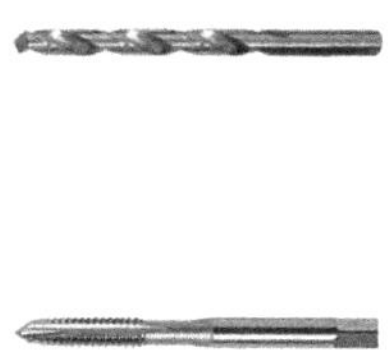

드릴날, 탭

직소기 톱

⑤ 드릴 날 규격

TAP	PITCH	DRILL	TAP	PITCH	DRILL
M2	0.40mm	1.60mm	M6	1.00mm	5.00mm
M3	0.50mm	2.40mm	M7	1.00mm	6.00mm
M4	0.70mm	3.25mm	M8	1.25mm	6.80mm
M5	0.80mm	4.10mm	M10	1.50mm	8.50mm

⑥ 전기기기품 선정

주어진 그림의 모터 주회로 도면에서 모터 부하에 대한 간선의 굵기 및 배선용 차단기(MCCB: molded case circuit breaker)의 선정 방법은 표를 참조하여 선정한다.

먼저 3상 부하의 전력을 구하는 공식은 다음과 같다.

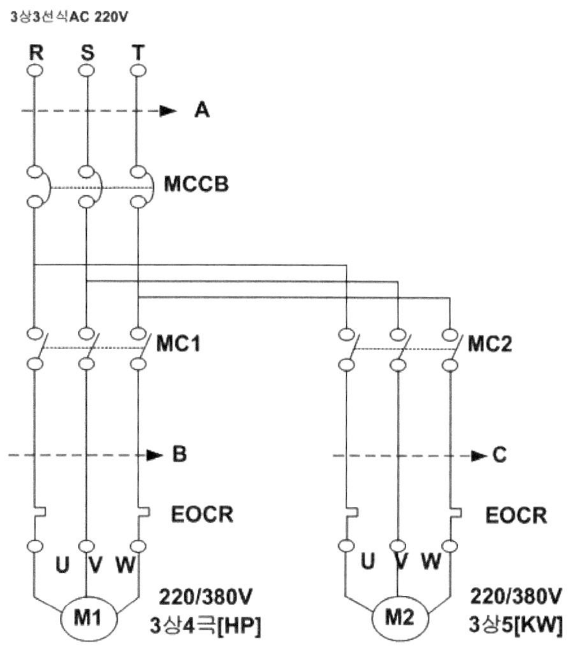

$$P = \sqrt{3}\,VI\cos\theta[W]$$

위의 그림에서 A점에서의 Main MCCB 용량 산정은 다음과 같다. 히터(저항) 부하의 역률은 100[%]이고, 모터에서 부하의 정격 전류는 다음과 같이 계산된다.

모터의 정격전류: $I = \dfrac{3[Hp] \times 746[W]}{\sqrt{3} \times 220[V] \times 1} \fallingdotseq 6[A]$

히터의 정격전류: $I = \dfrac{5[kW]}{\sqrt{3} \times 220[V] \times 1} \fallingdotseq 13[A]$

위의 식으로부터 부하전류를 구할 경우 모터의 부하전류는 모터 정격전류의 2.5~3배, 히터의 부하전류는 히터 정격전류의 1.5배를 곱하면 다음 식과 같다.

$6 \times 3 + 13 \times 1.5 = 37.5[A]$

따라서 30[A]의 정격전류를 가지는 배선용 차단기보다 큰 차단 용량이 필요하므로 40[A]용 배선용 차단기를 선정해야 하나 일반적으로 여유를 주기 위해 이러한 경우 50[A]용 배선용 차단기를 선정하는 것이 바람직하다.

간선의 허용 전류				배선용 차단기의 용량에 따른 기종
굵기 $[mm^2]$	허용 전류 [A]]	굵기 $[mm^2]$	허용 전류 [A]	
1.5	14.5	25	78	10, 15, 20, 30, 40, 50, 60, 75, 100, 125, 150, 200, 250, 300, 400 ⋯ ※단위 $[A]$
2.5	19.5	35	99	
4	26	50	119	
6	34	70	151	
10	46	95	182	
16	61	120	210	

즉 일반적으로 산업 현장에서는 위의 그림에서와 같이 모터 부하가 포함되어 있는 경우에 정격전류가 37.5[A]인 경우에는 두 단계 위의 50[A]용 배선용 차단기를 선정한다. 즉 모터 부하인 경우에는 일반적으로 정격전류의 2배의 근사치의 여유를 준다.

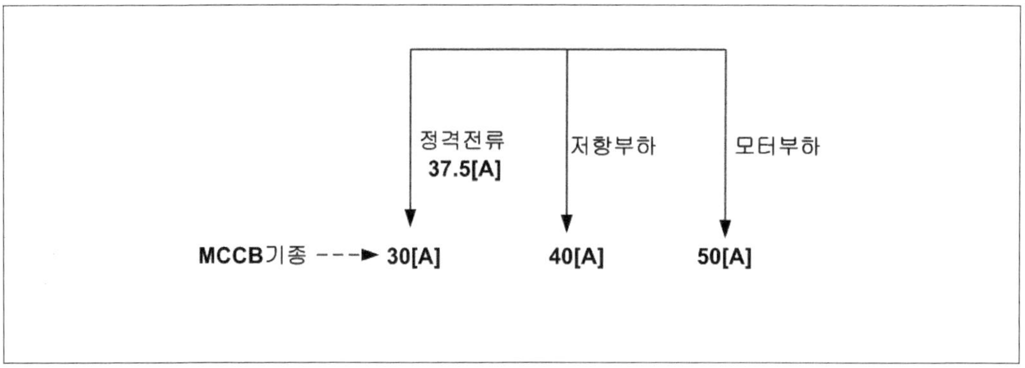

<MCCB 차단기 선정>

(4) 로봇전기자동차 배선 제작 작업

① PLC 출력 COM 전선 작업

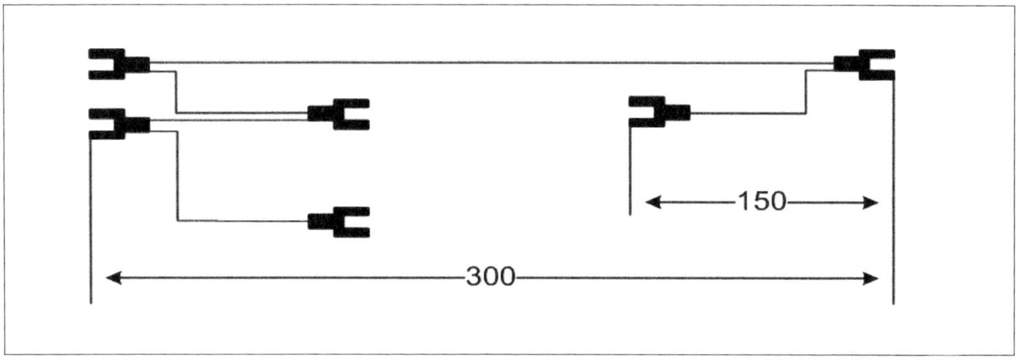

② 릴레이 5번 5번 전선/6번 6번 전선_모두 4개

③ 릴레이 9번 10번 _모터 전선/ 10번 9번_모터 전선_ 모두 4개

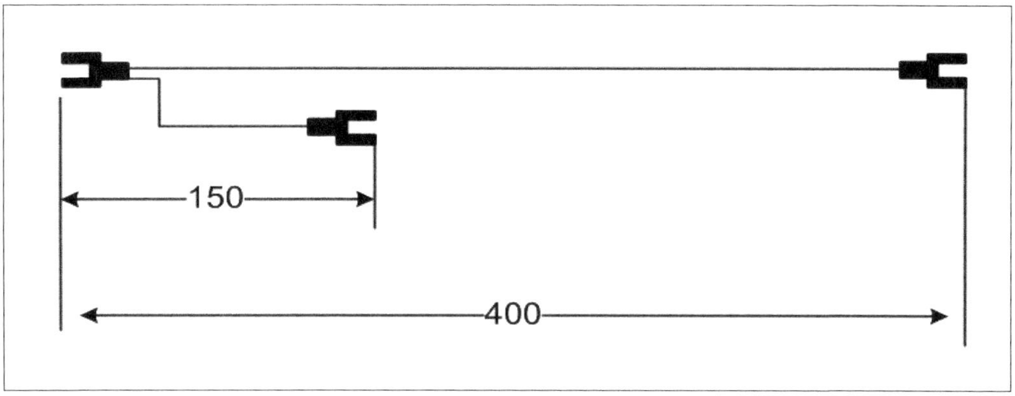

④ 직선 배선

- 입력선_P0~P7까지 8개, 출력, P24~P2A 8개
- Q0_릴레이 13번까지_4개
- 기타 연결선_10개
- 계: 40개

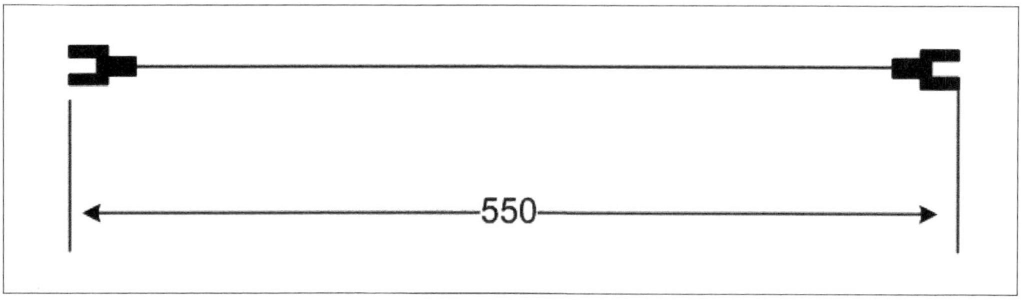

⑤ 릴레이 14번에서 DC24V +까지_1개

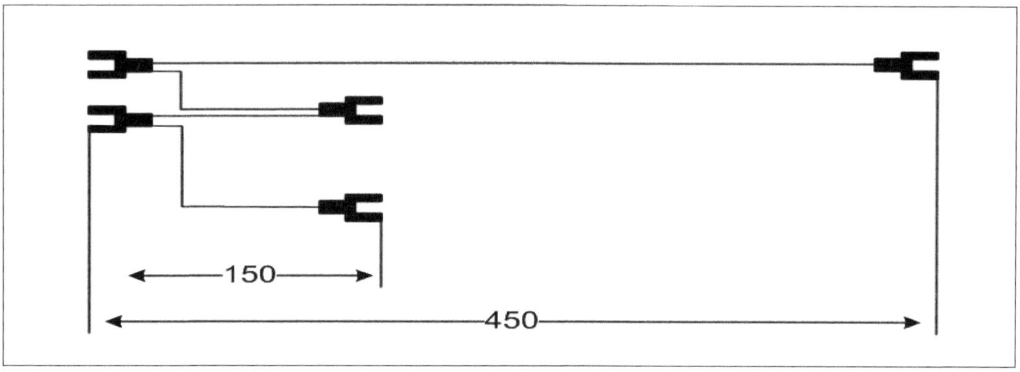

⑥ DC 24[V] +선, 릴레리 RY1 5번에서 RT2 5번 RY3 5번에서 RY4 5번 배선 1개
DC 24[V] -선, 릴레리 RY1 6번에서 RT2 6번 RY3 6번에서 RY4 6번 배선 1개
RY1, 2번 9, 10, RY3, 4번 9, 10번 연결선 2개 재작

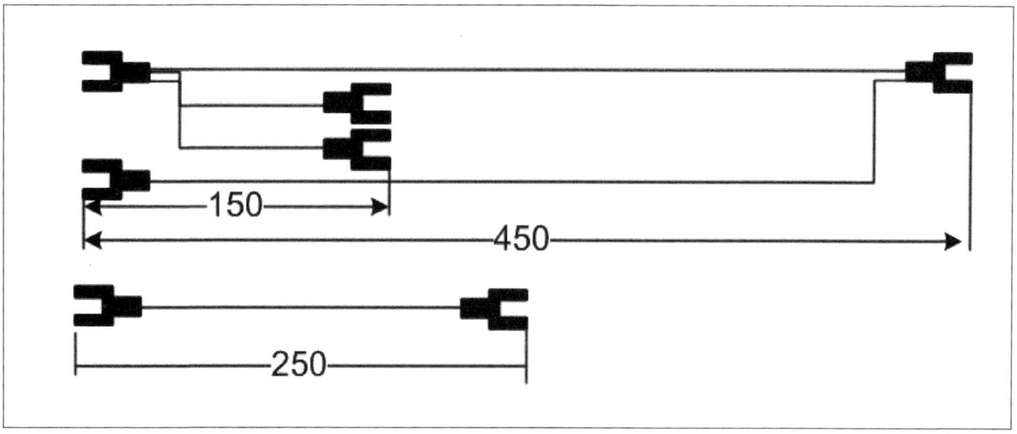

⑦ RY1, RY2, RY3, YR4 릴레이 14번, DC24[V] -선에 연결선 1개 제작

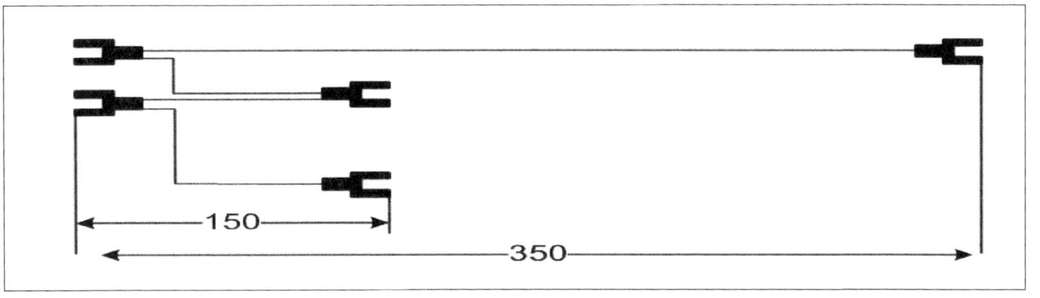

⑧ 스위치 P3, P4, P5, P6, P7, 5개 접속선 5개

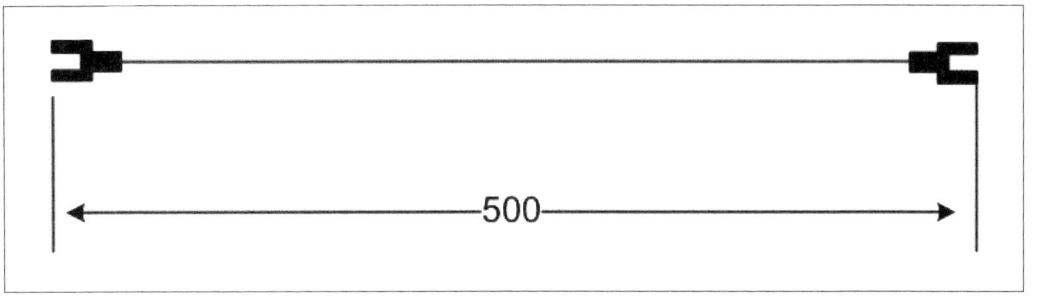

⑨ 릴레이 정역 회로 배선 4개

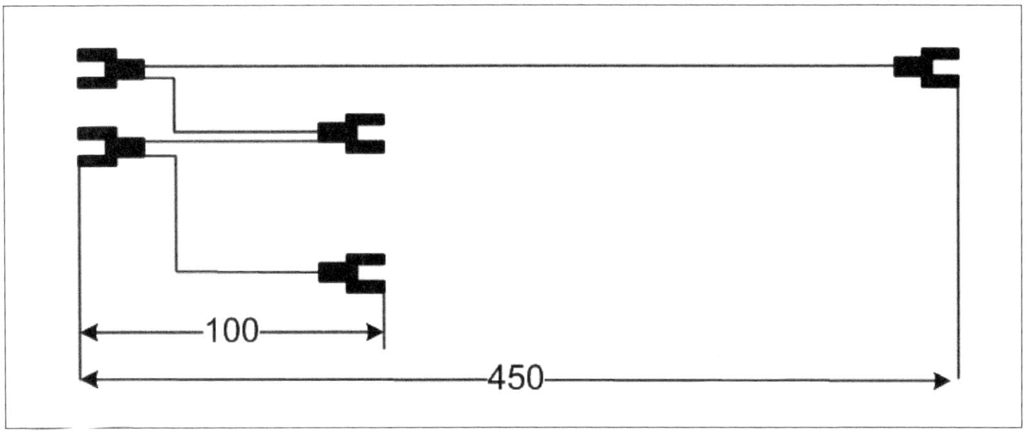

⑩ 바퀴 배선 사진 결선도

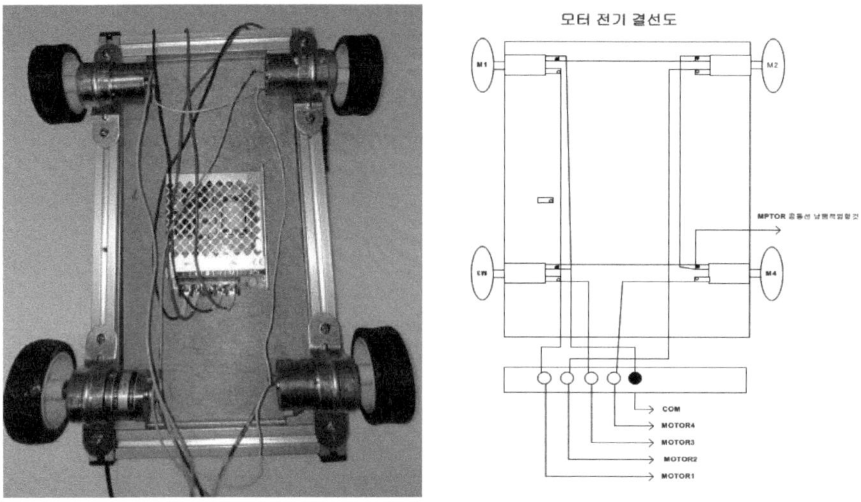

⑪ 모터 배선

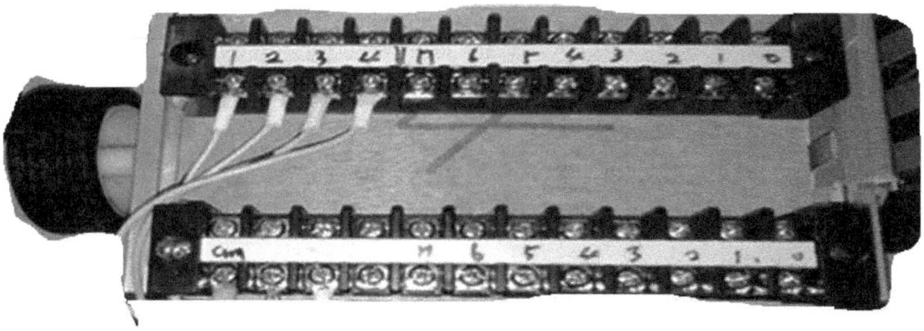

⑫ 단자대 DC24V 전원부

Chapter 06

전기자동차 전기회로도

(1) 전기자동차 시퀀스도

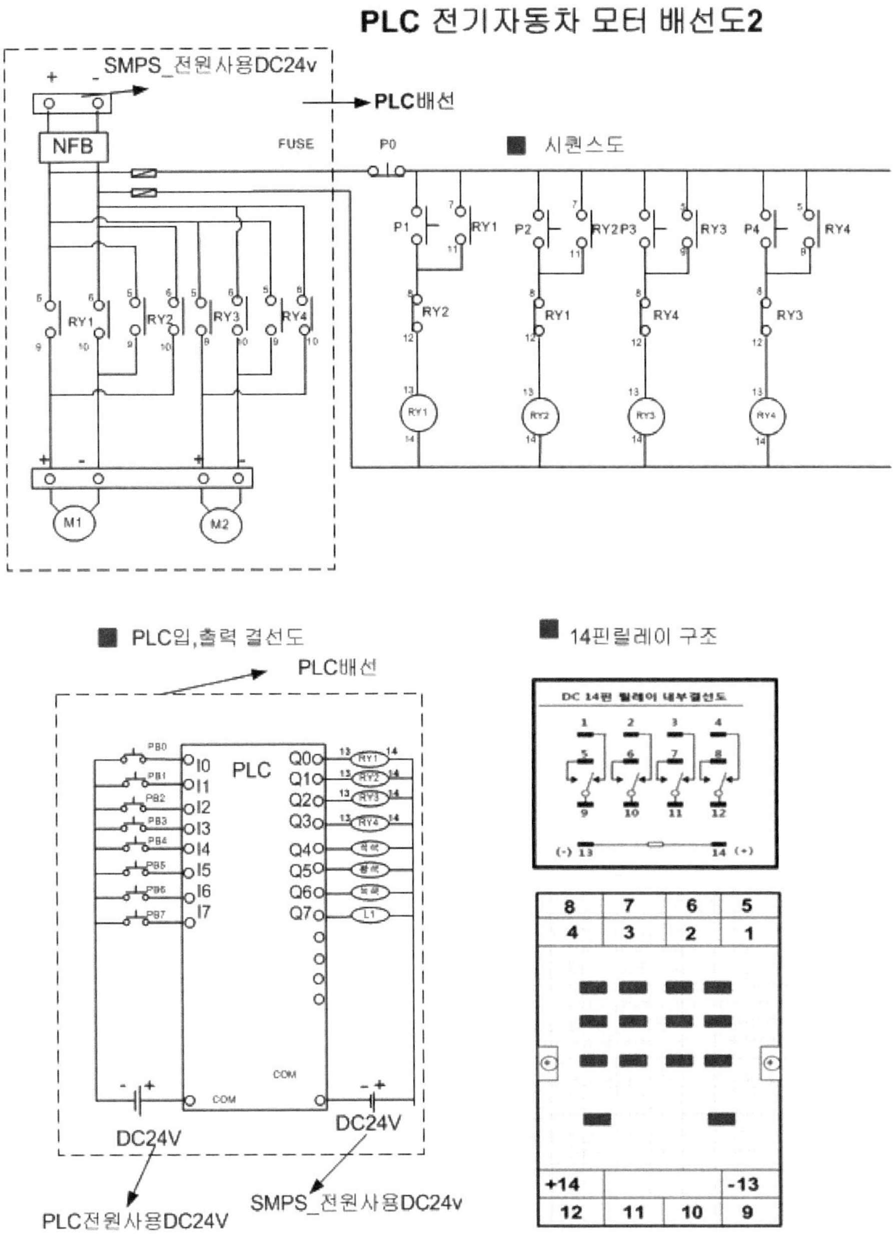
PLC 전기자동차 모터 배선도2
SMPS_전원사용DC24v
PLC배선
NFB
FUSE
P0
■ 시퀀스도
P1
P2
P3
P4
RY1
RY2
RY3
RY4
M1
M2
■ PLC입,출력 결선도
PLC배선
PLC
I0
I1
I2
I3
I4
I5
I6
I7
Q0
Q1
Q2
Q3
Q4
Q5
Q6
Q7
COM
DC24V
DC24V
PLC전원사용DC24V
SMPS_전원사용DC24v
■ 14핀릴레이 구조
DC 14핀 릴레이 내부결선도
8 7 6 5
4 3 2 1
+14
-13
12 11 10 9

(2) 14핀 Relay 구조

DC 14핀 RELY 베이스 핀번호

DC 14핀 릴레이 내부 결선도

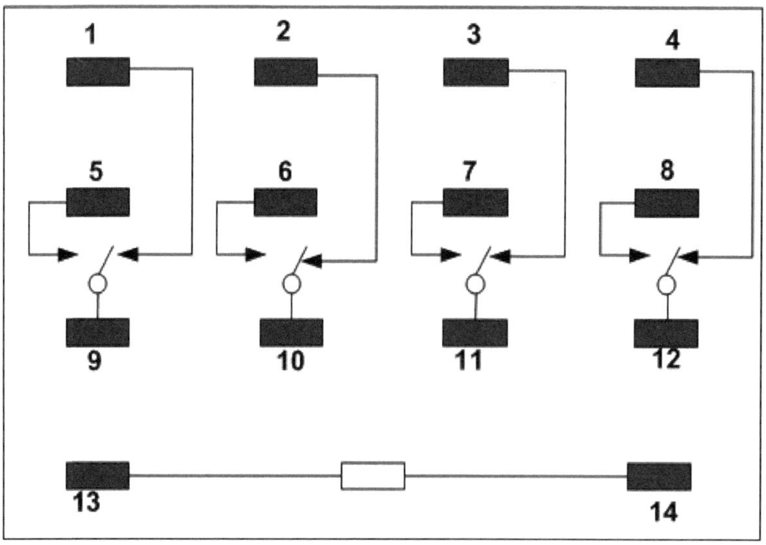

Chapter

07

XGB_PLC 이론

1. PLC의 기초(PLC Base)

(1) PLC의 정의

PLC: Programmable Logic Controller. 종래의 제어반에 사용하던 릴레이, 타이머, 카운터 등의 기능을 LSI, 트랜지스터 등의 반도체 소자로 대체시켜 시퀀스 제어 및 수치 연산 기능. 사용자가 작성하는 프로그램을 이용하여 각종 제어 구현

(2) PLC의 기능

① 시퀀스 제어: ON 또는 OFF의 정보를 가지는 비트 신호(디지털 신호)를 입력받아 사용자가 작성한 시퀀스 프로그램에 따른 연산 후 제어 기능

② 수치 연산: 수치 데이터를 이용하여 덧셈, 뺄셈, 곱셈, 나눗셈 등의 연산을 수행하는 제어 기능

③ 아날로그 입력: 아날로그 입력 모듈을 이용하여 전압, 전류 온도 등의 아날로그양을 수치 데이터로 변경하는 기능. 아날로그 출력: 아날로그 출력 모듈을 이용하여 수치 데이터를 전압 또는 전류로 출력하는 기능

④ 고속 펄스열 입력 계수 기능: 고속으로 ON/OFF를 반복하는 펄스열을 입력받아 계수하는 기능

⑤ 위치 제어 기능: 펄스열을 출력하여 서보, 스테핑 모터를 제어함으로써 서보, 스테핑 모터에 연결된 기구부의 이동을 제어하는 기능

⑥ 통신 기능: 각종 통신 모듈을 이용하여 외부 장비와 데이터를 교환하는 기능. ON 또는 OFF의 결과를 비트 신호(디지털 신호)로 출력하는 제어 기능

(3) PLC의 적용 분야

제조 설비의 자동화 및 고속, 고기능화, FMS(Flexible Manufacturing System) 추세에 따라 PLC는 기존의 릴레이 제어반 대체 기능에서, 지능형 소규모 공작 기계에서 대규모 시스템 설비에 이르기 까지 적용되고 있다.

① 전기, 전자 산업: 컨베이어 제어, 가공 제어, 로 제어, 약품 제어, 조립 제어

② 제철, 제강 산업: 작업장 하역 제어, 원료 수송 제어, 압연 라인 제어

③ 섬유, 화학공업: 원료 수입 출하 제어, 직조 염색 라인 제어
④ 자동차 산업: 전송 라인 제어, 자동 조립 라인 제어, 도장 라인 제어
⑤ 상하수도: 정수장 제어, 하수 처리 제어, 송, 배수펌프 제어
⑥ 물류 산업: 자동 창고 제어, 하역 설비 제어, 반송 라인 제어

(4) XGB의 특징

업계 최고 수준의 CPU 처리 속도(0.028㎲)와 향상된 Backplane Interface를 통해 초고속 연산 속도를 보장하며 USB를 통한·동급 최소 사이즈의(모듈 크기 27×98×90) 각 구성품은 Compact한 Panel 제작을 통해 원가 절감 및 다양한 Application 분야에의 Fast Ethernet 및 Open Fieldbus에 기반한 System은 높은 신뢰도의 고속 전송을 가능하게 하고 다양한 Field Device interface를 통해 Fast Ethernet 기술 기반의 전기/광 링 네트워크 구축으로 네트워크의 신뢰도를 대폭 향상시킬 수 있다. Ethernet 기반으로 산업계 표준 Field Network로 자리매김하고 있는 EtherNet/IP, Modbus TCP/IP를 지원함으로써 Ethernet XG5000 Package는 향상된 사용자 Interface와 편리한 조작성을 바탕으로 Multi PLC Multi Programming을 지원하고 다양한 프로그램의 작성 없이 파라미터 설정으로 특수/통신 모듈의 운전 설정이 가능하다. 한 대의 PLC에 최대 256개의 프로그램을 작성하고, 각 프로그램을 Export/Import 할 수 있어 프로그램의 모듈화가 가능하다. Drag & Drop, Auto Fill, 특수 모듈 변수/설명문 자동 등록 기능 등 다양한 기능으로 프로그램 편의성을 증대시켰다. XG5000의 모든 데이터는 Microsoft EXCEL 호환이 가능하다. 고속 업/다운로드는 유지/보수의 편리성을 극대화한다.

2. PLC 소프트웨어(PLC Software)

(1) XG5000 사용법

XG5000에서 프로젝트를 구성하는 방법은 다음의 3가지가 있다.

① 새 프로젝트: 새로운 프로젝트를 구성한다.

② PLC로부터 열기: PLC에 저장되어 있는 프로젝트를 PC로 읽어(업로드) 프로젝트를 PC에 저장하거나 내용을 수정한다.

③ KGLWIN 파일 열기: MASTER-K PLC용 프로젝트 파일을 XGK/XBM/XBC PLC용 파일로 변환한다. 데이터가 변경된 것이 있으므로 변환된 XG5000 파일의 PUT(P) 명령어를 삭제하고 특수 모듈 파라미터로 변경하는 것이 좋다.

④ GMWIN 파일 열기: GLOFA-GM PLC용 프로젝트 파일을 XGR/XGI/XEC PLC용 파일로 변환한다.

⑤ KGLWIN/GMWIN 파일 열기를 할 때 KGLWIN/GMWIN 파일을 선택하고 적용하고자 하는 XGT 시리즈의 PLC를 선택하면 XG5000 프로 젝트로 변환이 된다. 이때, KGLWIN/GMWIN 파일에 편집되어 있는 변수/설명문도 XG5000 프로젝트로까지 변환된다. KGLWIN 파일의 경우 주소가 변경된 특수 디바이스까지 자동 변경된다. 예를 들면 MASTER-K에서 상시 ON 플래그가 F0010이지만 XGK PLC에서는 F00099로 변경되었다. 그러나 KGLWIN/GMWIN 파일에서 사용된 명령어 중 XGT 시리즈에서 지원하지 않는 명령어는 XG5000 프로젝트에 Err.로 표시되므로, 변환 후 프로그램의 수정이 필요할 수 있다.

⑥ 특히, MASTER-K/GLOFA-GM PLC에서 특수/통신 모듈 관련 명령어는 XGT 시리즈 PLC에서는 모두 파라미터로 처리되므로 KGLWIN/GMWIN 파일의 특수/통신 모듈 관련 명령어를 확인하여 파라미터로 설정해야 한다. MASTER-K에서 특수 모듈의 운전 파라미터를 설정하는 PUT(P) 명령어는 XGT 시리즈에서도 지원하지만, 특수 모듈의 메모리 주소 및 데이터가 변경된 것이 있으므로 변환된 XG5000 파일의 PUT(P) 명령어를 삭제하고 특수 모듈 파라미터로 변경하는 것이 좋다.

(2) PLC 데이터

PLC에서 다루는 1비트의 ON/OFF 상태를 확인 또는 제어하는 BOOL형 데이터와 연속된 비트의 ON/OFF 조합을 수치로 해석하고, 수치를 연속된 비트열에 저장하는 수치 데이터, 수치 데이터를 문자열로 해석하는 문자열 데이터가 있다. 수치 데이터는 다시 정수형 수치 데이터와 실수형 수치 네이터가 있으며, 문자 데이터는 8비트 문자 데이터와 16비트 문자 데이터가 있다.

PLC의 기본 데이터 단위는 Bit(비트)이다. 이 Bit라는 데이터 영역은 0 또는 1을 표현할 수 있다. 따라서 펌프나 팬에 달린 모터가 켜졌는지 혹은 꺼졌는지를 표현할 수 있다. 또는 모터를 켜지거나 꺼지도록 명령을 내릴 수도 있다. 여하튼 경우의 수가 단 두 가지의 경우라면 1bit의 데이터 크기로 표현이 가능하다. 그러면 단 두 가지의 경우가 아니고 훨씬 많은 경우를 표현해야 한다면? 예를 들면 모터의 RPM 속도를 나타내야 하는 경우 1Bit로는 힘들다. 100RPM인 경우도 있고 101, 102, 103, 104… 등등 많은 경우를 표현해야 하니 단 두 가지 경우를 표현할 수 있는 1bit로는 표현이 힘들다.

종류	크기	데이터 범위		
		16진수	부호 없는 십진수	부호 있는 십진수
정수형	니블(4 bit)	h0 ~ hF	0 ~ 15 (0 ~ (2^4- 1))	-8 ~ 7 (-2^3 ~ (2^3 – 1))
	바이트(8 bit)	h00 ~ hFF	0 ~ 127(0 ~ (2^8- 1))	-64 ~ 63 (-2^7 ~ (2^7 – 1))
	워드(16 bit)	h0000 ~ hFFFF	0 ~ 65,535 (0 ~ (2^{16}- 1))	-32,768 ~ 32,767 (-2^{15} ~ (2^{15} – 1))
	더블 워드(32 bit)	h00000000 ~ hFFFFFFFF	0 ~ 4,294,967,295 (0 ~ (2^{32}- 1))	-2,147,483,648 ~ 2,147,483,647 (-2^{31} ~ (2^{31} – 1))
실수형	Float(32 bit)	-3.402823466e+038 ~ -1.175494351e-038, 0, 1.175494351e-038 ~ 3.402823466e+038		
	Long(64 Bit)	-1.7976931348623157e+308 ~ -2.2250738585072014e-308, 0, 2.2250738585072014e-308 ~ 1.7976931348623157e+308		

이러한 경우 Bit를 모아 더 큰 수를 표현할 수 있다. Bit보다 큰 데이터의 단위는 아래와 같다.

- 1Bit(비트)
- 4Bit = 1Nibble(니블)
- 8Bit = 1Byte(바이트)
- 16Bit = 2Byte = 1Word(워드)
- 32Bit = 4Byte = 2Word = Double Word(더블 워드)
- 64Bit = 8Byte = 4Word = Long Word(롱 워드)

그렇다면 각 데이터의 크기가 다르니, 각 데이터마다 표현이 가능한 수의 크기도 다를 것이다. 이에 대해서 알아보자.

① 1 Bit(비트)

2가지 수를 표현 가능하며 숫자 0과 1을 표현할 수 있다.

② 1 Nibble(니블)

16가지 수를 표현 가능하며 0~15까지 표현할 수 있다.

③ 1 Byte(바이트)

256가지 수를 표현 가능하며 0~255까지 표현할 수 있다.

단 0~255의 표현은 부호가 없는 0을 포함하는 양의 정수일 때의 영역이고, 부호를 포함하여 정수(음의 정수와 양의 정수 모두를 포함)를 표현하고 싶을 때는 -128~127까지 표현할 수 있다. (부호가 있고 없고를 어떻게 나타내는지는 다음 포스팅에서 자세히 다루도록 한다.)

④ 1 Word(워드)

65,536가지 수를 표현할 수 있으며 0~65,535까지 표현이 가능하다.

단 바이트와 마찬가지로 부호를 포함한 전체 영역의 정수 표현은 -32,768~32,767까지의 표현이 가능하다.

⑤ 1 Double Word(더블 워드)

4,294,967,296가지 수를 표현할 수 있으며 0~4,294,967,2985까지 표현이 가능하다. 바이트나 워드와 마찬가지로 부호를 포함한 전체 영역의 정수 표현은 -2,147,483,648~2,147,483,647까지 표현이 가능하다.

⑥ 1 Long Word(롱워드)

사실 롱워드까지는 잘 사용하지 않는다. 표현 가능한 수는 $0\ \sim \ \combi{2}^{64}\ -\ 1$0~264 − 1이다. 손으로 풀어서 쓰거나 계산하기에도 어마어마하게 큰 값이다. 바이트나 다른 워드 종류들과 마찬가지로 부호를 포함한 전체 영역의 정수 표현은 -9,223,372,036,854,775,808~9,223,372,036,854,775,807이다. 그러면 이번엔 이러한 데이터 단위마다 표현 가능한 값이 정해지게 되는 배경에 대해서 한번 알아보자. 먼저 "컴퓨터는 0과 1밖에 모른다"라는 얘기를 들어본 적이 있을 것이다. 맞다. 컴퓨터는 이진수 체계만을 이해하고 컨트롤이 가능하다. 그래서 모든 데이터 단위의 기본이 Bit(비트)가 되는 것이다. 그럼 바이트를 예로 들어서 표현 가능한 값을 풀어서 보자.

1Byte(바이트)는 위에서 설명했듯이 256가지 수를 표현할 수 있으며, 0~255까지 표현이 가능하다. 그리고 1Byte는 8Bit(비트), 즉 8개의 Bit로 이루어져 있으므로 중학교에서 이진법을 배울 때 이진수의 표현 방법에 대해서 배웠던 것을 기억해 보자.

만약 이진수가 10111011로 되어 있다면, 제일 오른쪽 첫 번째 자리는 2의 0제곱의 자리, 제일 오른쪽부터 두 번째 자리는 2의 1제곱의 자리, 제일 오른쪽부터 세 번째 자리는 2의 2제곱의 자리가 된다.

이 내용은 아래와 같은 내용이 되며, PLC나 PC에서도 동일하다. (즉 1Byte는 2의 7제곱의 자리까지, 1Word는 2의 15제곱의 자리까지 있는 이진수가 되는 것이다.) 따라서 1Byte의 데이터는 CPU가 위와 같이 인식을 하기 때문에 1Byte(8Bit) 최대의 수가 255가 되는 것이다. (모든 자리가 1일 경우가 최대의 수인 경우이고 이를 계산해 보면 255가 나옴.)

Word, Double Word, Long Word 모두 마찬가지다. 이때까지 알아본 내용을 토대로 우리가 평상시에 사용하는 10진수를 변환해 보면 아래와 같다.

10진수 = Decimal

16진수 = Hexadecimal

2진수 = Binary

10진수 0부터 27까지를 1Byte 2진수로 표현한 것을 잘 보도록 하자. (16진수는 PLC 메모리 주소 체계가 16진수인 경우가 있다. 이 내용은 향후에 자세히 다룰 것이다.) 오늘은 여기까지이며 다음 포스팅에서 각 데이터 단위별 사용 예와 활용법에 대해 한번 알아보도록 한다.

⑦ 2진수

PLC에서 사용되는 2진수는 0과 1만으로 모든 수를 표현한다. 10진수는 1에서 10까지 1의 자리 올림이 생겨서 10의 숫자가 되는 것처럼 2진수에서는 0.1 다음 자리에 자리 올림이 발생하여 10이 된다. 10진수에서 99 다음에 100이 되는 것처럼 2진수에서는 11 다음에 100이 된다. 2진수와 10진수의 관계에서는 2진수는 2의 승수 2^N로 표현한다. $(110101)_2 = 1\times2^5+1\times2^4+0\times2^3+1\times2^2+0\times2^1+1\times2^0=53$

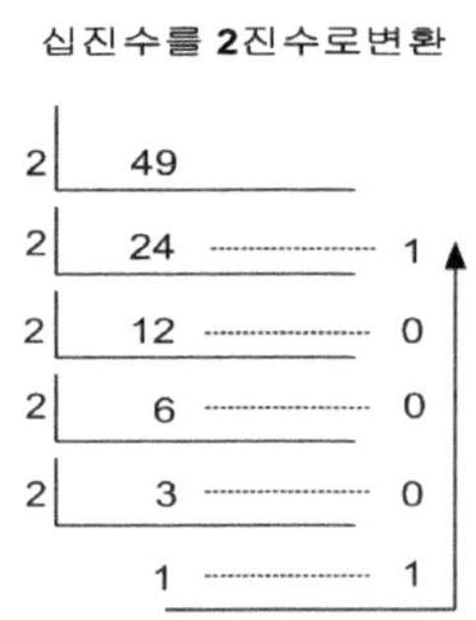

⑧ BCD 코드

10진수 한 자리를 표현하기 위해 2진수 4자리를 사용하고, 2진수 네 자리를 표현 가능한 숫자에서 0000~1001까지만 사용하고 나머지는 사용하지 않겠다고 약속한 표기법을 BCD 코드라 한다. 즉 BCD 코드는 10진수를 2진수 형태로 부호화하는 방법을 의미한다.

10진수	2진수	8진수	16진수	BCD코드	비 고
0	0000 0000	00	00	0000	
1	0000 0001	01	01	0001	
2	0000 0010	02	02	0010	
3	0000 0011	03	03	0011	
4	0000 0100	04	04	0100	
5	0000 0101	05	05	0101	
6	0000 0110	06	06	0110	
7	0000 0111	07	07	0111	
8	0000 1000	10	08	1000	
9	0000 1001	11	09	1001	
10	0000 1010	12	0A	1010	이후 사용하지 않음
11	0000 1011	13	0B		
12	0000 1100	14	0C		
13	0000 1101	15	0D		
14	0000 1110	16	0E		
15	0000 1111	17	0F		
16	0001 0000	20	10		
....	....	....	....	....	
255	1111 1111	377	FF		

<십진수, 2진수, 8진수, 16진수, BCD 코드의 표현 방법>

<table>
<tr><th>10진수</th><th>2진수</th><th colspan="2">BCD 코드</th></tr>
<tr><td rowspan="2">9</td><td rowspan="2">1001</td><td>코드</td><td>1001</td></tr>
<tr><td>10진수</td><td>9</td></tr>
<tr><td rowspan="2">26</td><td rowspan="2">11010</td><td>코드</td><td>0010 0110</td></tr>
<tr><td>10진수</td><td>2 6</td></tr>
<tr><td rowspan="2">243</td><td rowspan="2">11110011</td><td>코드</td><td>0010 0100 0011</td></tr>
<tr><td>10진수</td><td>2 4 3</td></tr>
</table>

<10진수를 BCD 코드로 변환>

Chapter
08

XGB_PLC 기초 프로그램 코딩

XGB_PLC를 사용하기 위해 사용자는 프로그램을 작성해야 하며, 이때 사용하는 소프트웨어가 XG5000이다. 즉 XG5000은 XGB_ PLC에 대해 프로그램을 작성하고 디버깅하는 소프트웨어이다. 여기서는 XG5000을 이용하여 프로젝트를 구성하고, 프로젝트 각 항목에 대해 설명한다.

1. XG5000 초기 화면(XG5000 Screen In The Beginning)

XG5000초기화면

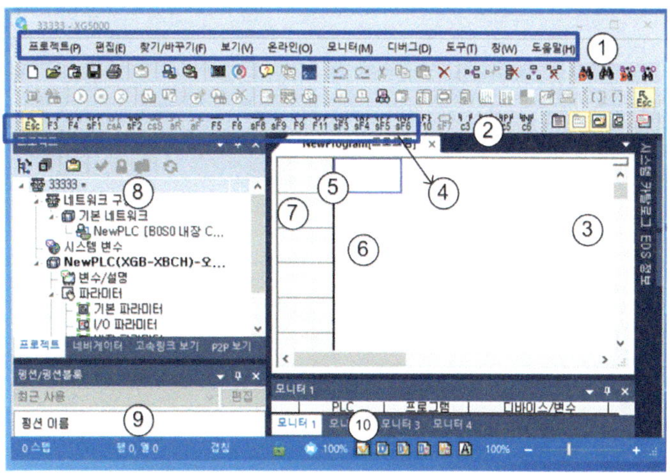

① 메뉴바
② 단축아이콘
③ 우측모선
④ 도구바
⑤ 좌측모선
⑥ 프로그램창
⑦ 스텝표번호 표시영역
⑧ 프로젝트창
⑨ 결과창(메시지창)
⑩ 상태표시창

2. PLC와 HMI RS232 통신 방법(PLC And HMI Socketing Method)

로컬 접속 시 통신 방법으로 RS-232C를 선택했을 경우 통신 세부 사항을 설정해야 하며, USB를 선택했을 경우 통신 세부 사항을 설정하지 않는다.

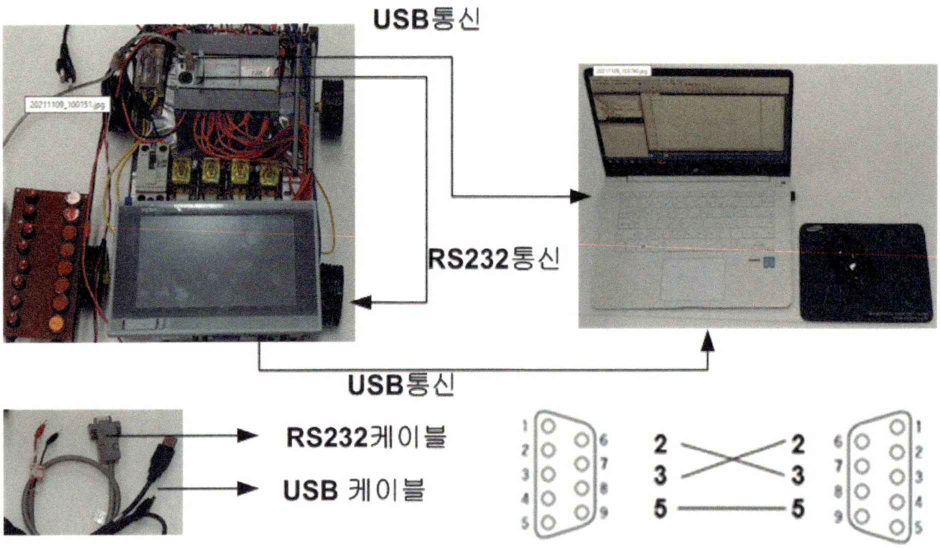

3. PLC 전기자동차 기초 코딩 장치 준비(Electric-Cars Coding)

(1) PLC 전기자동차 기초 코딩 장치 준비 및 전기배선하기

① SMPS 배선

② 전원 AC220V 배선

③ DC24V 배선

④ 램프반 배선

⑤ PLC 입출력 COM 배선

⑥ 테스터 측정 및 점검

⑦ 전원 투입 프로그램 실습

(능력단위: 1503010119_16V4 전기전자장치 조립)

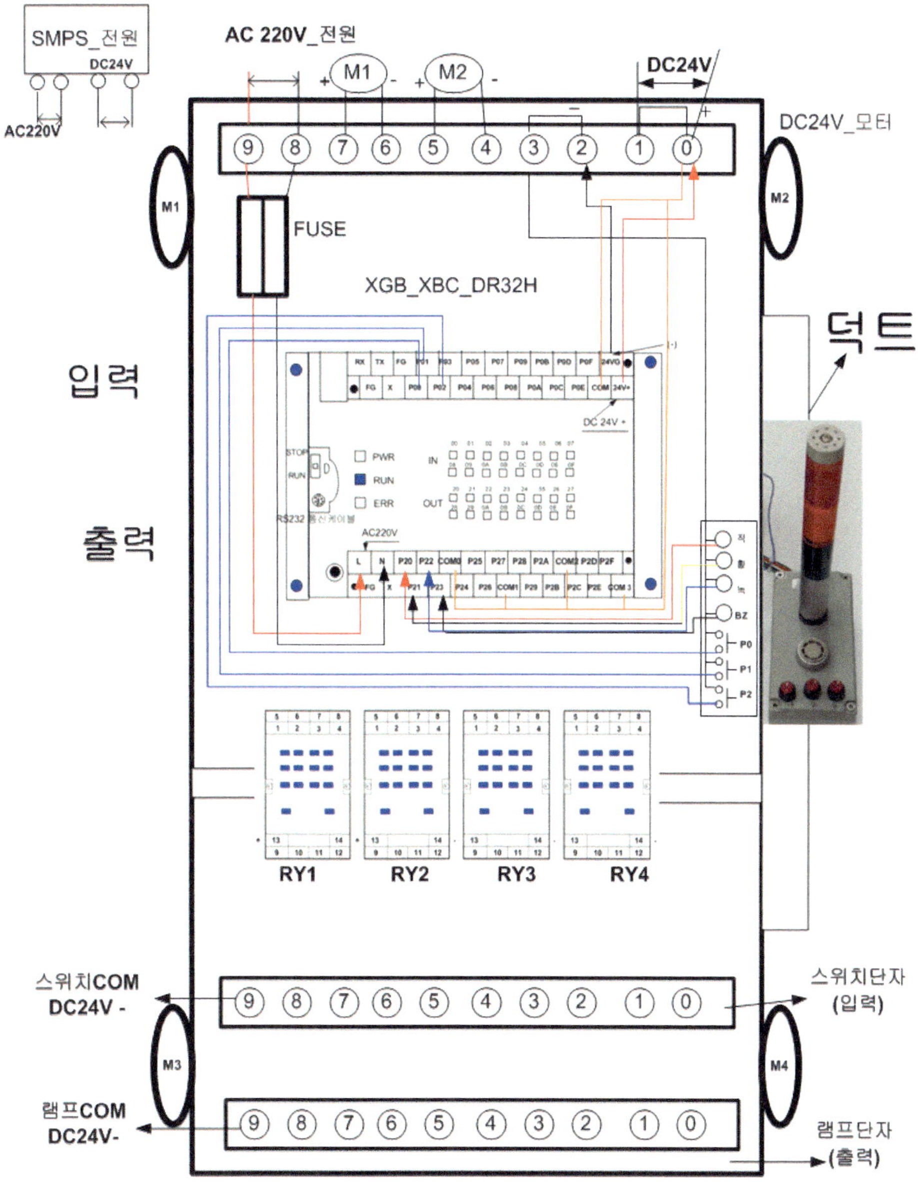

4. 논리회로의 PLC 제어(Logic Circuit of PLC Control)

(1) AND 회로_직렬회로

① 논리적 회로이며, 모든 입력이 1인 때에만 출력이 1로 되는 회로로서 A and B에서 이루어진 것이다. 직렬회로라 한다.

② 기호

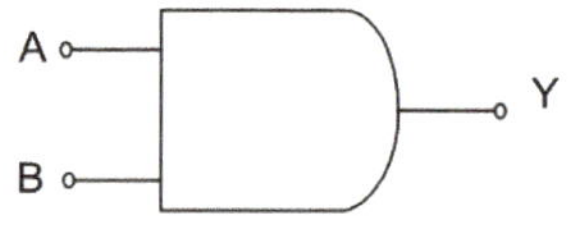

③ 진리표

입 력		출 력
A	B	Y
0	0	0
1	0	0
0	1	0
1	1	1

④ 시퀀스 회로

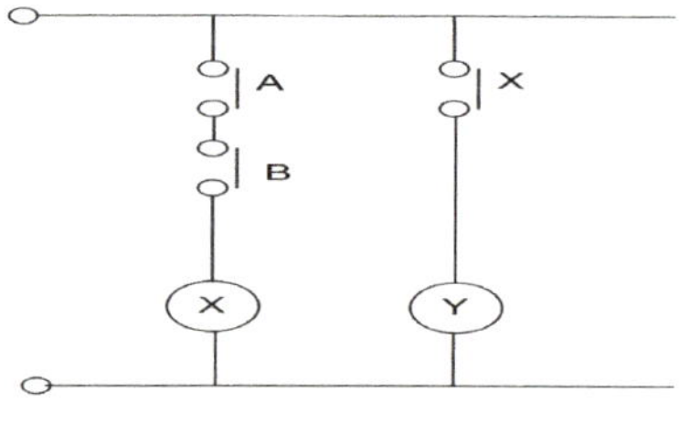

⑤ PLC 프로그램

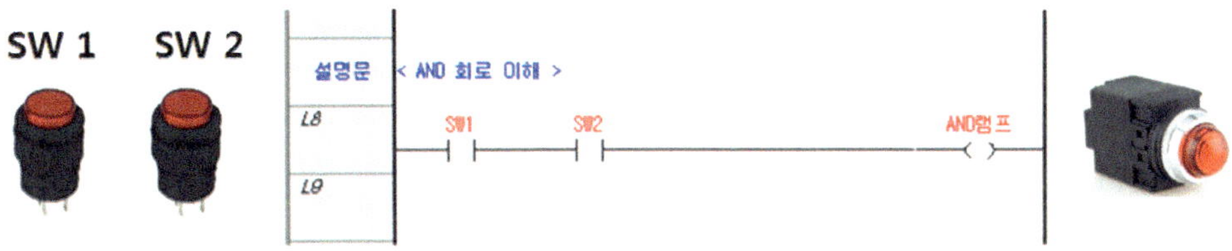

(2) OR 회로

① 논리합 회로라고도 하며, 입력 중 어느 한쪽 또는 모두가 1일 때 출력도 1이 되는 회로이며, A또는 B, OR 회로라 한다.

② 기호

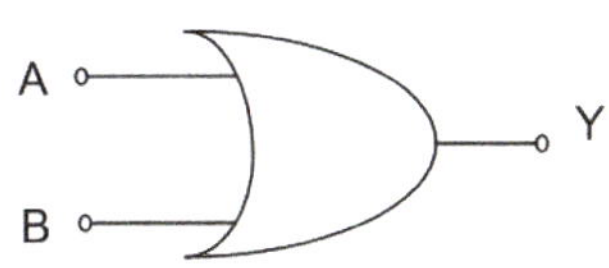

③ 진리표

입 력		출 력
A	B	Y
0	0	0
0	1	1
1	0	1
1	1	1

④ 시퀀스 제어

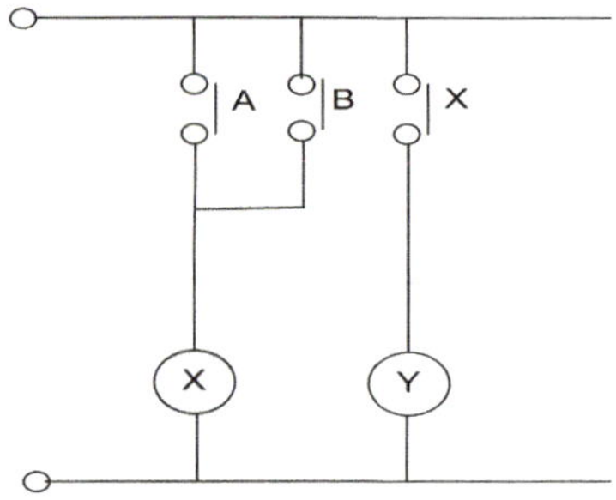

⑤ PLC 프로그램

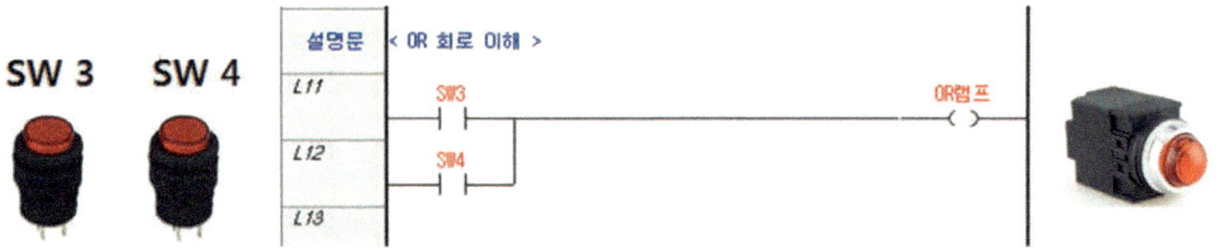

(3) NOT 회로

① 신호값을 반전시키는 회로이다.

② 기호

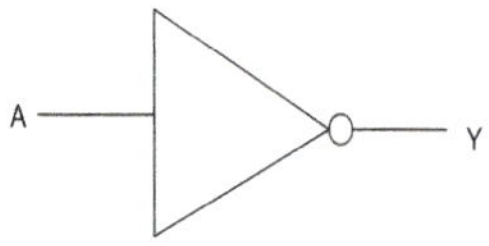

③ 진리표

입 력	출 력
A	Y
0	1
1	0

④ 시퀀스 제어 회로

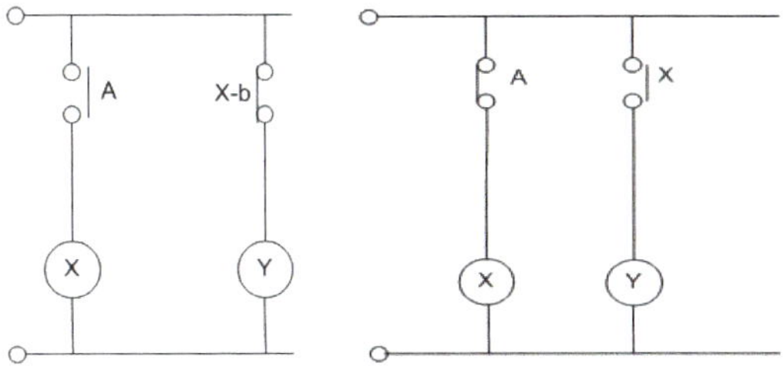

⑤ PLC 프로그램

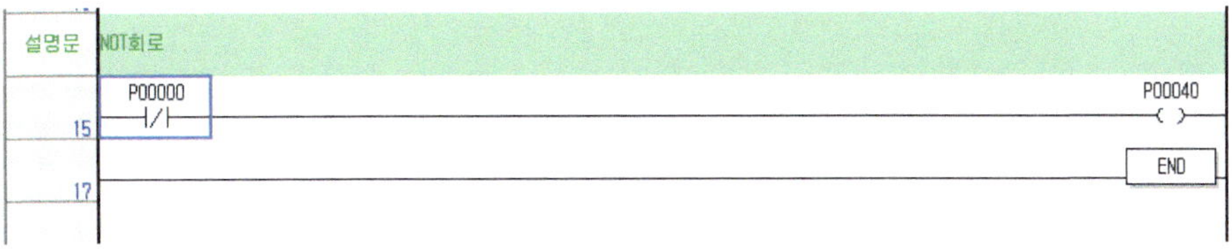

⑥ PLC 프로그램

(4) NAND 회로

NAND 회로는 AND 회로와 NOT 회로의 조합이므로 AND 앞에 NOT의 N을 붙여 NAND 회로라고 부르며 논리적 부정 회로라 한다.

① 무접점 회로

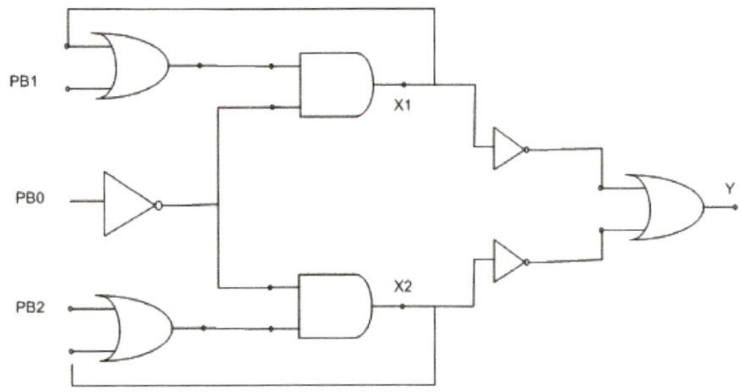

② 시퀀스 제어

전원을 투입하면 L이 점등, PB1 그리고 PB2를 누르면 램프 Y 소등
정지 푸시버튼 스위치 PB0을 누르면 X1, X2, Y 모두 동작을 중지하고 처음 상태로 초기화된다.

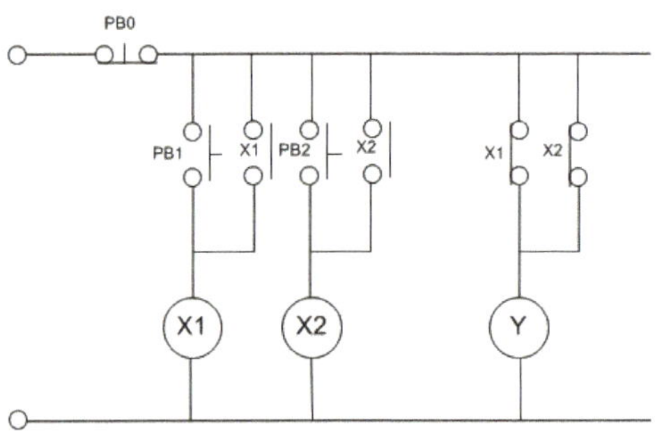

③ PLC 프로그램

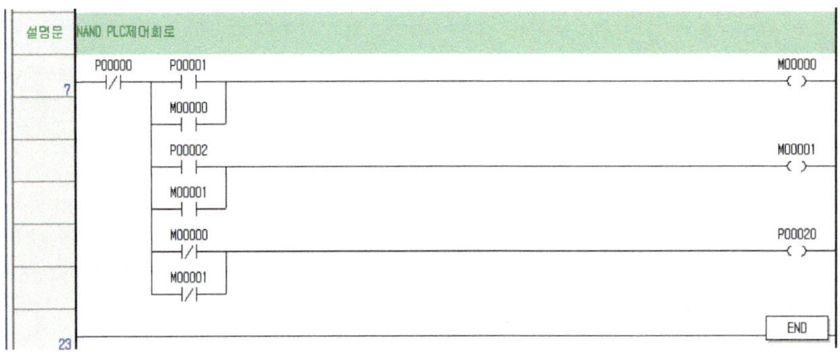

(5) NOR 회로

NOR 회로는 OR 회로와 NOT 회로를 조합한 것이므로 OR 앞에 NOT의 N을 붙여 NOR 회로라고 부르며, 논리합 부정 회로이다.

① 무접점 회로

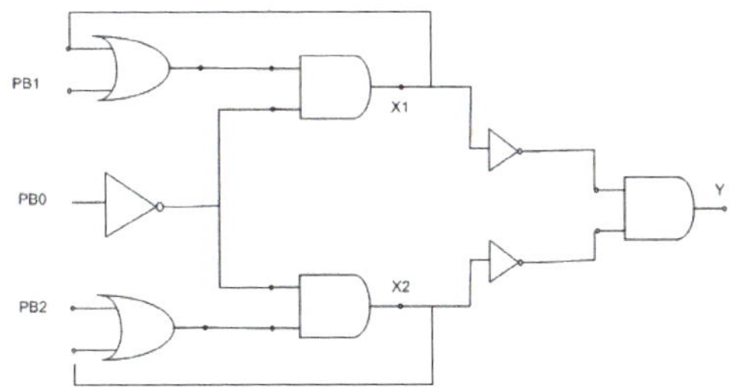

② 시퀀스 제어 회로

전원을 투입하면 L이 점등, PB1 또는 PB2를 누르면 램프 Y 소등. 정지 푸시버튼 스위치 PB0을 누르면 X1, X2, Y 모두 동작을 중지하고 처음 상태로 초기화된다.

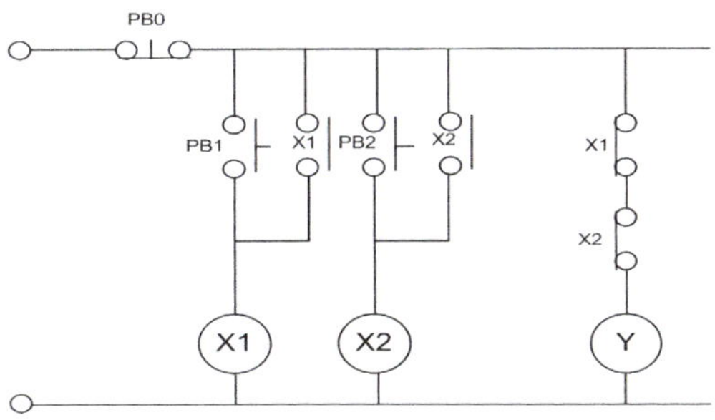

③ PLC 제어 회로

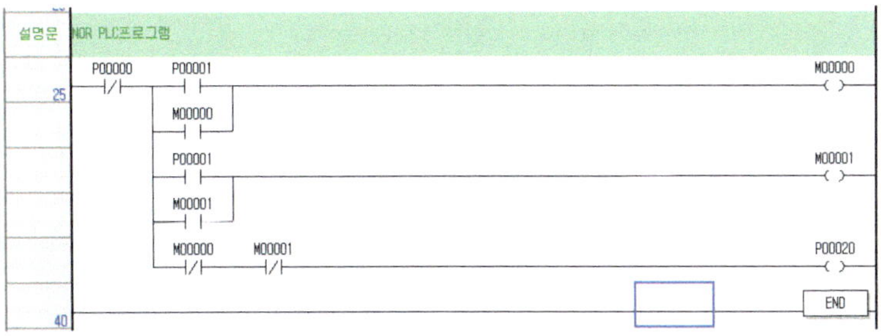

5. 타임 차트의 PLC 제어(Timing Diagram Of PLC Control)

타임 차트 PLC 제어를 위한 전기자동차 제작 배선을 다음 도면과 같이 전기 배선을 한다. 램프반과 스위치반을 제작하여 아래와 같이 결선을 한다.

(능력단위: 1503010119_16V4 전기전자장치 조립)

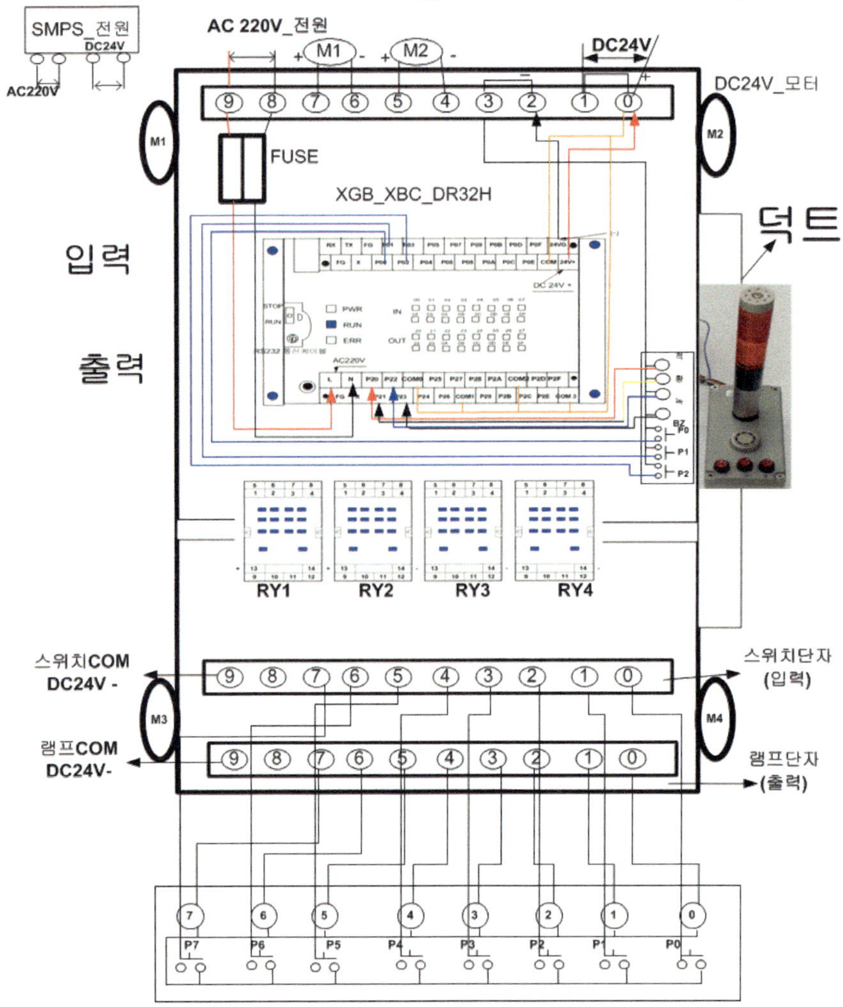

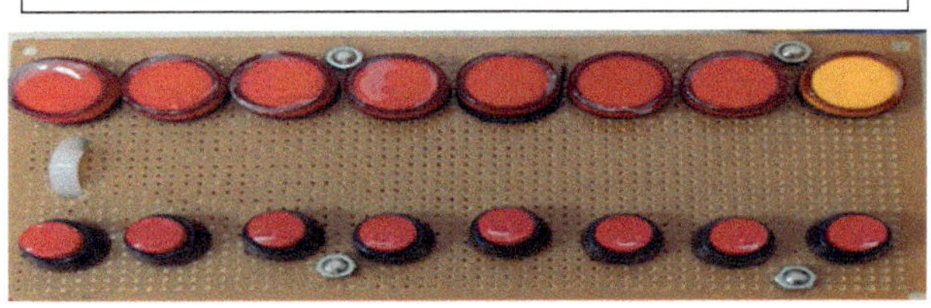

(1) Timer 회로

① 동작 설명

P1을 누르면 타이머가 동작하여 L1이 점등되고 일정 시간 후에 L1이 소등되면서 L2가 점등된다. 정지 푸시버튼 스위치 P0을 누르면 타이머가 동작을 중지하고 L2도 소등된다.

② 시퀀스도

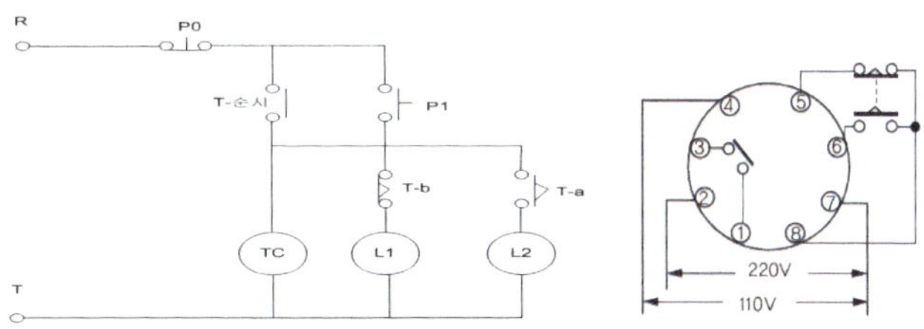

③ PLC 프로그램

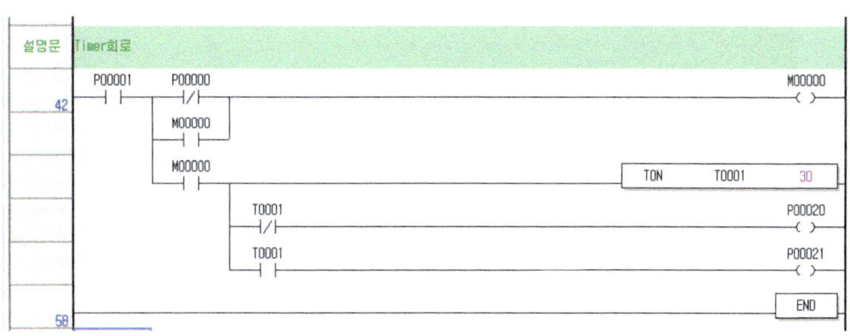

④ PLC 기구 배치도

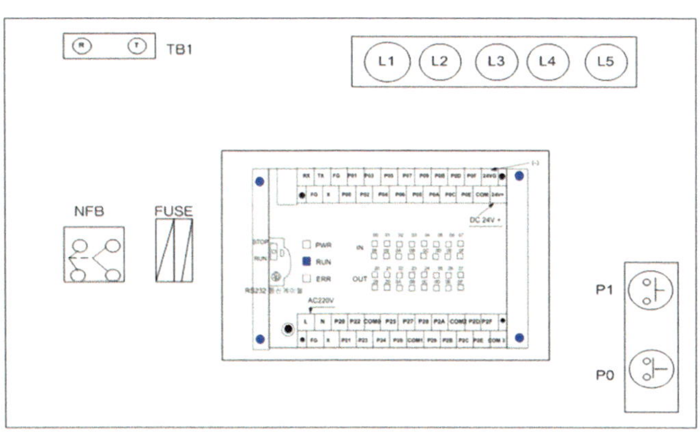

(2) 프리커 회로

L1과 L2가 교대로 점멸하는 회로이다. 비상 표시나 벨을 사용하여 벨소리에 의해 상황을 표시할 수 있다.

① Flicker Relay 외형 및 시퀀스도

Flicker Relay 외형	Flicker Relay 내부 구조	시퀀스도
	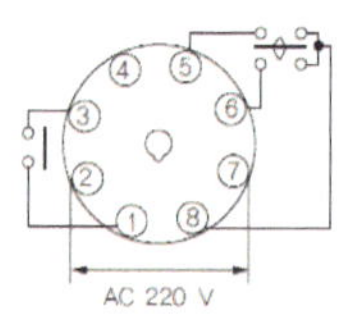	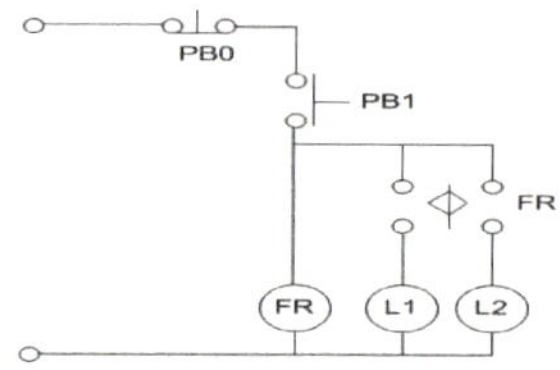

② PLC 프로그램

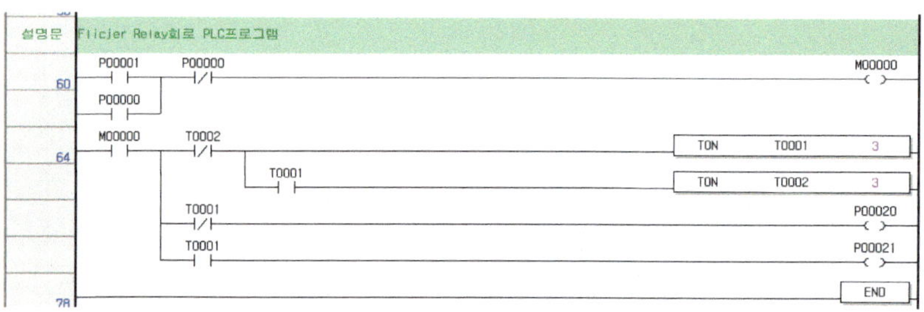

③ PLC 기구 배치도

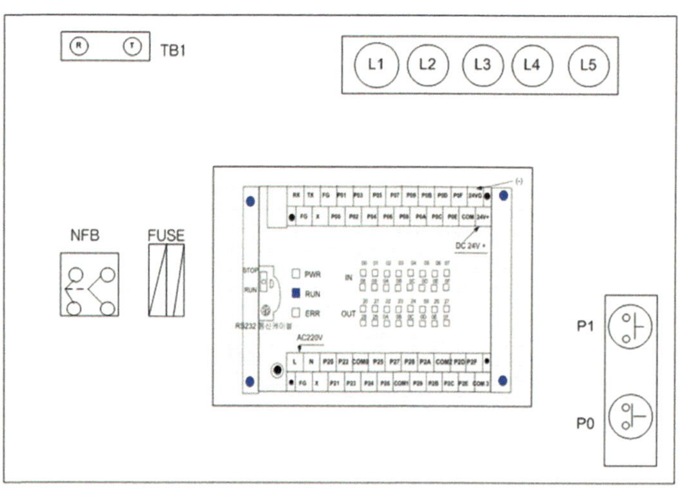

(3) 신호등 회로

① 동작 설명

P1을 on 하면 PL1, PL2, PL3가 3초 간격으로 순차 점멸한다.

P0을 누르면 초기화된다.

P1을 on 하면 PL1, PL2, PL3가 3초 간격으로 연속 동작한다.

P1을 on 하면 PL1, PL2, PL3가 COUNTER에 의해 3초 간격으로 3회 동작 후 전지한다.

② 램프 제어 타임 차트

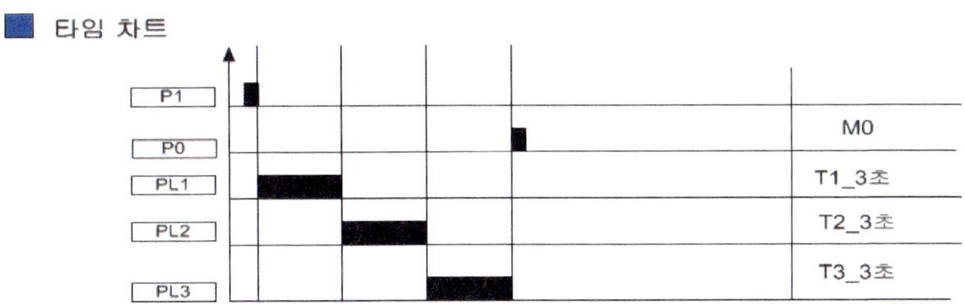

③ PLC 프로그램

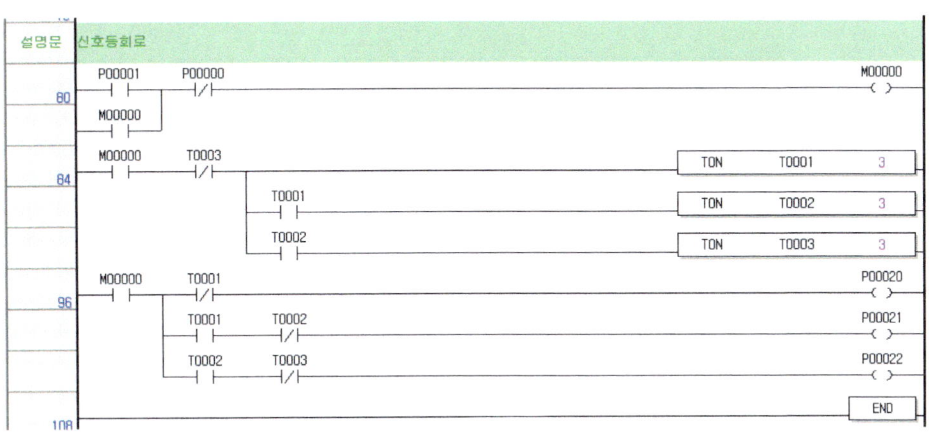

(4) 램프 제어 HMI 실습

① 자기 유지 회로(기동 우선)

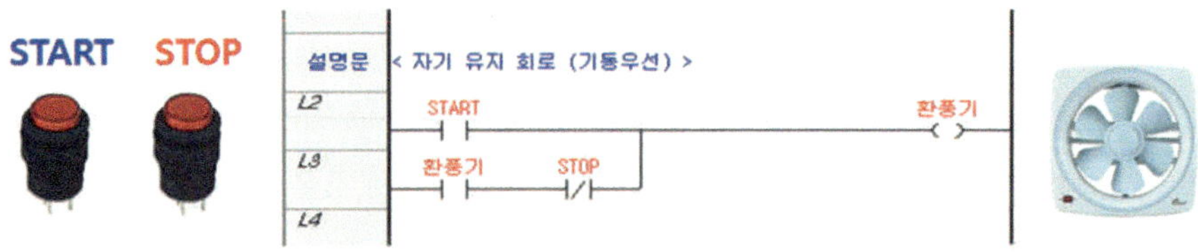

[터치 패널 구성]

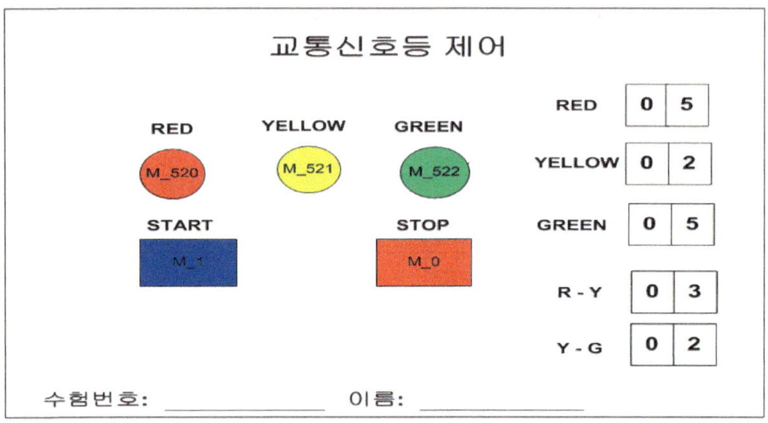

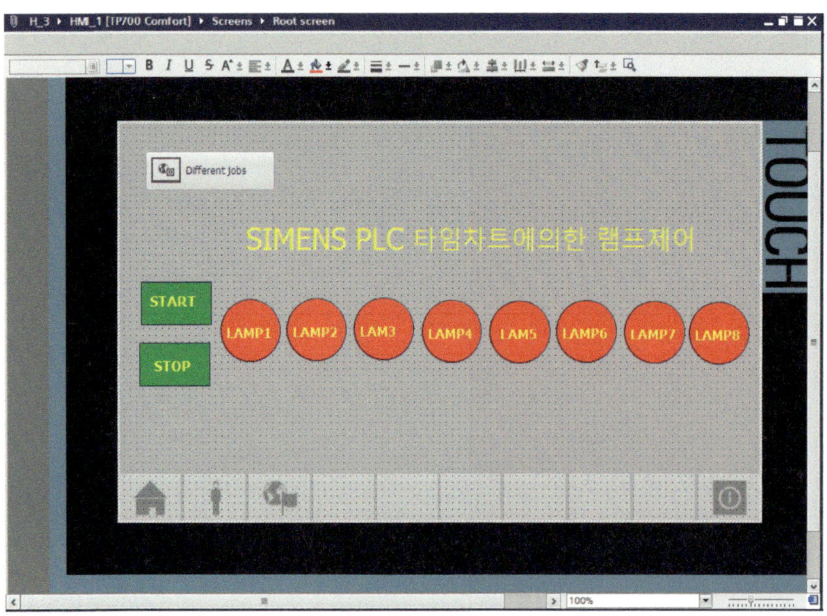

② 자기 유지 회로(정지 우선)

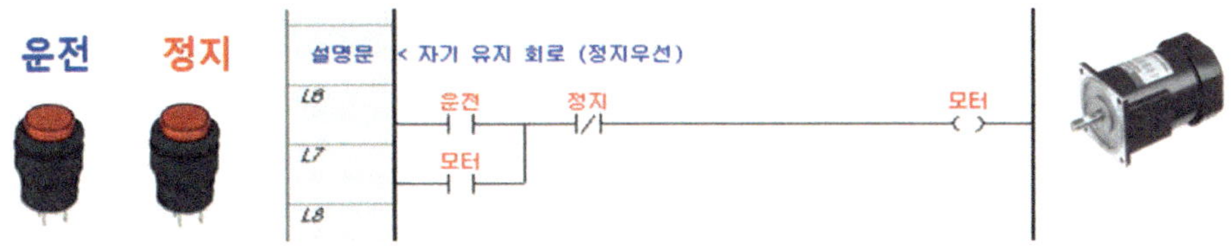

(5) 타임 차트에 의한 램프 제어(2)

① 동작 설명

P1을 on 하면 PL1, PL2, PL3가 동시에 점등한다. 3초 후 PL1 소등, 3초 후 PL2 소등, 3초 후 PL3 소등한다.

P1을 on 하면 PL1, PL2, PL3 램프 주기가 연속 동작한다.

P1을 on 하면 PL1, PL2, PL3 램프 주기가 3회 동작한다.

② 램프 제어 타임 차트

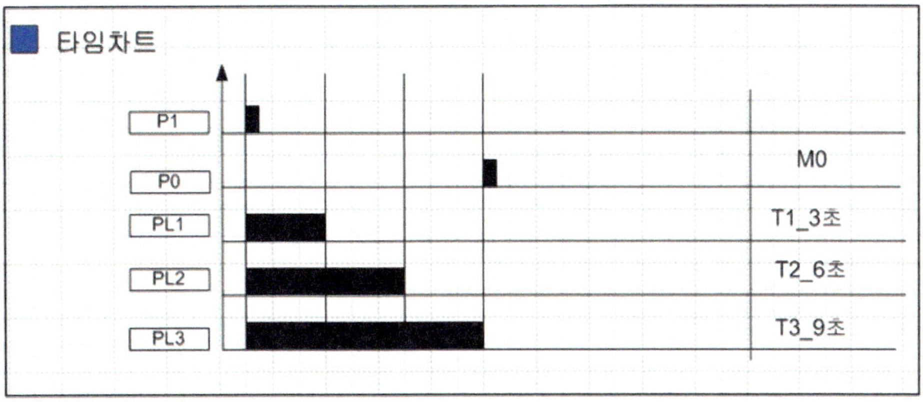

③ PLC 프로그램

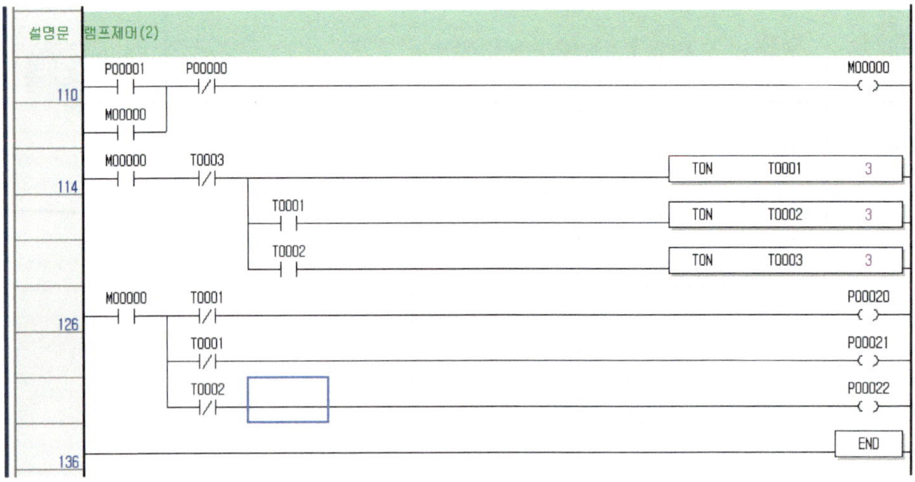

(6) 타임 차트에 의한 램프 제어(3)

① 동작 설명

P1을 on 하면 타임차트와 같이 PL1, PL2, PL3이 3초 간격으로 순차 점멸한다.

P0을 누르면 초기화된다.

P1을 on 하면 PL1, PL2, PL3이 3초 간격으로 연속 동작한다.

P1을 on 하면 PL1, PL2, PL3이 3초 간격으로 3회 동작한다.

② 램프 제어 타임 차트

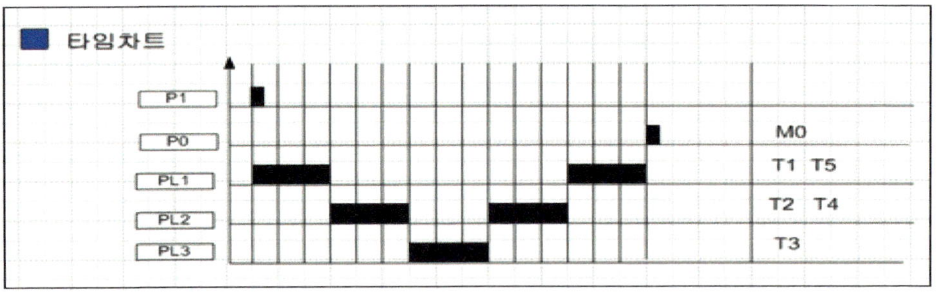

③ 램프 제어 타임 차트(3) PLC 프로그램

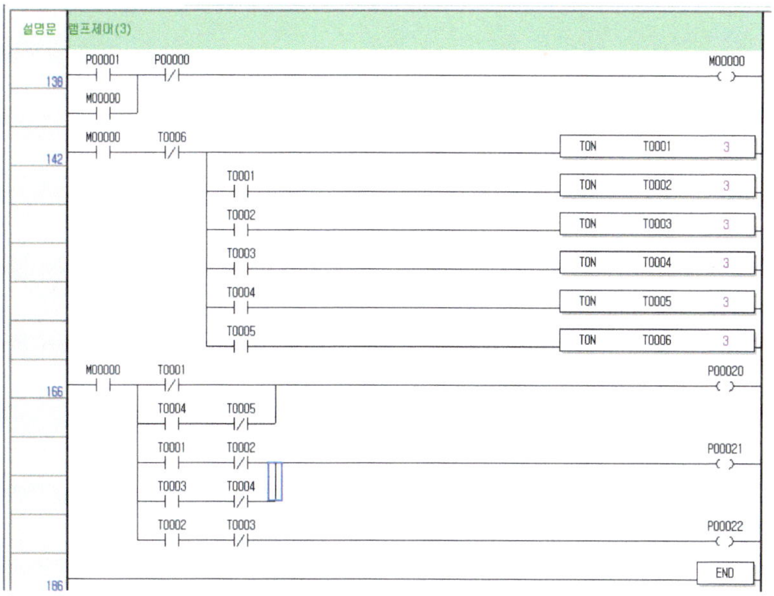

(7) 타임 차트에 의한 램프 제어(4)

① 동작 설명

P1을 on 하면 PL1, PL2, PL3,PL4가 3초 간격으로 2개씩 순차 점멸한다.

P0을 누르면 초기화된다.

P1을 on 하면 램프 주기가 3초 간격으로 연속 동작한다.

P1을 on 하면 램프 주기가 3초 간격으로 3회 동작한다.

② 램프 제어 타임 차트

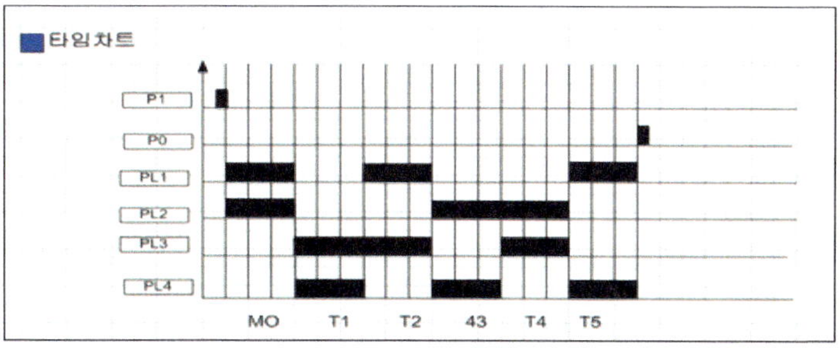

③ 램프 제어 타임 차트(5) PLC 프로그램

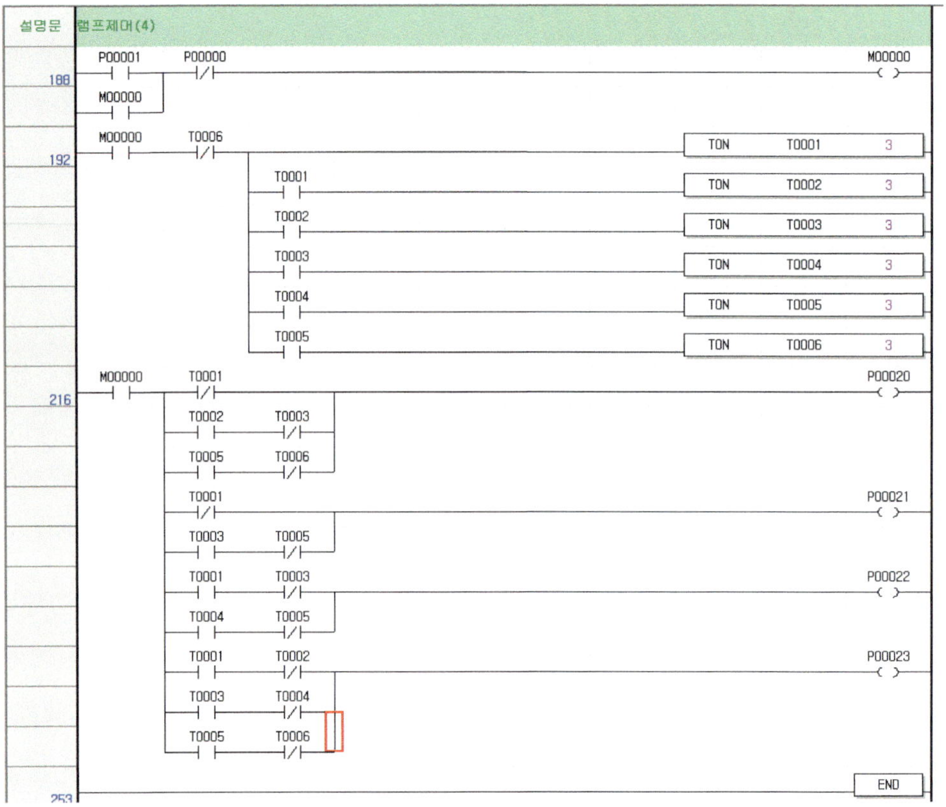

(8) 타임 차트에 의한 램프 제어(5)

① 동작 설명

P1을 on 하면 한 주기 동안 타임 차트와 같이 점멸한다.

P0을 누르면 초기화된다.

P1을 on 하면 램프 주기가 3초 간격으로 연속 동작한다.

P1을 on 하면 램프 주기가 3초 간격으로 3회 동작한다.

② 램프 제어 타임 차트

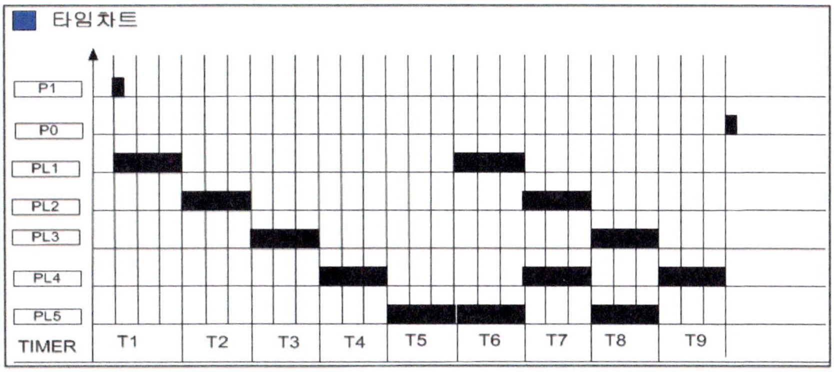

③ PLC 프로그램

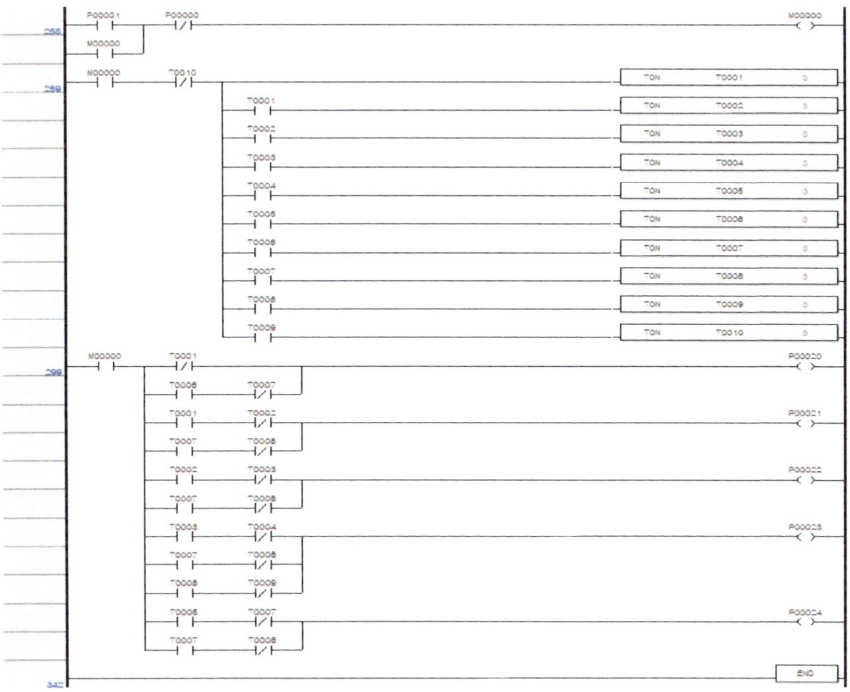

6. 시퀀스의 PLC 제어(Sequence PLC Of Control)

아래와 같이 릴레이 제어반 전기 배선 작업 후 시퀀스 제어에 의한 모터 제어 PLC 프로그램 연습 및 동작 시험 유지보수 실습을 할 수 있다.

(1) 출력 단자의 결선 배정

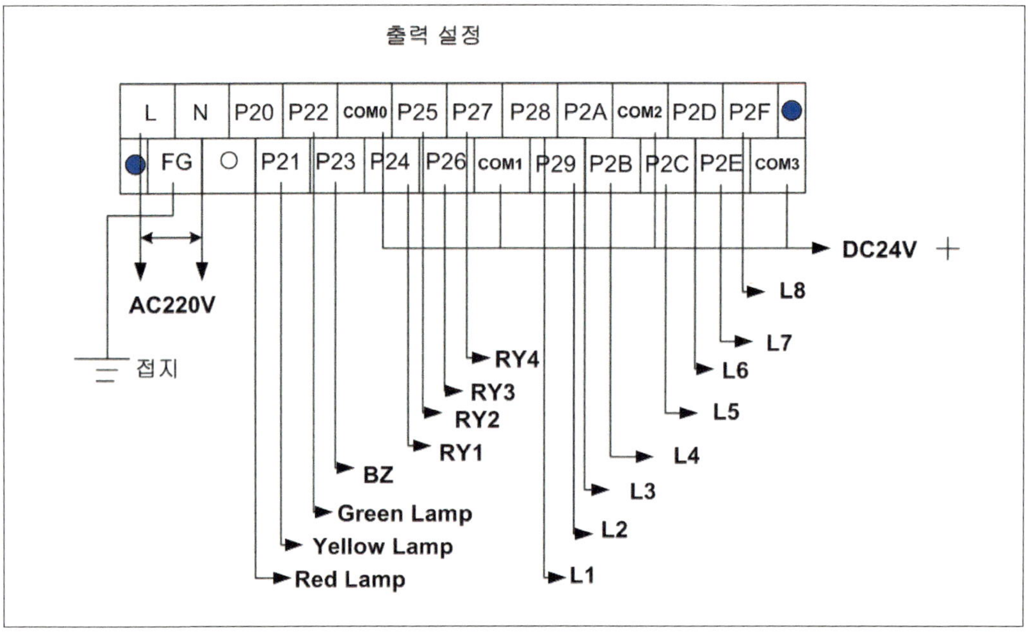

(2) 입력 단자의 결선

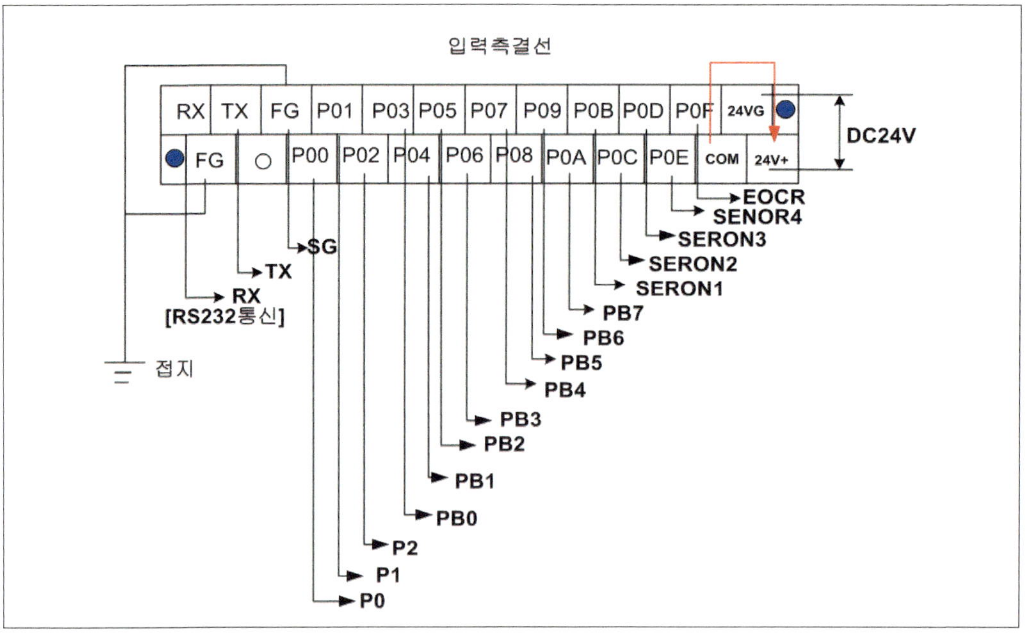

(3) MC에 의한 모터 기동, 정지 회로 구성

① 동작 설명

MC에 의해 모터가 기동하고 정지한다.

릴레이 8핀, 11핀, 14핀, 파워 릴레이 12핀 등을 활용하여 모터 회로를 기동 정지 할 수 있다.

② 시퀀스 회로

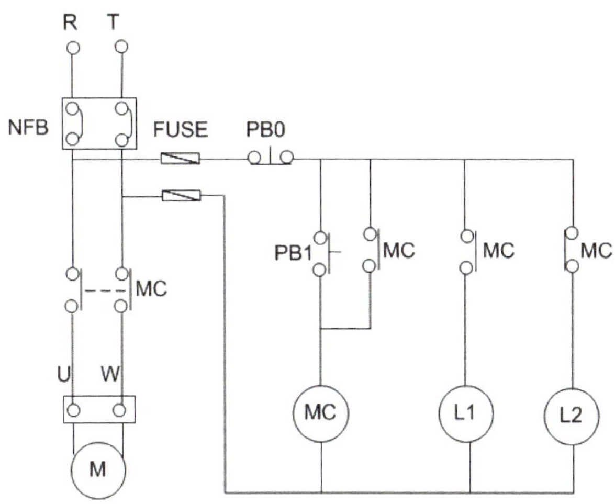

③ PLC 프로그램

④ PLC 입출력 결선도

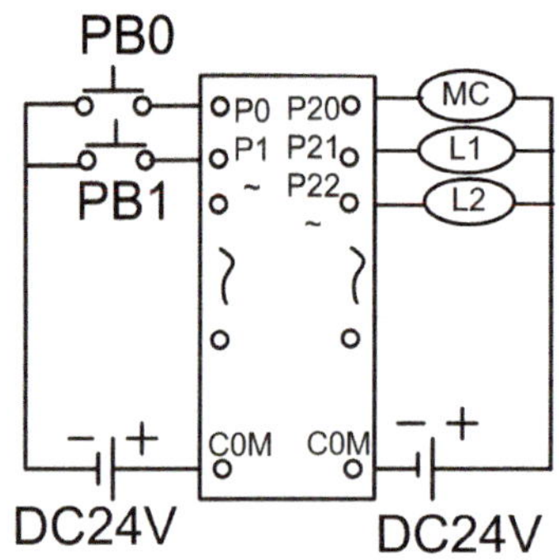

⑤ 기구 배치도

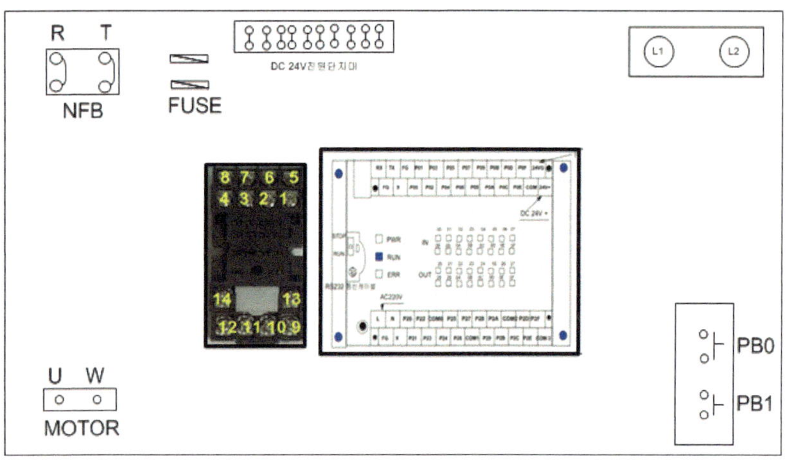

⑥ 14핀 릴레이 구조

DC 14핀 릴레이 내부 결선도

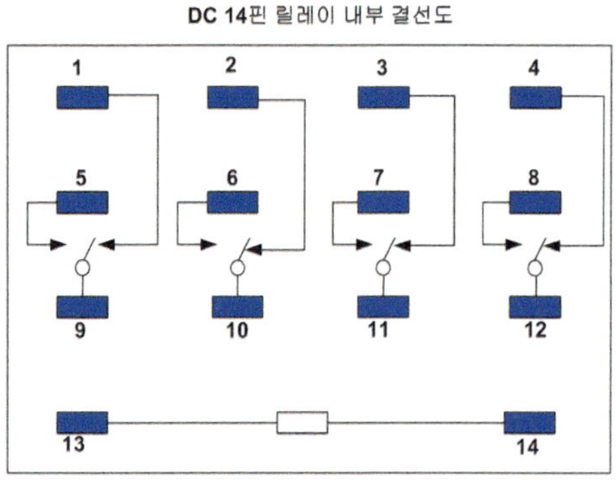

(4) Timer 회로 PLC 프로그램

① 동작 설명

P1을 누르면 타이머가 동작하여 L1이 점등되고 일정 시간 후에 L1이 소등되면서 L2가 점등된다. 정지 푸시버튼 스위치 P0을 누르면 타이머가 동작을 중지하고 L2도 소등된다.

② 시퀀스도

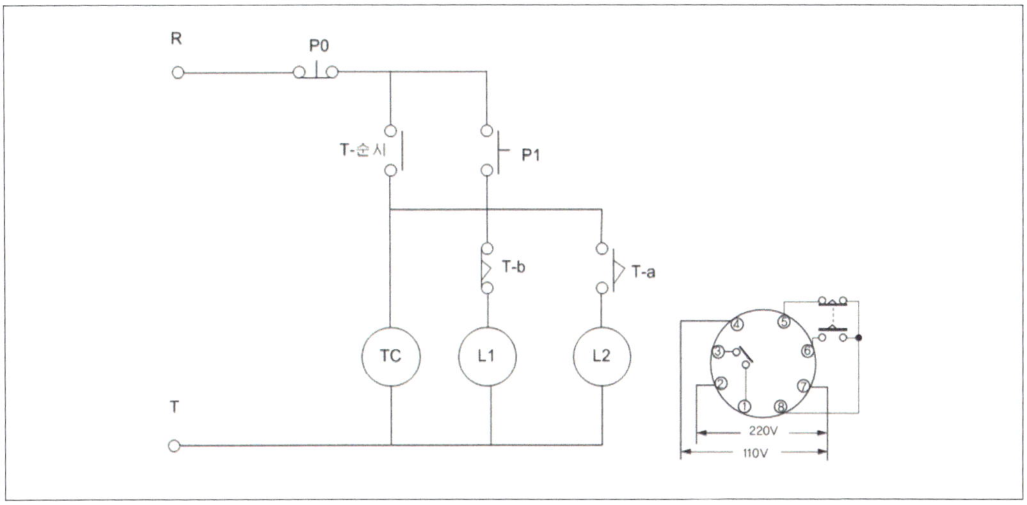

③ PLC 결선도

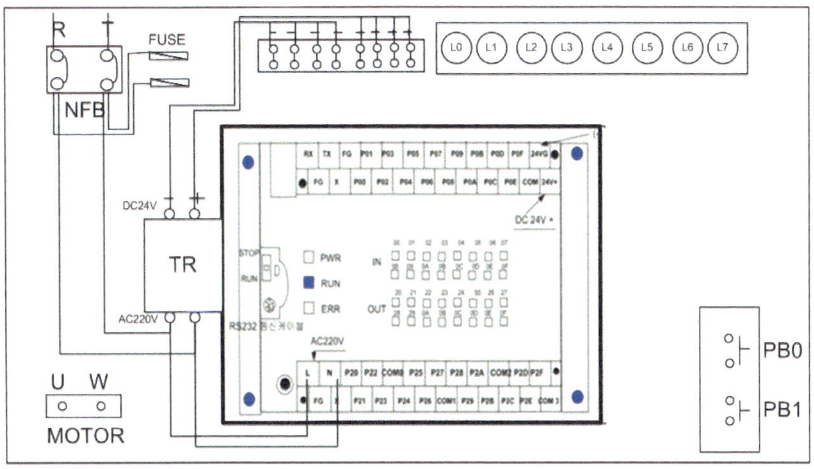

④ PLC 프로그램 연습

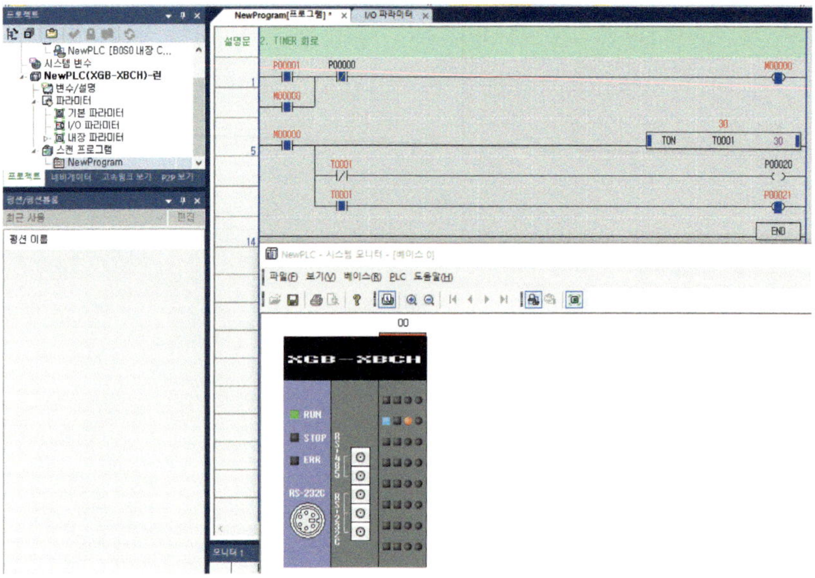

(5) Flicer Relay 회로 구성

① 동작 설명

P1을 누르면 후리커 릴레이가 동작하여 L1, L2가 시간에 따라 교대로 점멸한다. 정지 프시버튼 스위치 P0을 누르면 후리커 릴레이가 동작을 중지하고, L1, L2도 소등된다.

② 시퀀스도

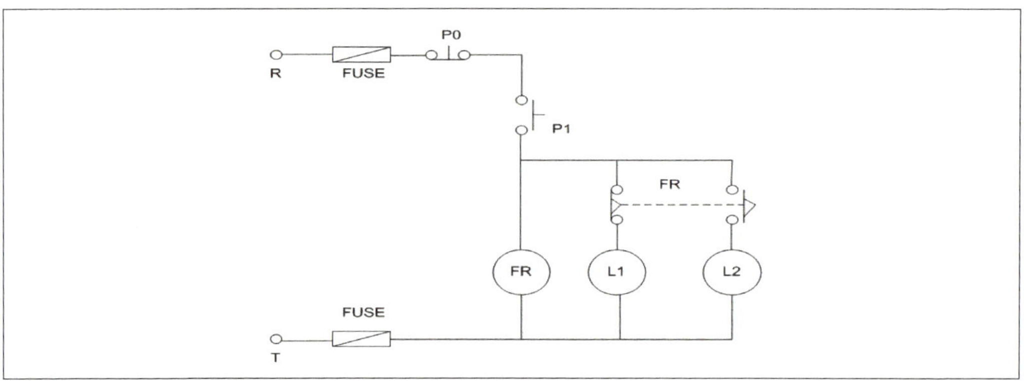

③ PLC 프로그램

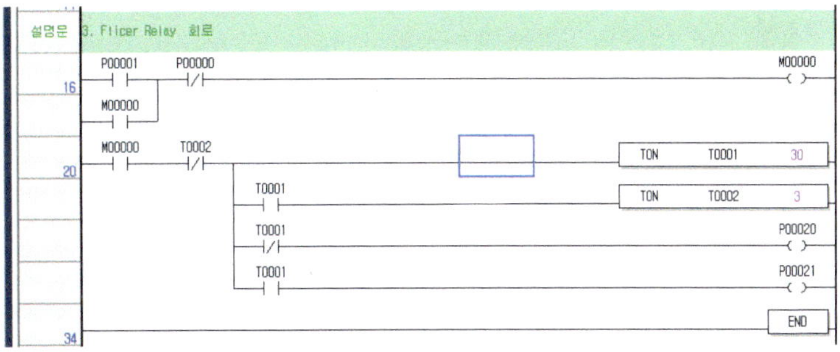

④ 램프 1개 0.3초 간격 10회 동작 후 정지 PLC 프로그램

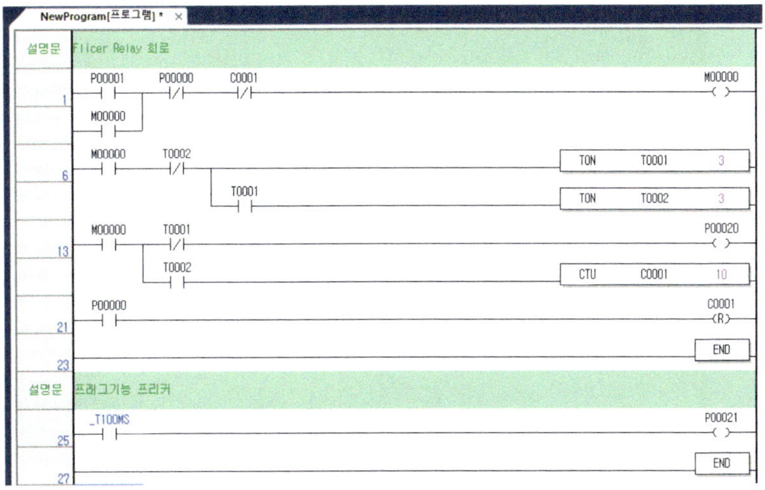

⑤ BZ과 LAMP1을 교대 점멸 5회 후 소리 나는 BZ만 정지함

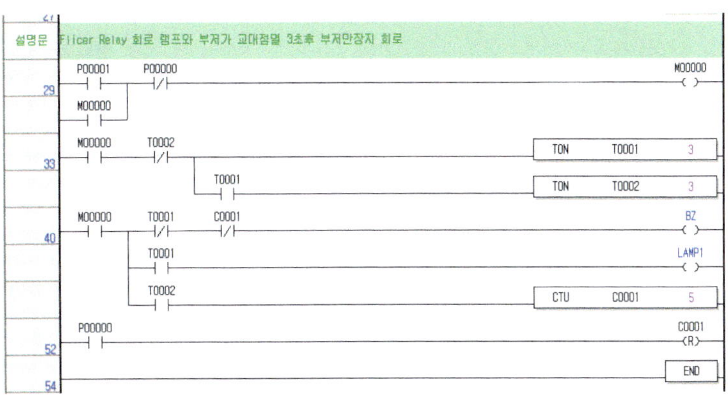

(6) EOCR 시퀀스 PLC 제어 회로

① 동작 설명

EOCR에 의한 AC 단상 모터 제어 회로이다. P1을 on 하면 MC가 여자되어 MC_a에 의해 AC 모터가 기동하며 L1이 점등된다. 모터 과부하 시 EOCRDL 작동하여 BZ이 과부하를 표시해 준다. REST 버튼에 의해 EOCR이 복귀된다.

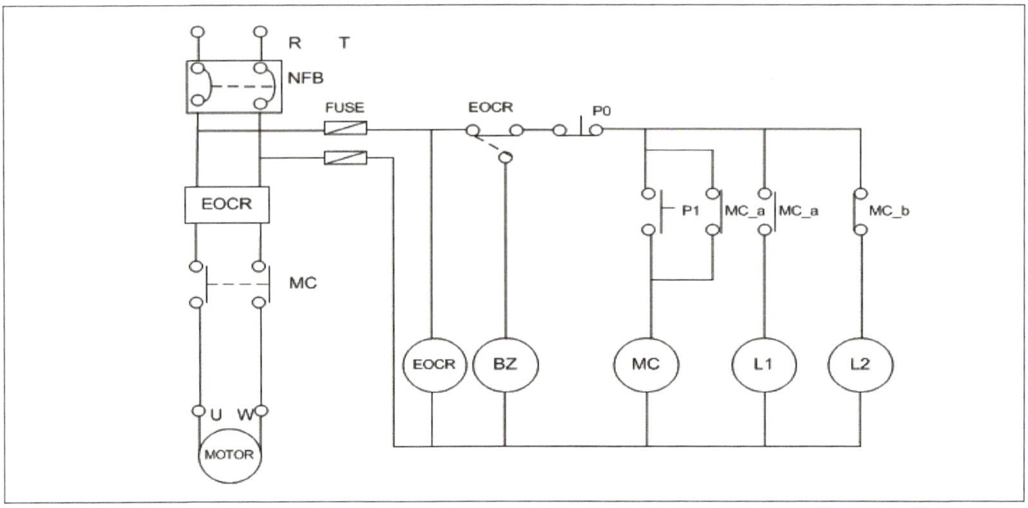

② PLC 입·출력 결선도

입력은 P1, P0, EOCR_접점이며, 출력은 MC, L1, L2, BZ으로 한다. PLC 제어에서 결선 시 PLC 입·출력 결선도에 의해 배선하되 시퀀스 주회로와 EOCR에 전원을 결선해야 한다.

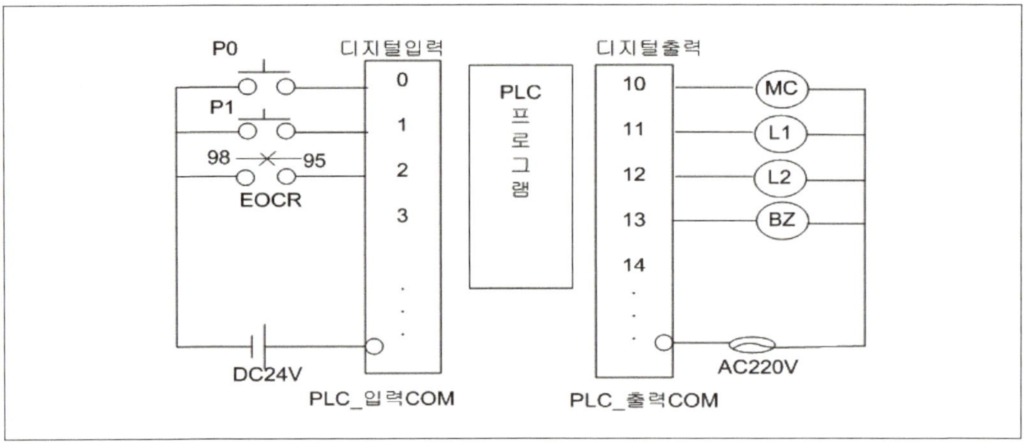

③ PLC 프로그램

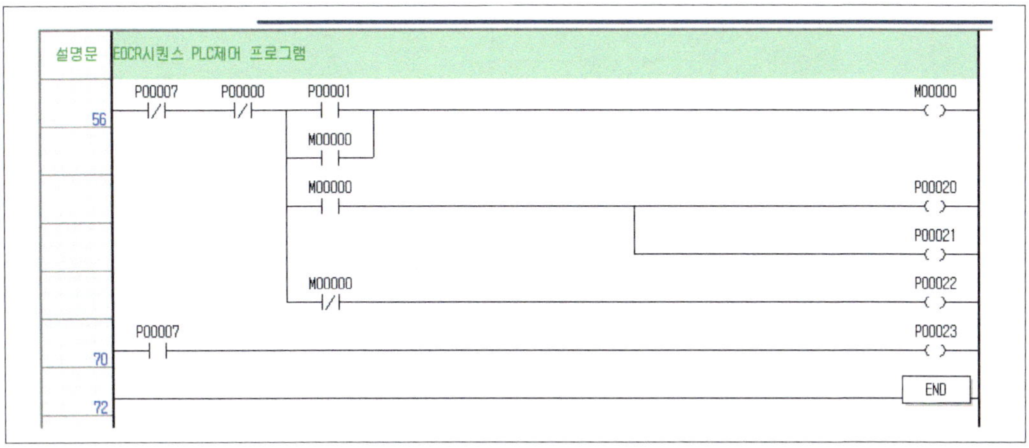

(7) 카운터 시퀀스 제어

① 동작 설명

전원을 투입하고 P1을 on 하면 MC가 여자되고 MC_a에 의해 AC 모터가 기동한다. L1이 점등한다. 카운터와 연결된 P3를 5회 누르면 BZ이 동작된다.

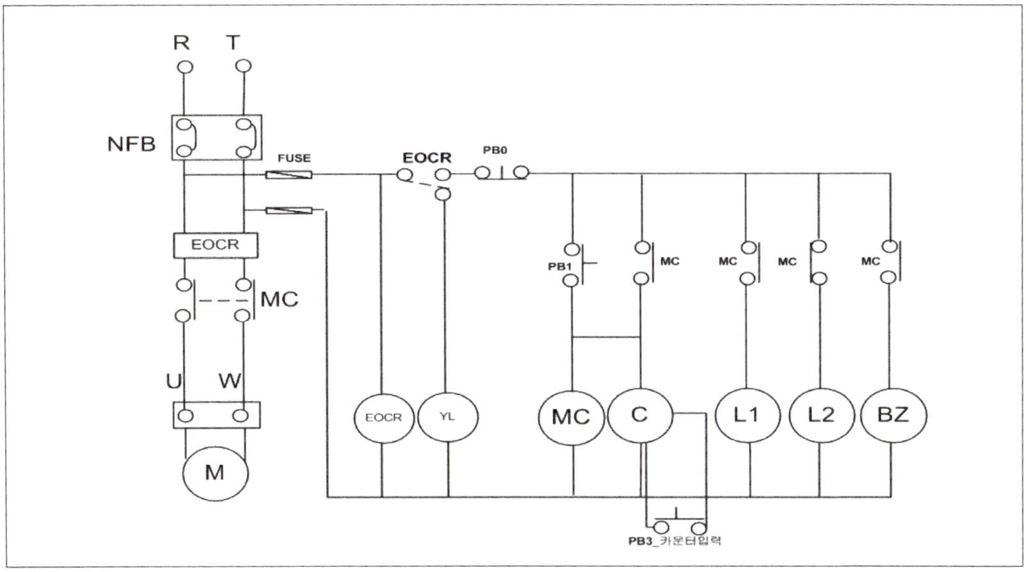

② 카운터 시퀀스 제어 입출력 결선도

카운터는 CTU_다운 카운터를 사용하며 카운터에 의한 BZ을 on 시키는 회로이다.

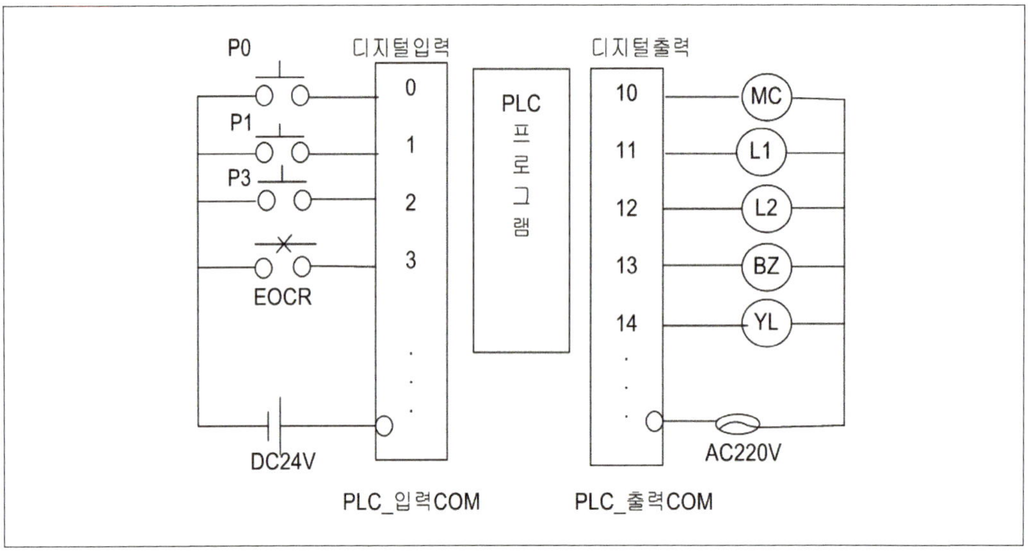

③ 카운터 시퀀스 제어 PLC 프로그램

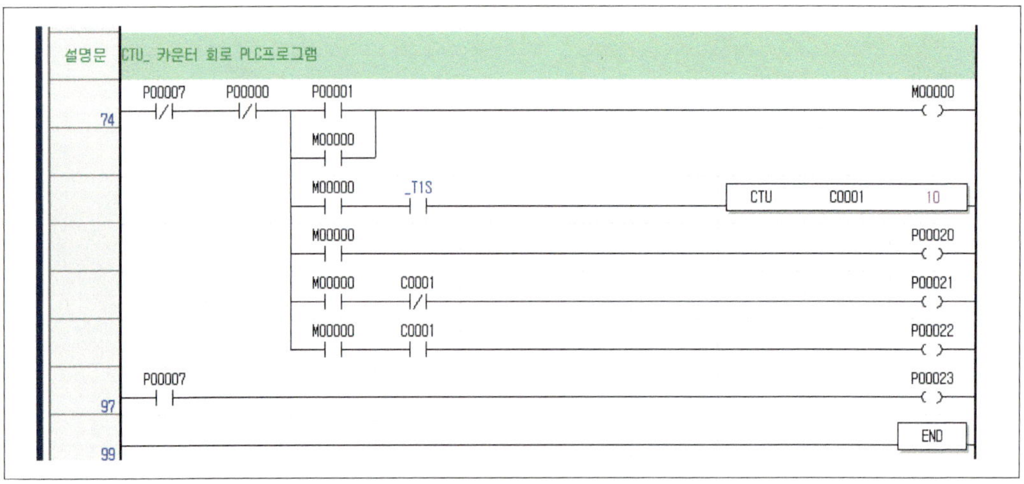

(8) ~, DC 모터 정 · 역 시퀀스 PLC 제어(1)

① 동작 설명

DC 모터인 경우에는 + - 입력 전선를 바꾸어 주면 역회전한다. 그러나 ~에서는 기동 코일과 운전 코일이 있어 기동 코일에 입력선을 바꾸어 주어야 역회전을 한다. P1을 on 하면 정회전, P2를 on 하면 역회전한다.

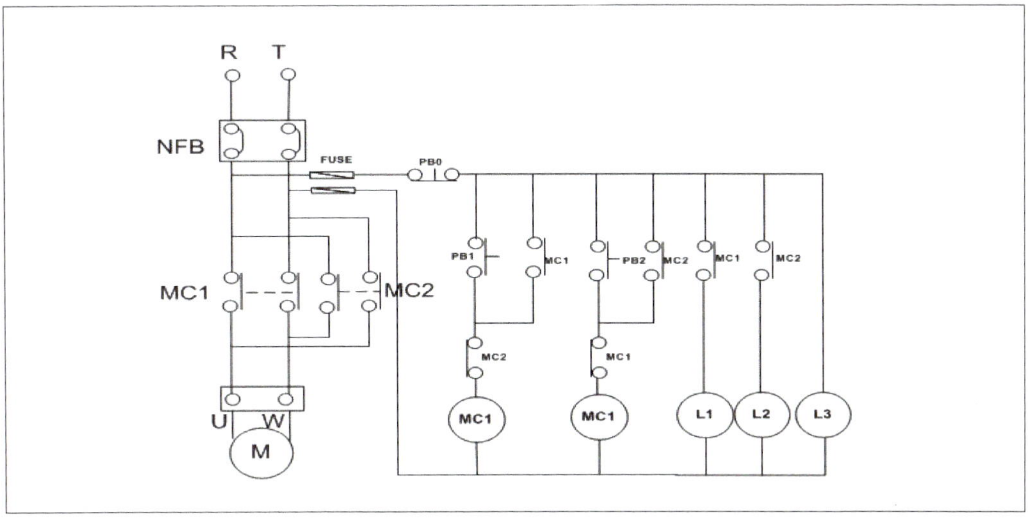

② AC 모터 정·역 시퀀스 제어의 PLC 입출력 결선도

입력 P0, P1, P2, P3. 출력 MC1, MC2, L1, L2, L3으로 설정하여 PLC 입출력 결선도를 작성한다.

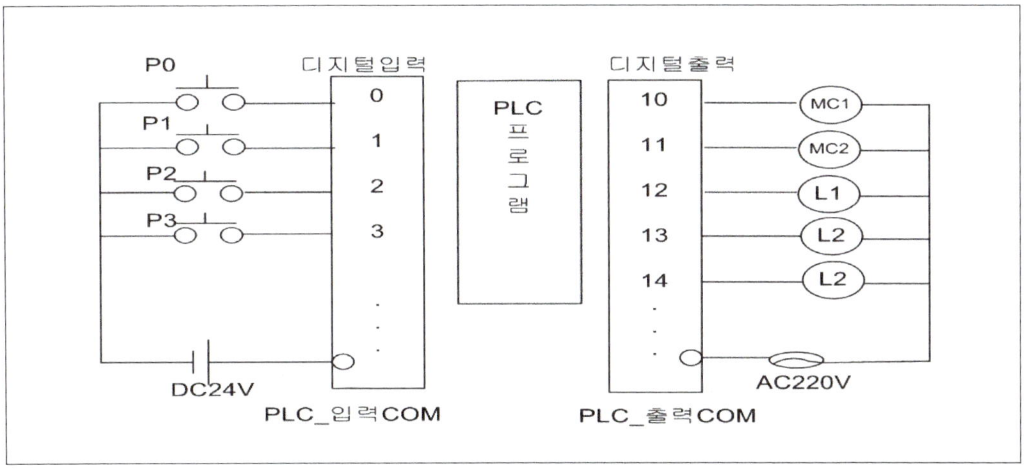

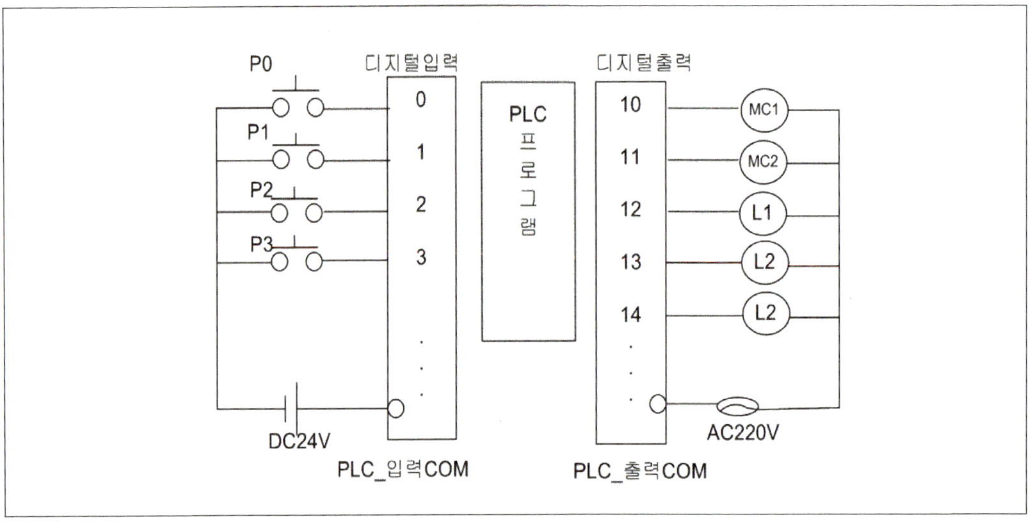

③ AC 모터, DC 모터 정·역 시퀀스 PLC 제어

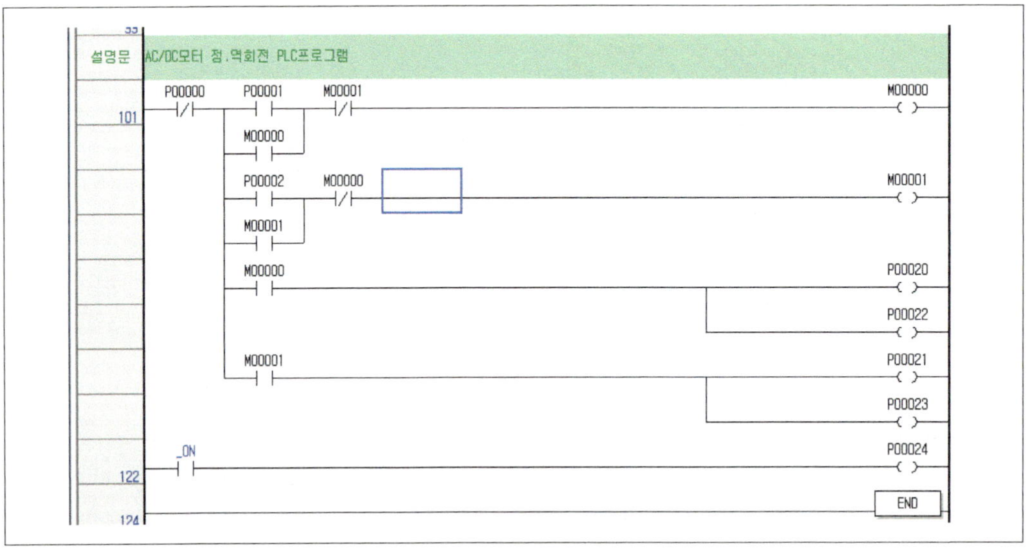

(9) AC 모터 정 · 역 시퀀스 PLC 제어(2)

① 동작 설명

EOCR 및 MC1, MC2를 사용하여 시퀀스로 AC 모터 정·역 회로를 구성하였다. P1에 의해 정회전, P2에 의해 역회전하며 모터 과부하 시 EOCR에 의해 트립되는 시퀀스 회로이다.

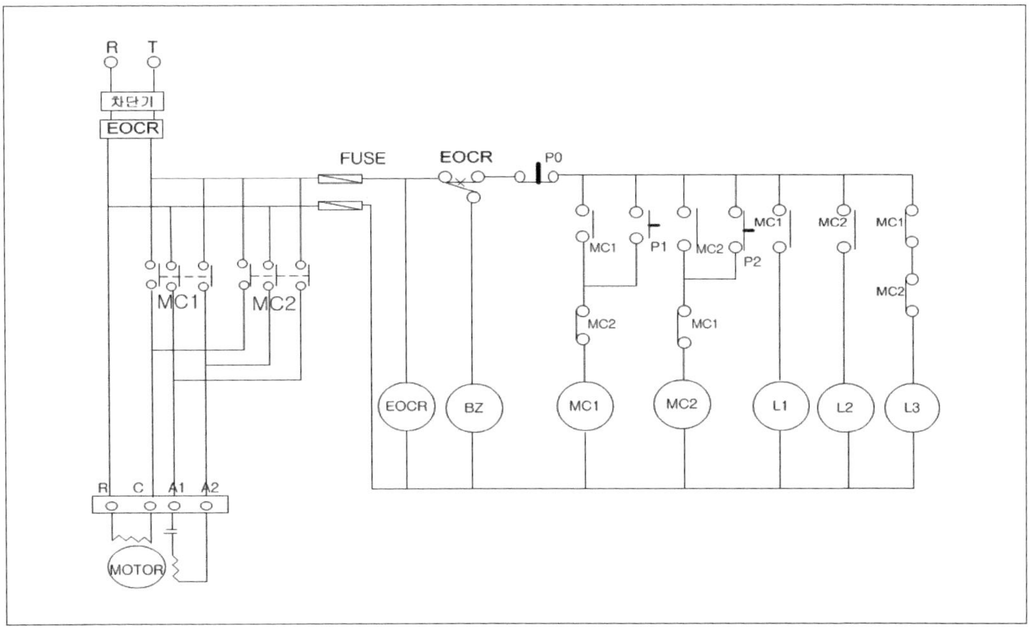

② AC 모터 정·역 시퀀스 제어(2), PLC 입출력 결선도

AC 모터 정·역 시퀀스 회로에서 입력은 EOCR_a P0, P1, P2, 출력은 MC1 MC2, L1, L2, L3, BZ을 출력으로 한다.

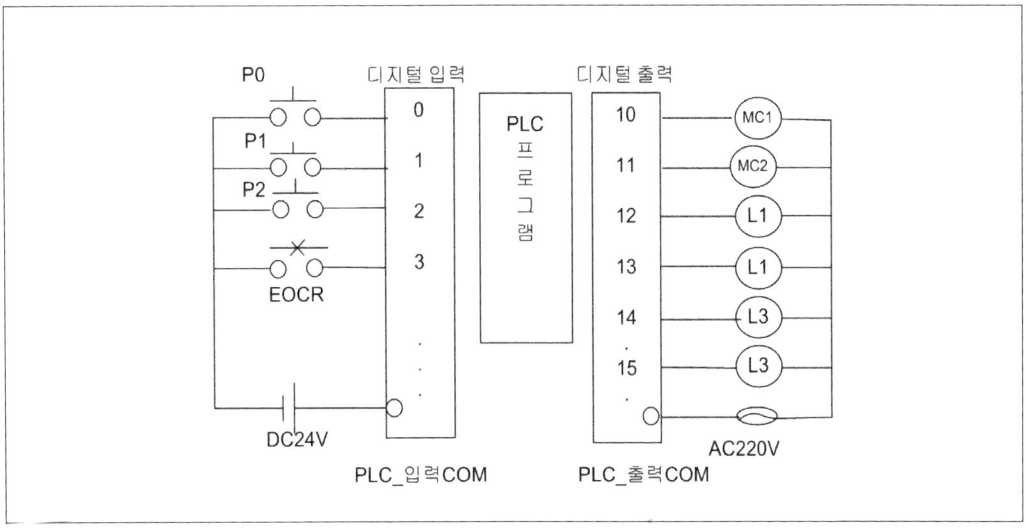

③ AC 모터 정·역 시퀀스 PLC 제어(2)

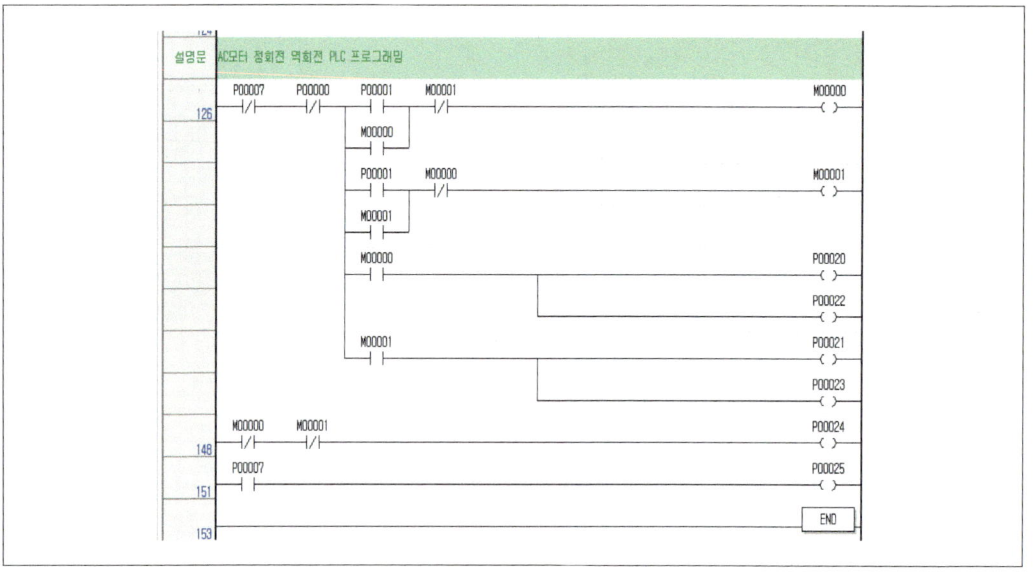

(10) 3상 모터 Y-△ 기동 회로

① 동작 설명

P1을 on 하면 MC1에 의해 Motor는 Y 기동하고, 설정 시간 후 Motor를 △운전 한다. P0를 on 하면 초기화된다.

② 3상 모터 Y-△ 기동 회로도

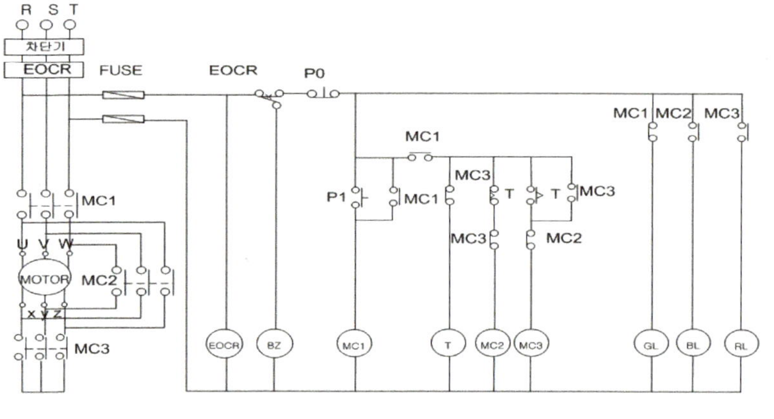

③ 입출력 설정(I/O)

입출력 설정 I/O			
입 력	디바이스	출 력	디바이스
PB0	P0	MC1	P24
PB1	P1	MC2	P25
		MC3	P26
		GL	P20
		BL	P21
EOCR	P7	RL	P22
		BZ	P23

④ 3상 모터 Y-△ 기동 회로 PLC 프로그램

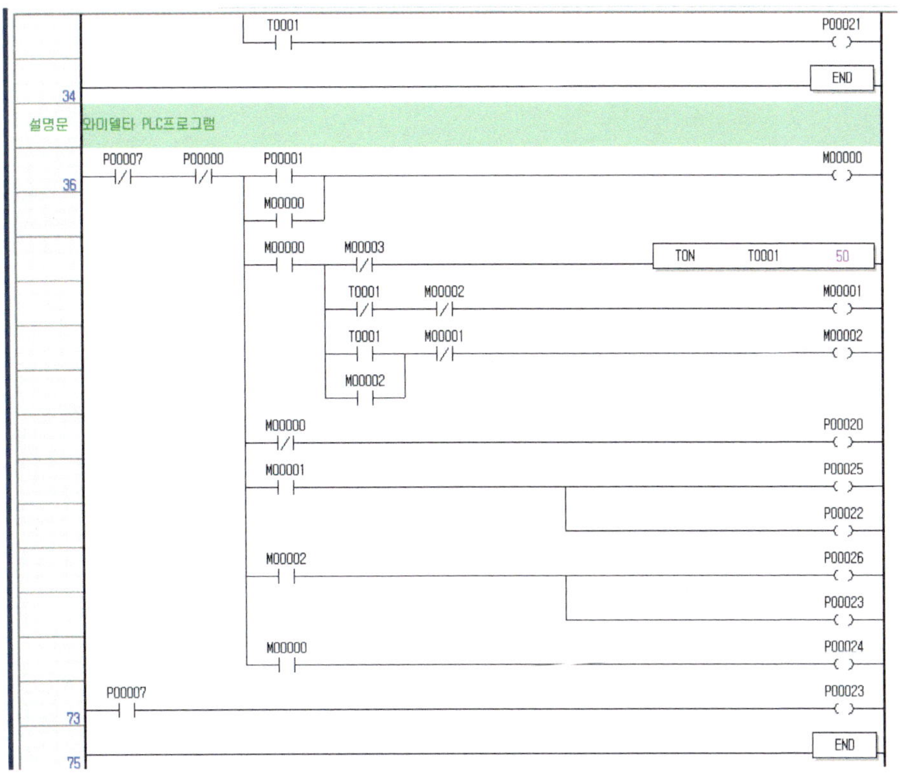

(11) 버튼 1개로 기동, 정지 회로 구성

① 퀀스 제어

동작 설명: X1, X2 릴레이를 사용하여 P1을 1회 on 하면 MC에 의해 모터가 기동하고, P1을 2회 on 하는 회로의 구성이다.

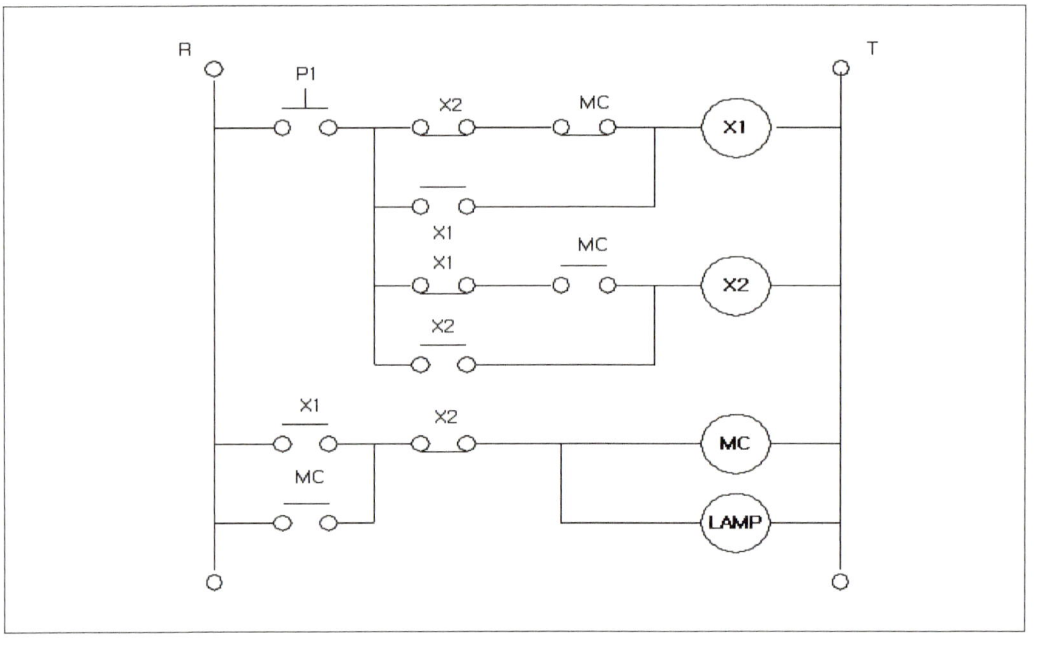

② 버튼 1개로 기동 정지 PLC 입출력 결선도

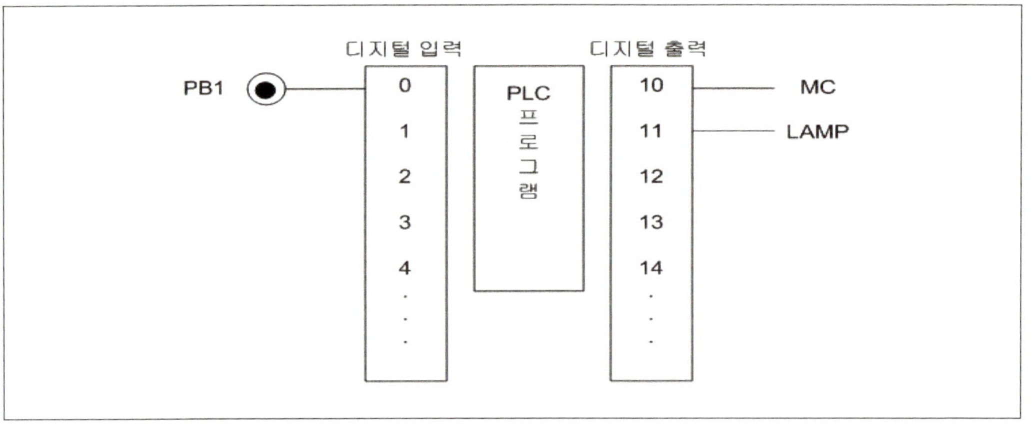

③ PLC 프로그램

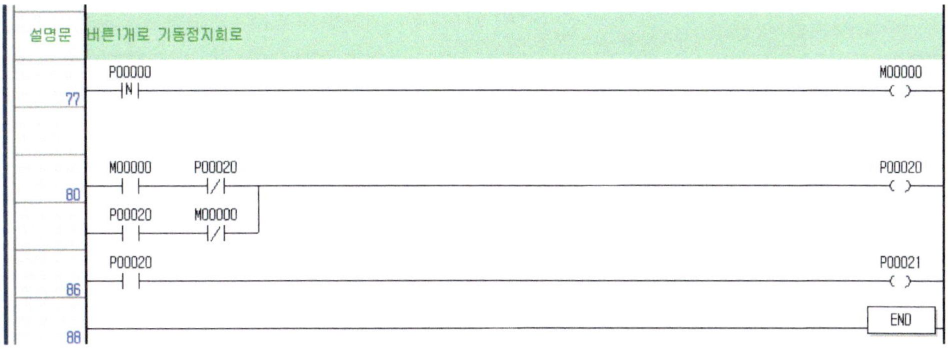

(12) 3상 모터 순차 제어

① 동작 설명

PB1을 on 하면 MC1에 의해 Motor1이 회전하고, T초 후 MC2에 의해 Motor2가 회전하고, T초 후 MC3에 의해 Motor3이 회전한다. PB0를 on 하면 초기화된다.

② 승강기 회로도

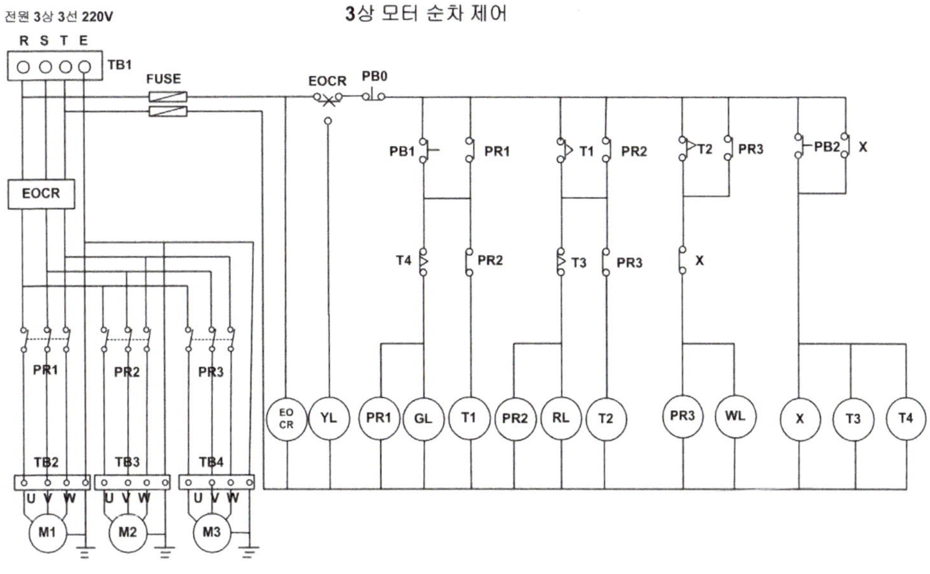

③ 입출력 결선도(I/O)

입출력 설정 I/O			
입 력	디바이스	출 력	디바이스
PB0	M0	MC1	P25
PB1	M1	MC2	P26
PB2	M2	MC3	P27
PB3	M3	RL	P20
		GL	P21
		YL	P22
		WL	P23
EOCR	M7	BZ	P24

④ PLC 프로그램

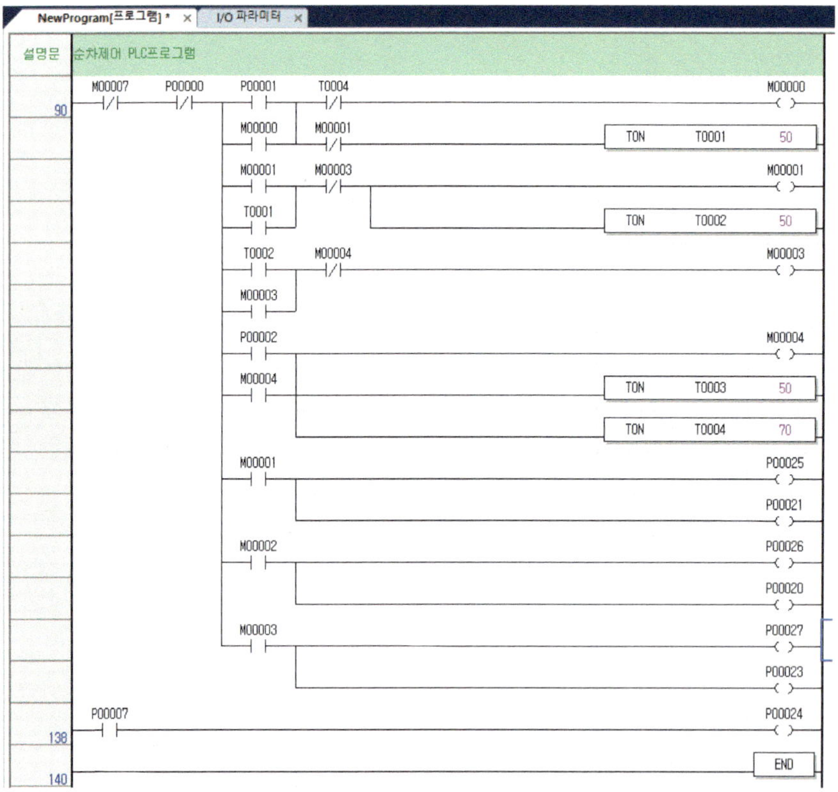

(13) 센서 회로

① 센서 구조

NPN type	PNP type
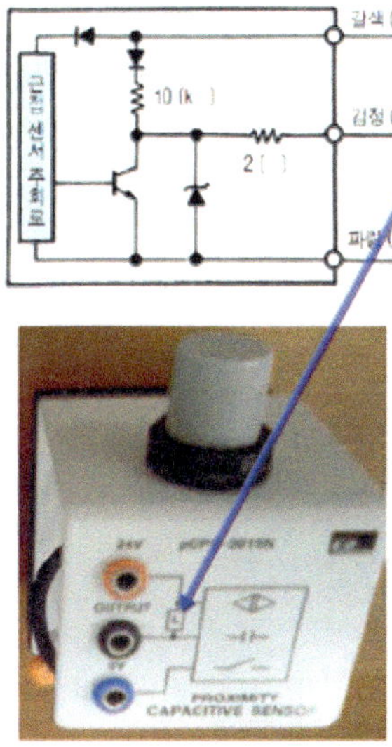	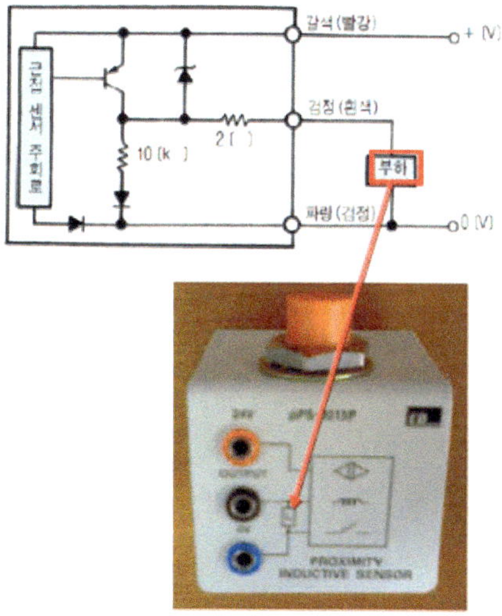

② 센서 입출력 결선도(PNP-COM)

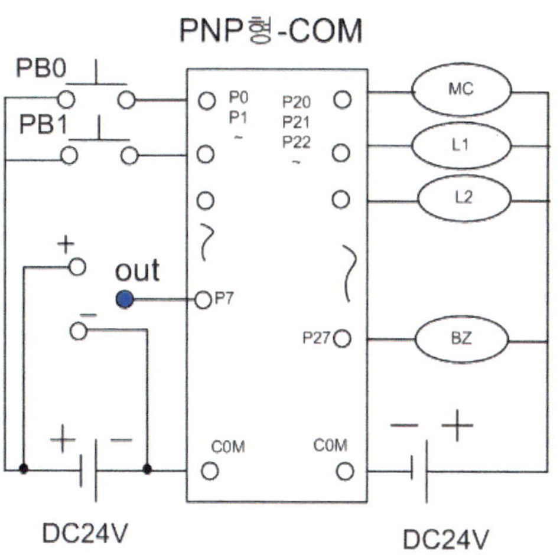

③ DC 24V 근접 센서의 시퀀스 제어

동작 설명

근접 센서에서 입력 결선 시 주의할 사항은 세서의 타입이다. NPN형은 COM 결선 시 +선에 PNP형은 COM 결선 시 -선에 결선을 하면 된다.

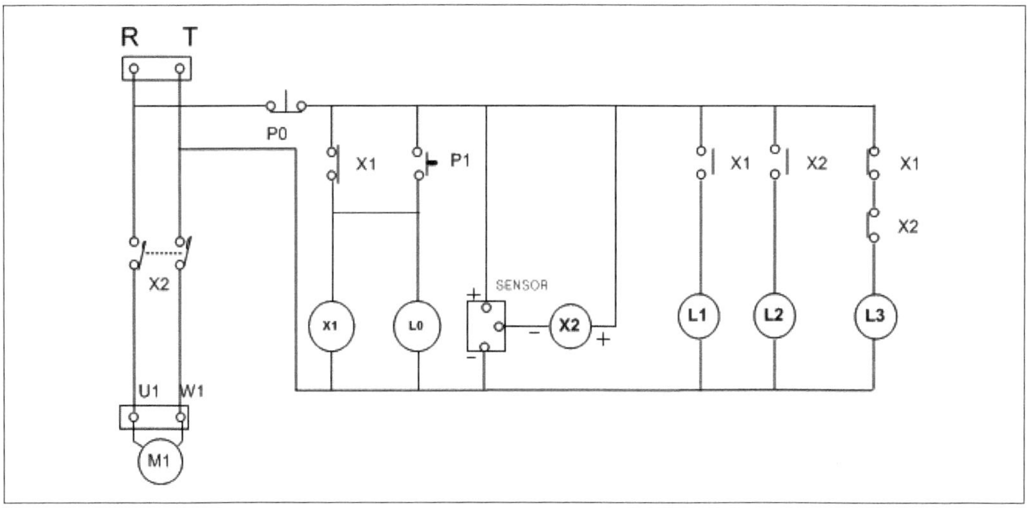

④ DC 24V 근접 센서의 시퀀스 제어 PLC 입출력 결선도(NPN형+COM)

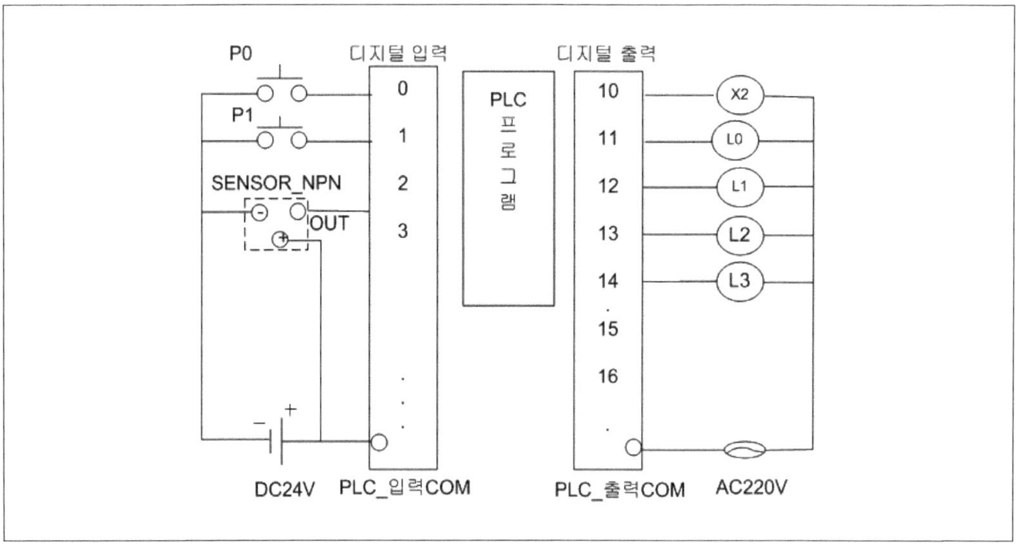

⑤ 센서 PLC 프로그램

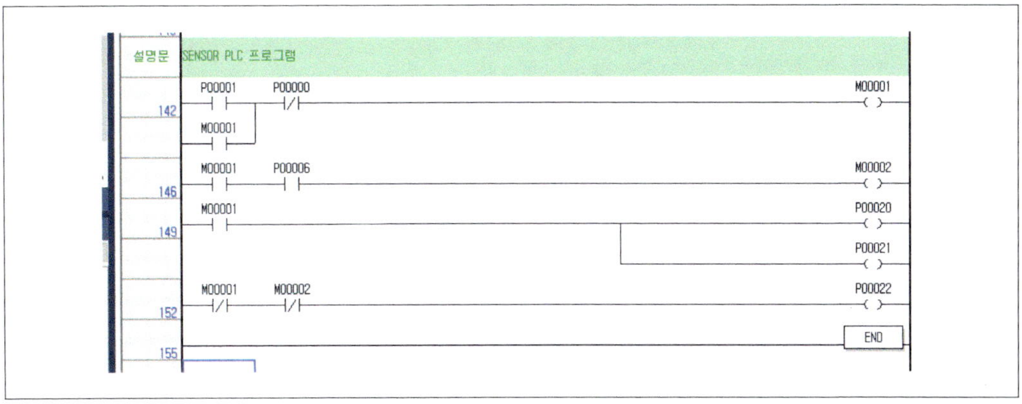
설명문
SENSOR PLC 프로그램
142
P00001
P00000
M00001
M00001
146
M00001
P00006
M00002
149
M00001
P00020
P00021
152
M00001
M00002
P00022
155
END

Chapter 09

전기자동차 XGB_PLC 프로그램 운전 코딩

1. 전기자동차 기초 프로그램(Electric Car Of Basic Program)

(1) M1 모터 정회전 PLC 프로그램

동작 설명: PB1을 on 하면 M1 모터가 정회전한다.

전원 투입하면 PL1 점등 M1 운전 시 소등한다.

M1 정회전 시 PL2, PL3가 1초 간격으로 점멸한다.

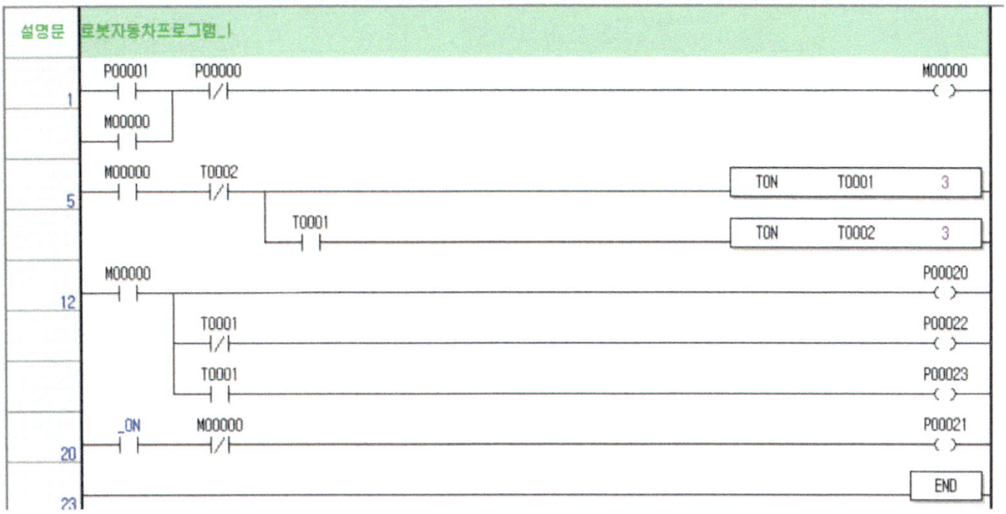

<PLC 프로그램>

(2) M1 모터 역회전 PLC 프로그램

동작 설명: PB2를 on 하면 M1 모터가 역회전한다.

전원 투입하면 PL4 점등 M1 운전 시 소등한다.

M1 역회전 시 PL5, PL6가 1초 간격으로 점멸한다.

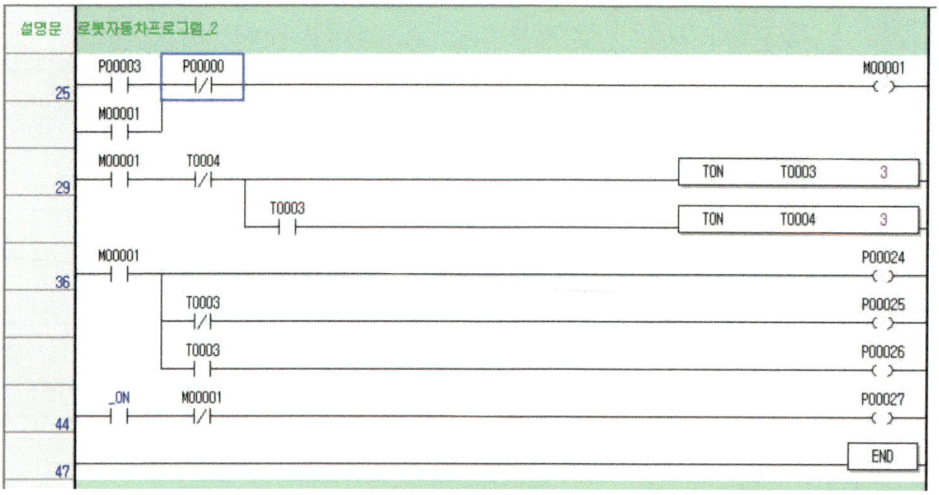

<PLC 프로그램>

(3) PLC 전기자동차 전진 프로그램

동작 설명: PB4을 on 하면 M1+M2 모터가 정회전한다.

전원 투입하면 PL1 점등 M1+M2 운전 시 소등한다.

M1+M2 정회전 시 PL5, PL6가 0.5초 간격으로 점멸한다.

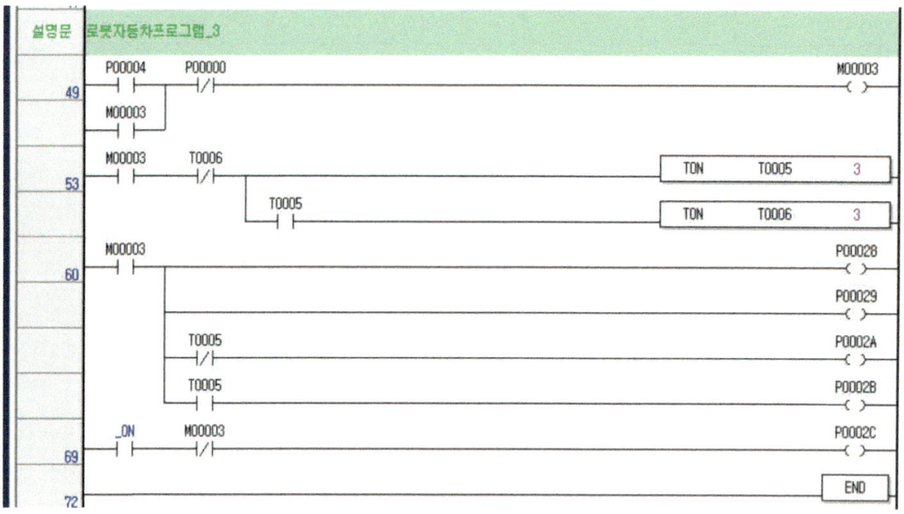

<PLC 프로그램>

(4) PLC 전기자동차 후진 프로그램

동작 설명: PB5를 on 하면 M1+M2 모터는 역회전한다.

전원 투입하면 PL1이 점등하고 M1+M2 운전 시 소등한다.

M1+M2 역회전 시 PL5, PL6가 0.3초 간격으로 점멸한다.

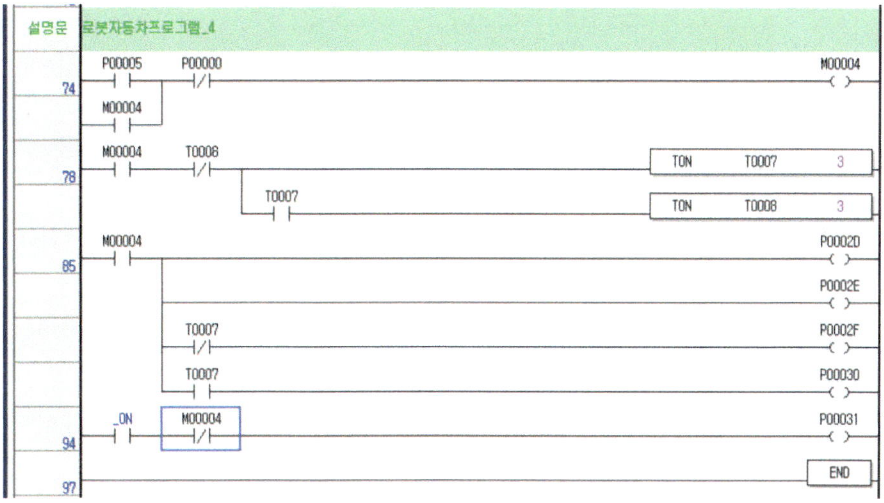

<PLC 프로그램>

2. 전기자동차 XGB_PLC 프로그램 응용 코딩(Electric Car XGB_PLC Of Program Application Coding)

■ 전기자동차 입출력 설정표

순서	입 력	PLC 입력	출 력	PLC 출력
1	PB0	P0	LAMP0	P20
2	PB1	P1	LAMP1	P21
3	PB2	P2	LAMP2	P22
4	PB3	P3	LAMP3	P23
5	PB4	P3	LAMP4	P24
6	PB5	P5	LAMP5	P25
7	PB6	P6	LAMP6	P26
8	PB7	P7	LAMP7	P27

9	S/W_1	P8	R_LAMP1	P28
10	S/W_2	P9	Y_LAMP2	P29
11	SENOR1	P0A	B_LAMP3	P2A
12	SENOR2	P0B	BZ	P2B
13	SENOR3	P0C	RY1_13번	P2C
14	SENOR4	P0D	RY2_13번	P2D
15	SENOR5	P0E	RY3_13번	P2E
16	SENOR6	P0F	RY4_13번	P2F

■ 전기자동차 PLC 입출력 결선도

전기자동차 PLC 입·출력 결선도

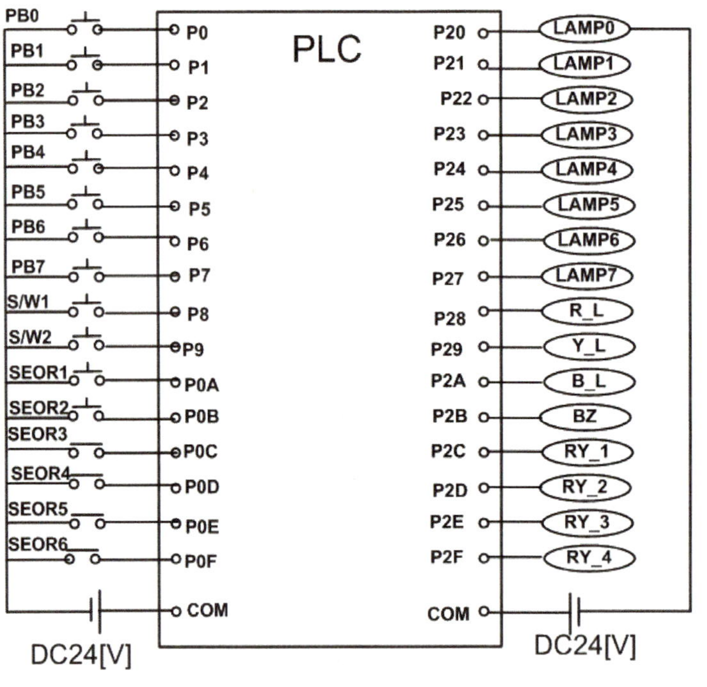

(1) 전기자동차 삼색등 PLC 코딩

3색등 적, 황, 청, BZ, 출력 4개 제어 PLC 코딩을 할 수 있다. 입력 설정 S/W1 정지, S/W2를 시작 버튼으로 사용한다.

① 3색등 내부 결선도

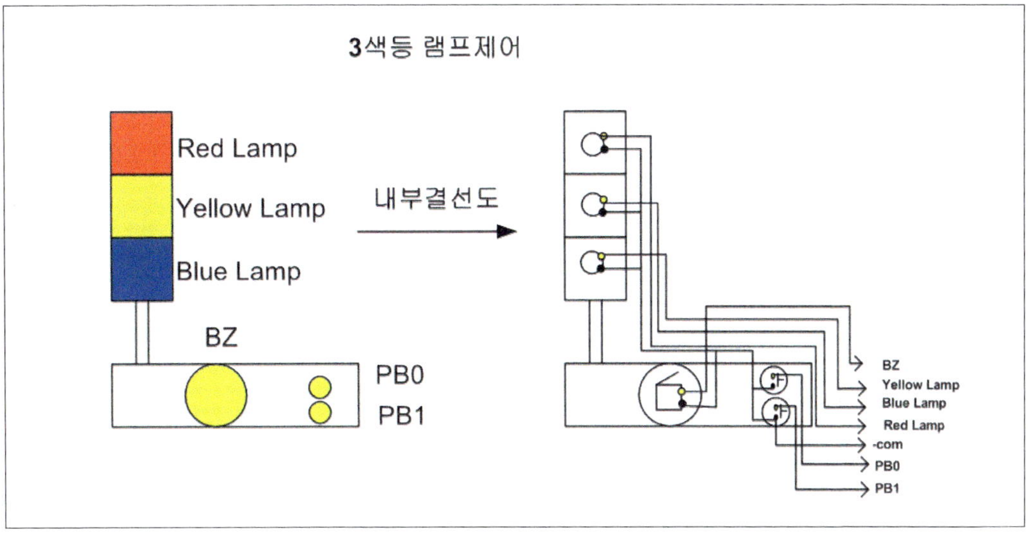

② 3색등 동작 설명: 적색, 황색, 녹색, 부저. 출력 4개를 1초 간격으로 10회 점멸 후 정지한다.

③ PLC 프로그램 코딩

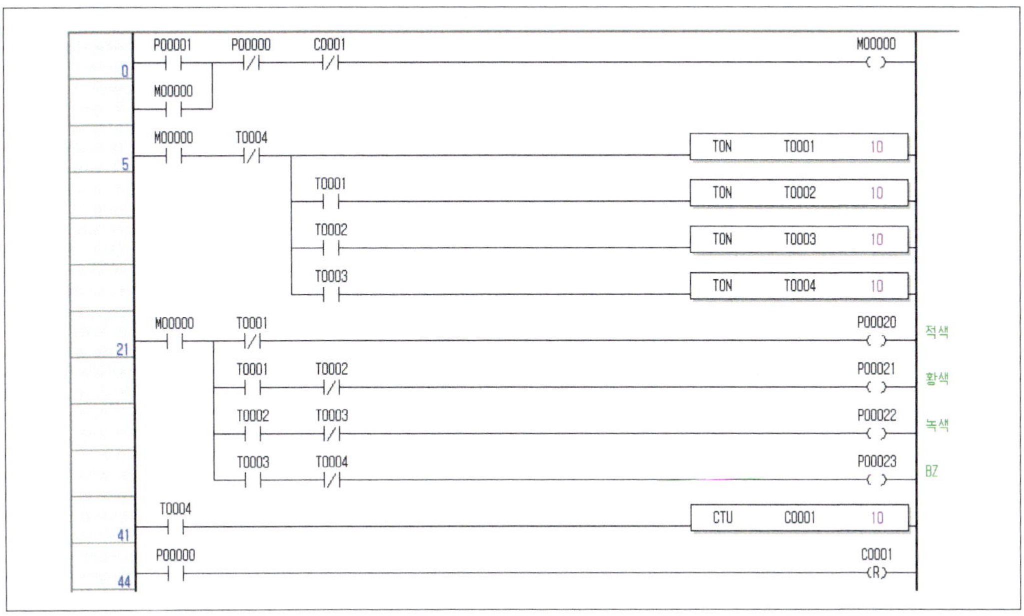

(2) 램프 제어 출력 12개 제어

3색등 램프 제어에 램프 8개를 추가하여 프로그램 코딩 실습을 한다.

① 램프 제어 결선도

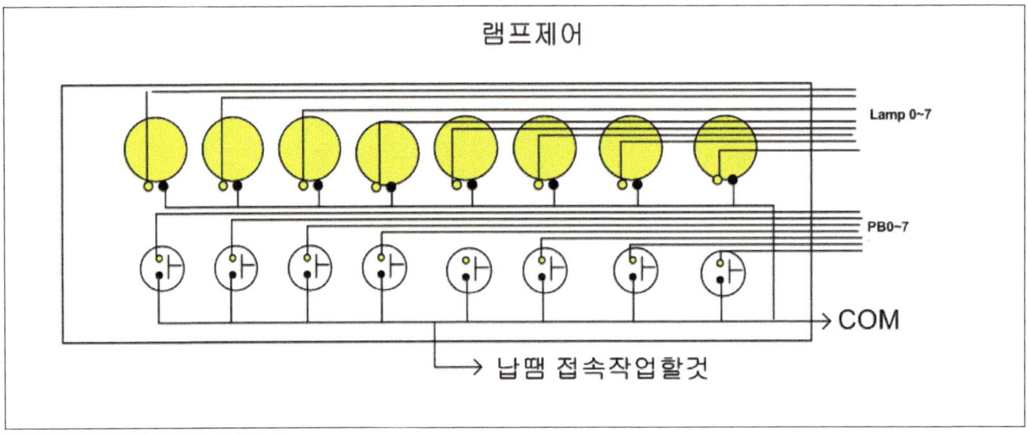

② 동작 설명: 3색등과 부저, 램프 8개를 1초 간격으로 10회 동작 후 정지한다.

③ 입출력 설정

순번	출 력	출력 설정	입 력	입력 설정
1	Red Lamp	P20	PB0	P0
2	Yellow Lamp	P21	PB1	P1
3	Blue Lamp	P22		
4	BZ	P23		
5	L1	P24		
6	L2	P25		
7	L3	P26		
8	L4	P27		
9	L5	P28		
10	L6	P29		
11	L7	P2A		
12	L8	P2B		

④ PLC 프로그램 코딩

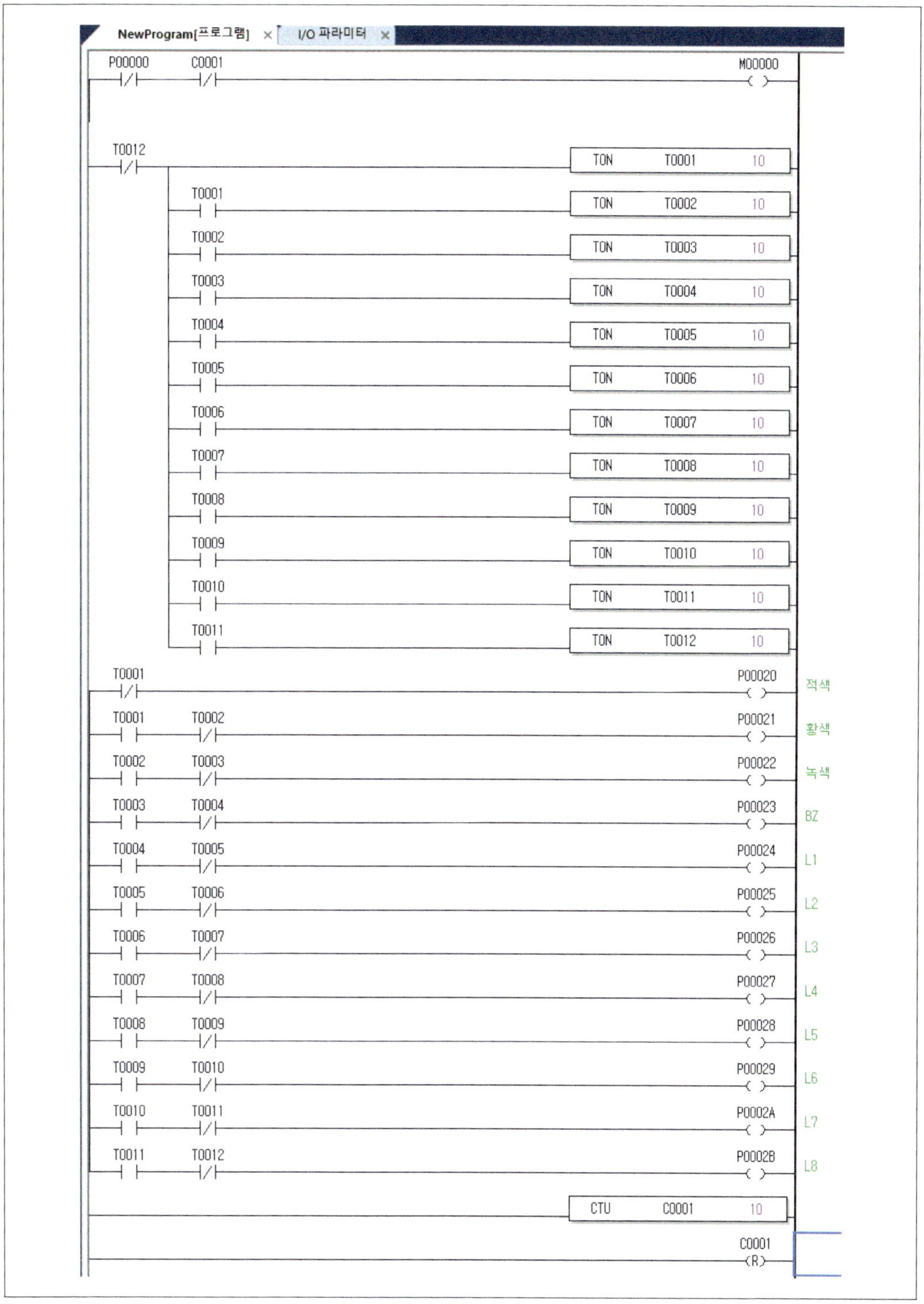
NewProgram[프로그램]
I/O 파라미터
P00000 C0001 M00000
T0012 TON T0001 10
T0001 TON T0002 10
T0002 TON T0003 10
T0003 TON T0004 10
T0004 TON T0005 10
T0005 TON T0006 10
T0006 TON T0007 10
T0007 TON T0008 10
T0008 TON T0009 10
T0009 TON T0010 10
T0010 TON T0011 10
T0011 TON T0012 10
T0001 P00020 적색
T0001 T0002 P00021 황색
T0002 T0003 P00022 녹색
T0003 T0004 P00023 BZ
T0004 T0005 P00024 L1
T0005 T0006 P00025 L2
T0006 T0007 P00026 L3
T0007 T0008 P00027 L4
T0008 T0009 P00028 L5
T0009 T0010 P00029 L6
T0010 T0011 P0002A L7
T0011 T0012 P0002B L8
CTU C0001 10
C0001 R

(3) 3색등, 램프 8개, 모터 4개 제어 프로그램

모터 4개를 제작하고 아래 도면과 같이 전기배선을 한다. -선은 모두 납땜을 하여 COM선을 결선하고, 모터는 앞쪽에서 좌측 MOTOR1, 앞쪽에서 우측 MOTOR2 뒤쪽에서 좌측 MOTOR3, 뒤쪽에서 우측 MOTOR4로 정하여 프로그램 코딩을 한다.

① MOTOR 전기 결선도

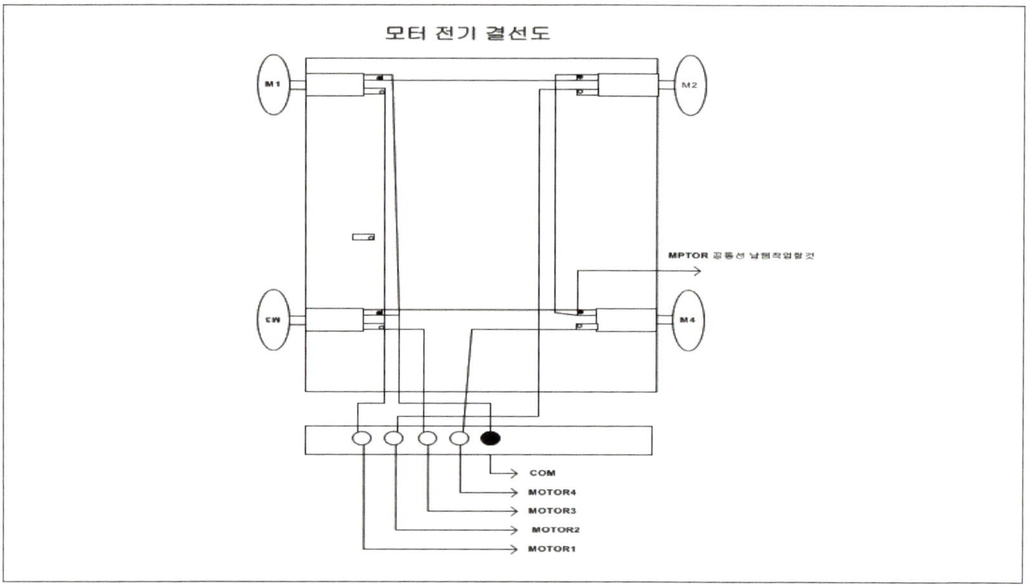

② 동작 설명: 3색등, 램프 8개, 그리고 모터 4개를 연속 동작 PLC 프로그램한다. 모터는 특성상 5초 운전, 5초 정지를 하도록 프로그램한다.

③ 입출력 설정

순번	출 력	출력 설정	입 력	입력 설정
1	Red Lamp	P20	PB0	P0
2	Yellow Lamp	P21	PB1	P1
3	Blue Lamp	P22		
4	BZ	P23		
5	L1	P24		
6	L2	P25		

7	L3	P26		
8	L4	P27		
9	L5	P28		
10	L6	P29		
11	L7	P2A		
12	L8	P2B		
13	MOTOR1	P2C		
14	MOTOR2	P2D		
15	MOTOR3	P2E		
16	MOTOR4	P2F		

④ PLC 프로그램 코딩

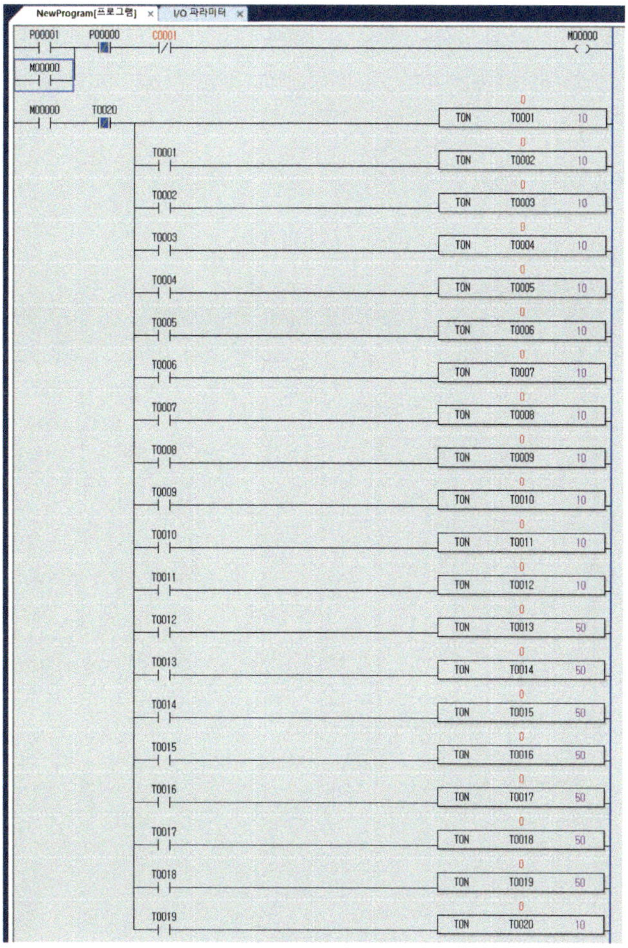

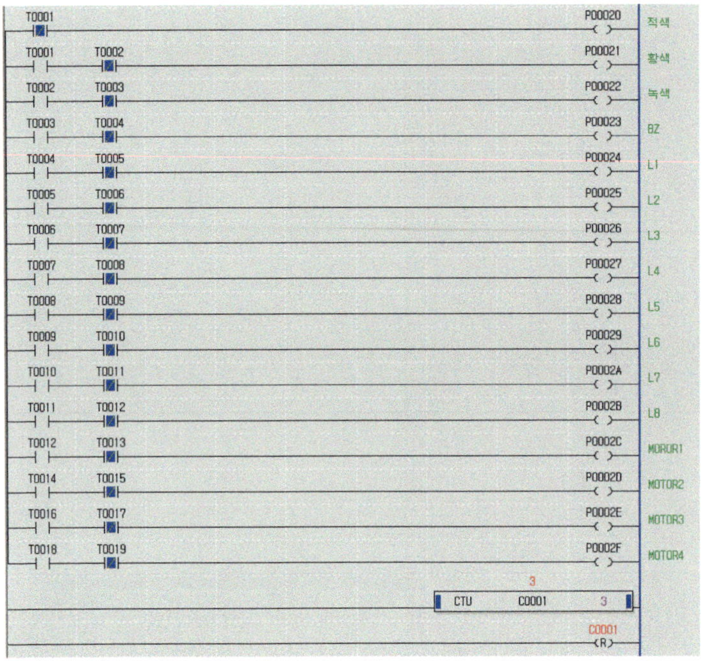

⑤ MOTOR 제어 14핀 RELY 결선도

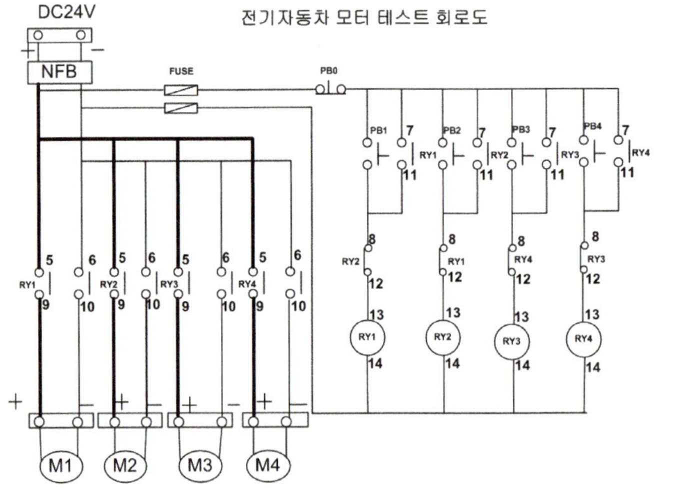

(4) MOTOR 정 · 역회전 제어

모터의 정회전, 역회전을 14핀 Rely를 사용하여 배선한다. 정·역회전 시 DC전원 +. - 전원이 바뀌므로 HMI 사용 시 별도 전원을 사용하여야 한다.

① MOTOR1의 정회전. 역회전 시퀀스도

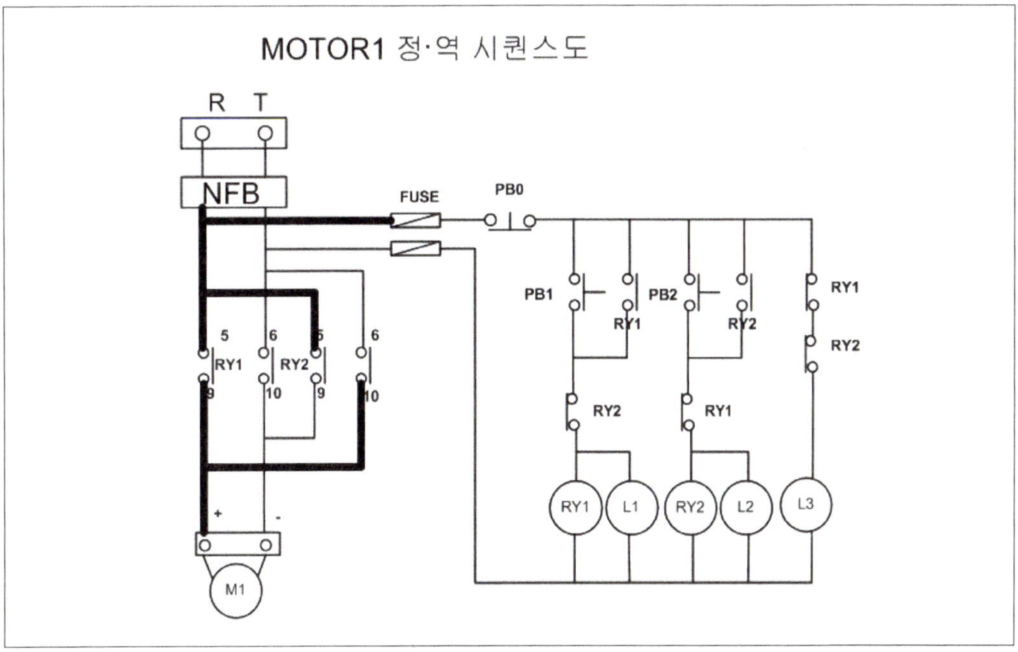

② 동작 설명: MOTOR1을 정회전 10초, 정지 10초, 역회전 10초, 정지 10초, 3회 반복 후 정지한다.

③ PLC 입출력 결선도

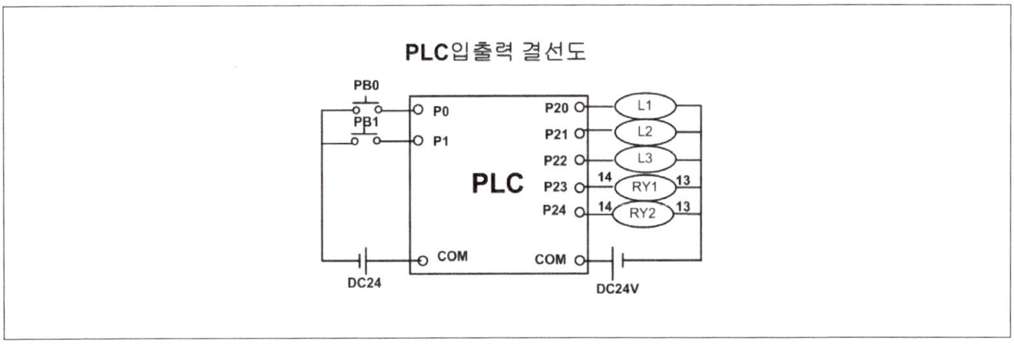

④ PLC 프로그램

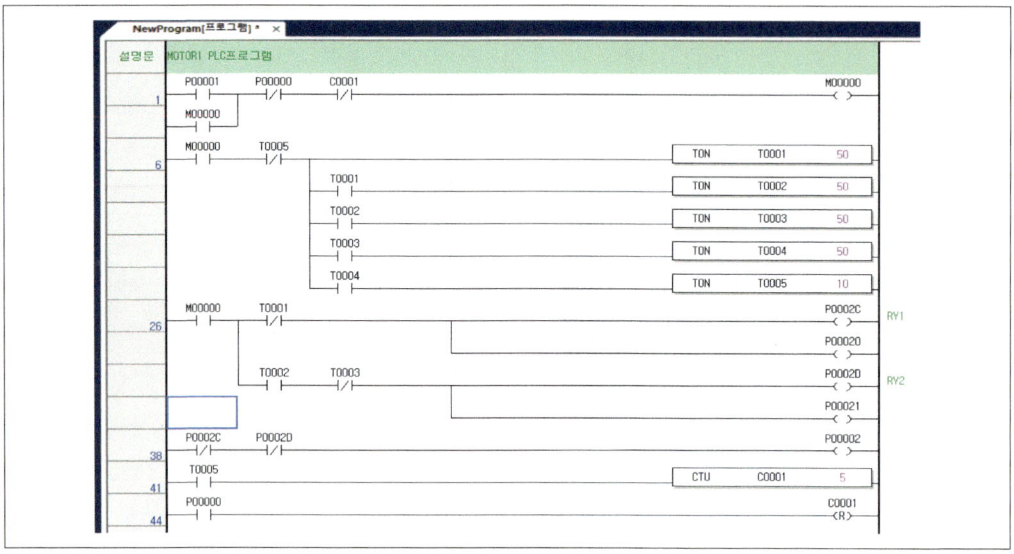

(5) MOTOR1, MOTOR2 정회전, 역회전 제어

MOTOR1과 MOTOR2를 정회전, 역회전할 수 있다.

① 동작 설명: MOTOR1을 10초 동작하고, 10초 정지 후, MOTOR2을 10초 동작하고, 10초 정지한다. 이 동작을 3회 반복 후 정지한다.

② MPTOR1, MOTOR2 정회전, 역회전 제어 시퀀스도

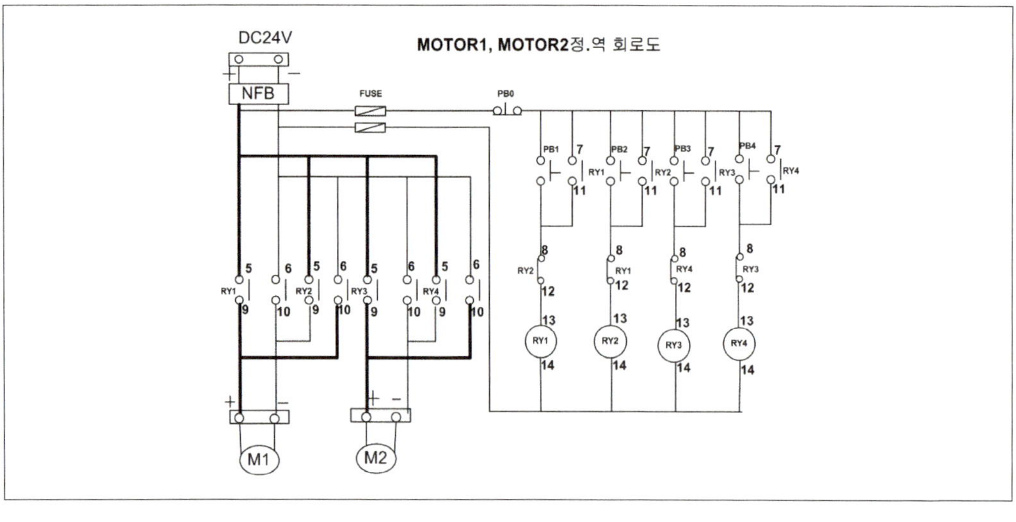

③ PLC 입출력 결선도

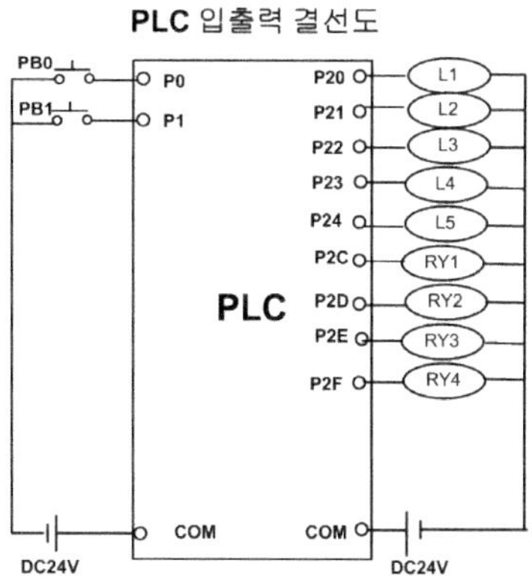

④ PLC 프로그램

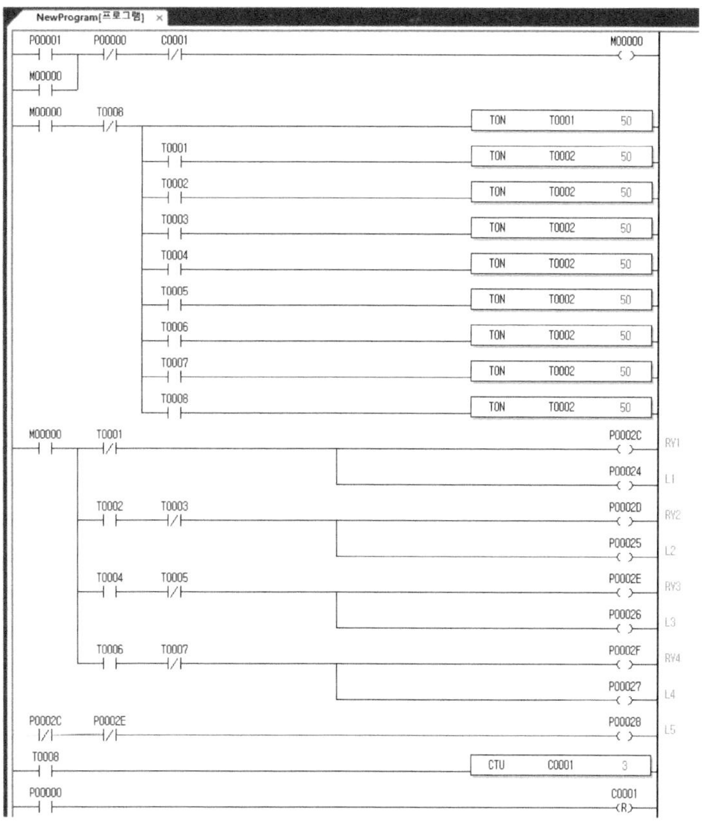

(6) MOTOR1, MOTOR2, MOTOR3 정회전, 역회전 제어

MOTOR1과 MOTOR2, MOTOR3를 정회전, 역회전할 수 있다.

① 동작 설명: MOTOR1을 10초 동작하고, 10초 정지 후 MOTOR2을 10초 동작하고 10초 정지, MOTOR3을 10초 운전, 10초 정지한다. 이 동작을 3회 반복 후 정지한다.

② MOTOR1, MOTOR2, MOTOR3 정회전, 역회전 제어 시퀀스도

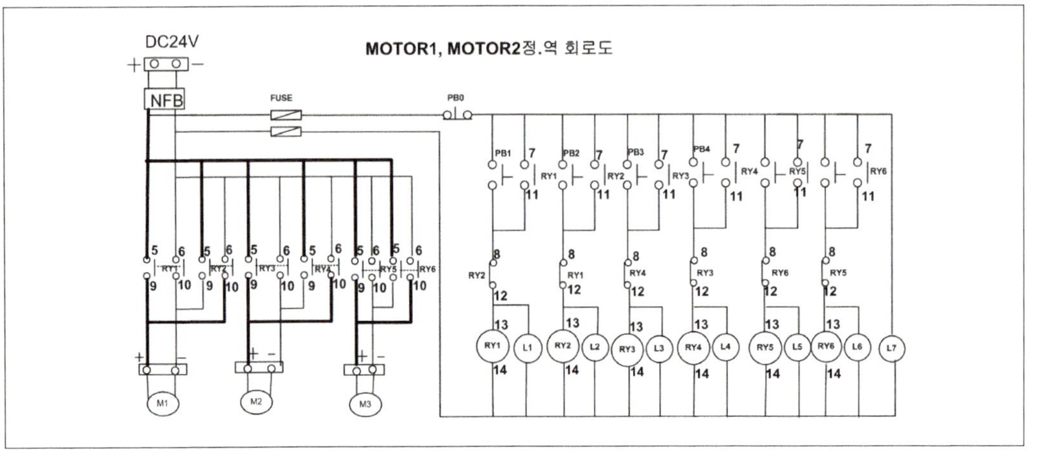

③ PLC 입출력 결선도

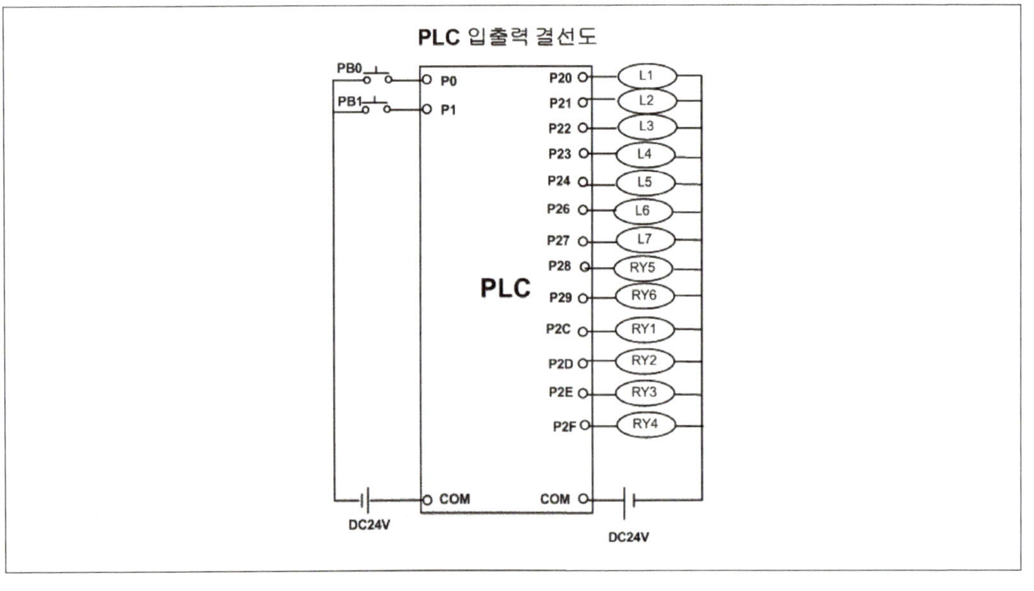

④ PLC 프로그램 코딩

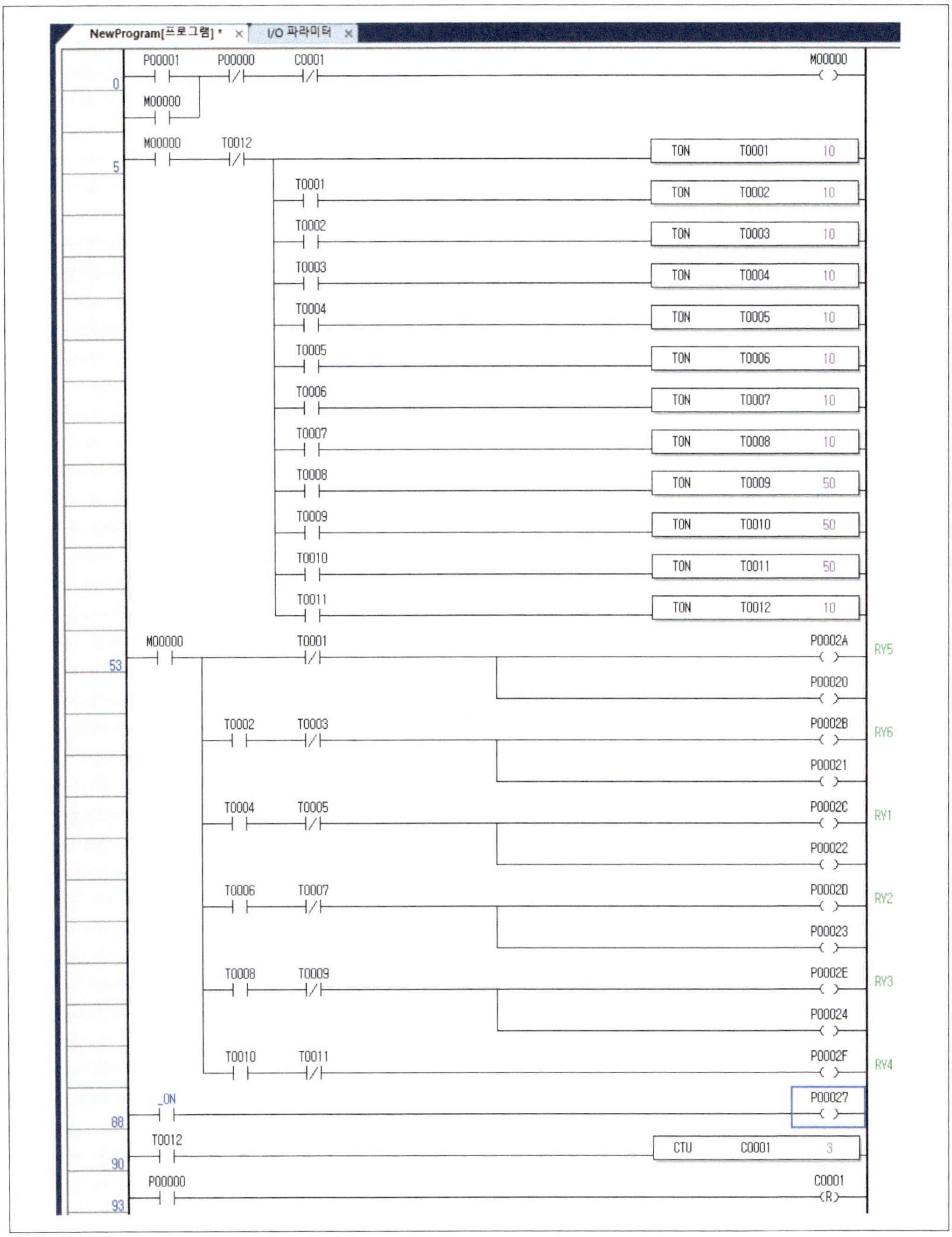
NewProgram[프로그램] *
I/O 파라미터
P00001 P00000 C0001 M00000
M00000
M00000 T0012 TON T0001 10
T0001 TON T0002 10
T0002 TON T0003 10
T0003 TON T0004 10
T0004 TON T0005 10
T0005 TON T0006 10
T0006 TON T0007 10
T0007 TON T0008 10
T0008 TON T0009 50
T0009 TON T0010 50
T0010 TON T0011 50
T0011 TON T0012 10
M00000 T0001 P0002A RY5
P00020
T0002 T0003 P0002B RY6
P00021
T0004 T0005 P0002C RY1
P00022
T0006 T0007 P0002D RY2
P00023
T0008 T0009 P0002E RY3
P00024
T0010 T0011 P0002F RY4
_ON P00027
T0012 CTU C0001 3
P00000 C0001
0
5
53
88
90
93

(7) MOTOR1, MOTOR2, MOTOR3, MOTOR4, 정회전, 역회전 제어

MOTOR1과 MOTOR2, MOTOR3, MOTOR4를 정회전, 역회전할 수 있다.

① 동작 설명: MOTOR1을 10초 동작하고 10초 정지 후, MOTOR2를 10초 동작하고 10초 정지, MOTOR3을 10초 운전, 10초 정지, MOTOR4를 10초 운전 후 10초 정지한다. 이 동작을 3회 반복 후 정지한다.

② MOTOR1, MOTOR2, MOTOR3, MOTOR4, 정회전, 역회전 제어 시퀀스도

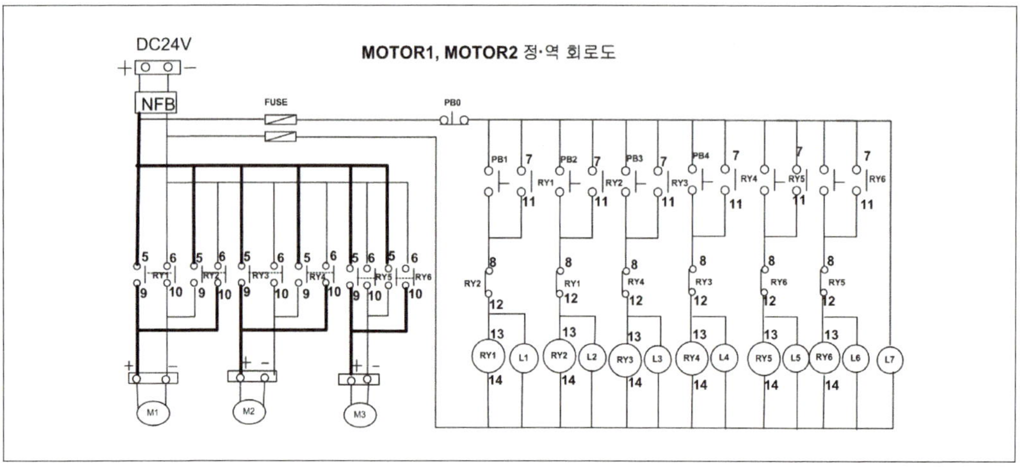

③ MOTOR1, MOTOR2, MOTOR3, MOTOR4 정회전, 역회전 제어 PLC 입출력 결선도

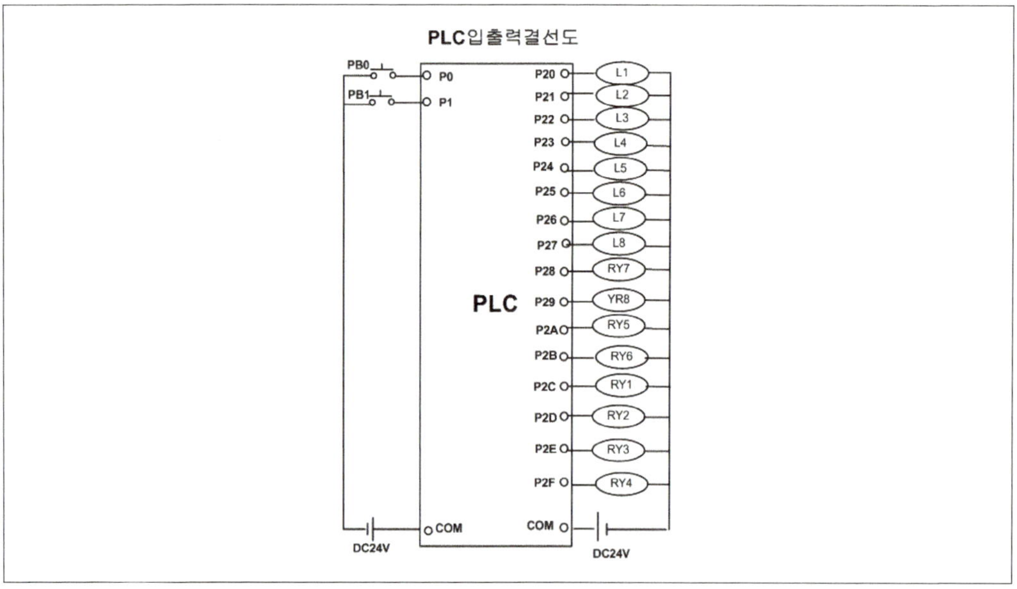

④ PLC 프로그램 코딩

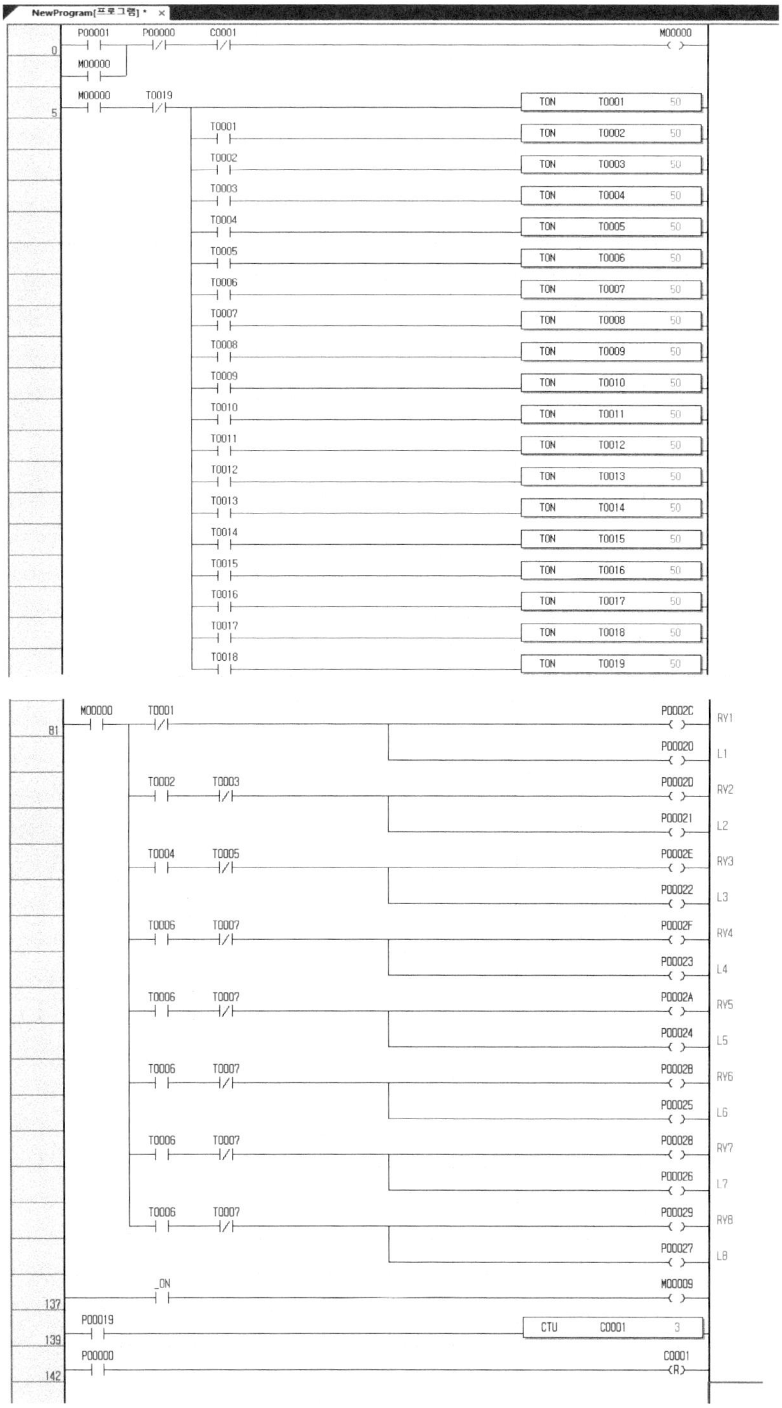

(8) 전기자동차 전진 제어

① 동작 설명: PB1을 on 하면 MOTOR1, MOTOR2가 시계 방향으로 정회전한다. L1, L2는 0.3초 간격으로 전진 표시를 점멸한다. 전방 센서1, 센서2를 감지하면 MOTOR1, 2는 정지한다. L7.8은 0.3초 간격으로 점멸한다.

② PLC 입출력 결선도

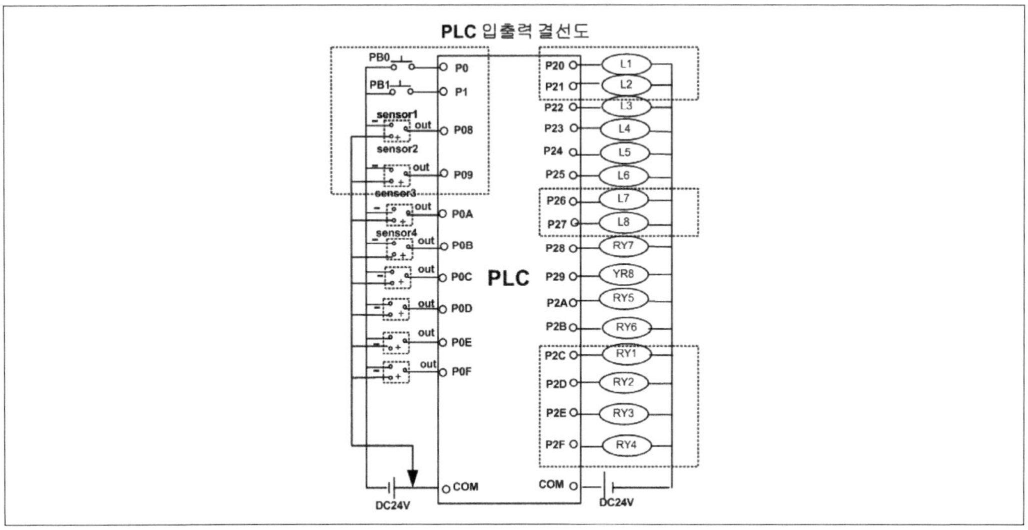

③ PLC 프로그램

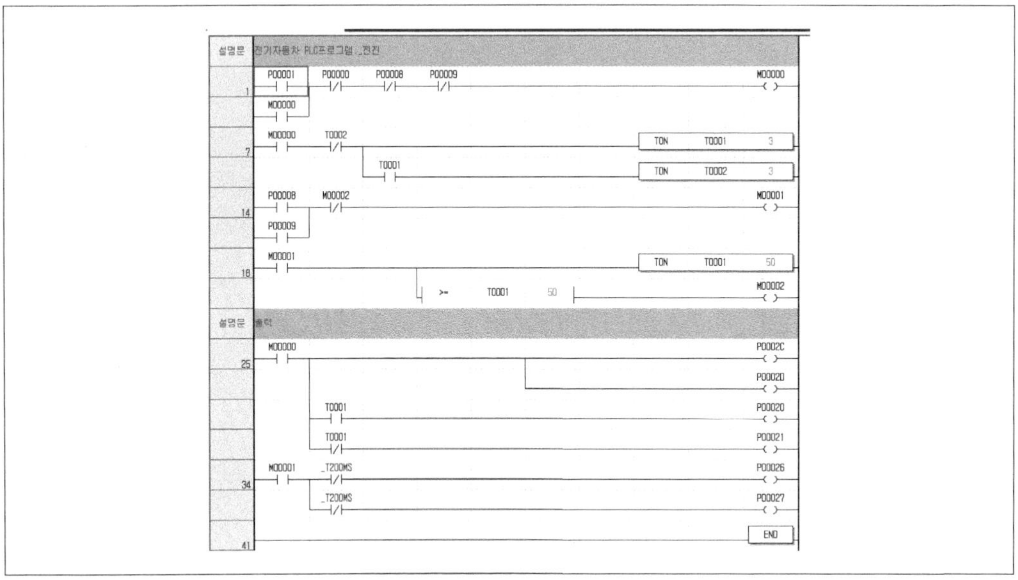

(9) 전기자동차 후진 제어

① 동작 설명: PB1을 on 하면 MOTOR1, MOTOR2가 시계 반대 방향으로 역회전한다. L3, L4가 점등한다. 센서3, 센서4를 감지하면 정지한다. 램프는 센서 감지 시 L7, L8가 0.3초 간격으로 10초 점멸 후 정지한다.

② PLC 입출력 결선도

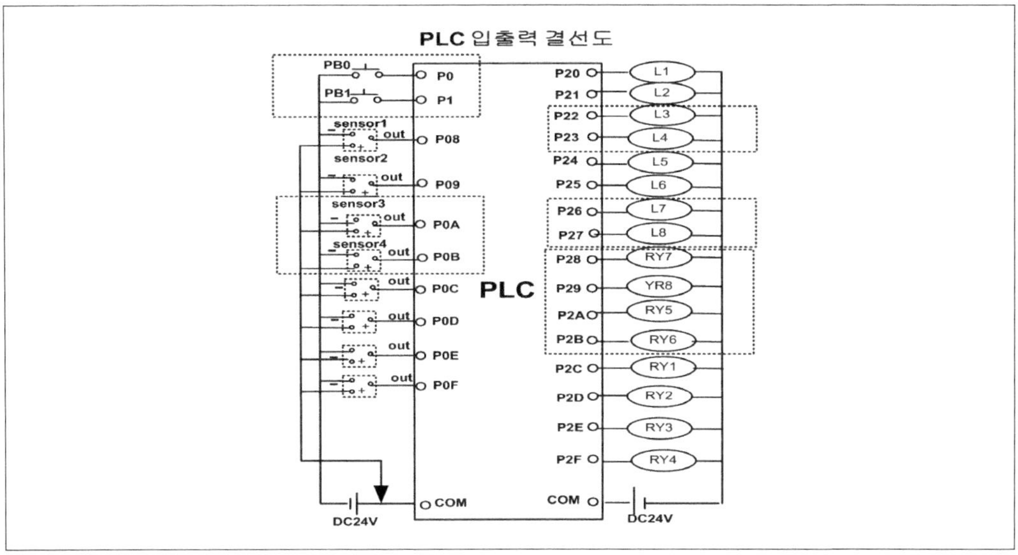

③ PLC 프로그램

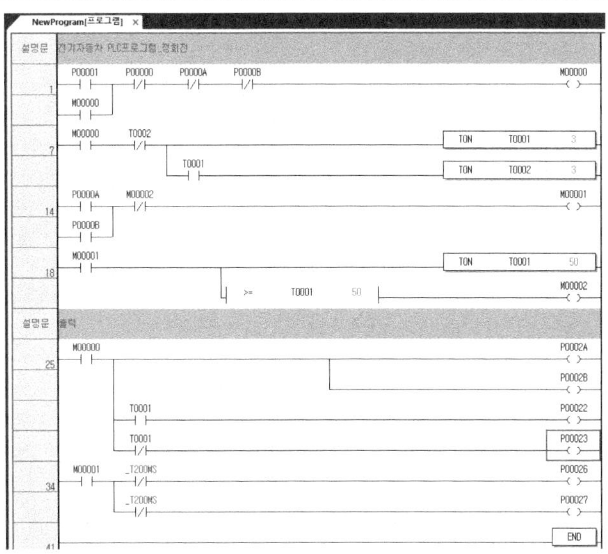

(10) 전기자동차 좌회전 제어

① 동작 설명: PB1을 on 하면 MOTOR2가 시계 방향으로 정회전한다. (L5, L60. 3초 간격 점멸). 좌측방 센서5, 센서6를 감지하면 L7, L8이 0.3초 간격으로 점멸 10초 후 정지한다.

② PLC 입출력 결선도

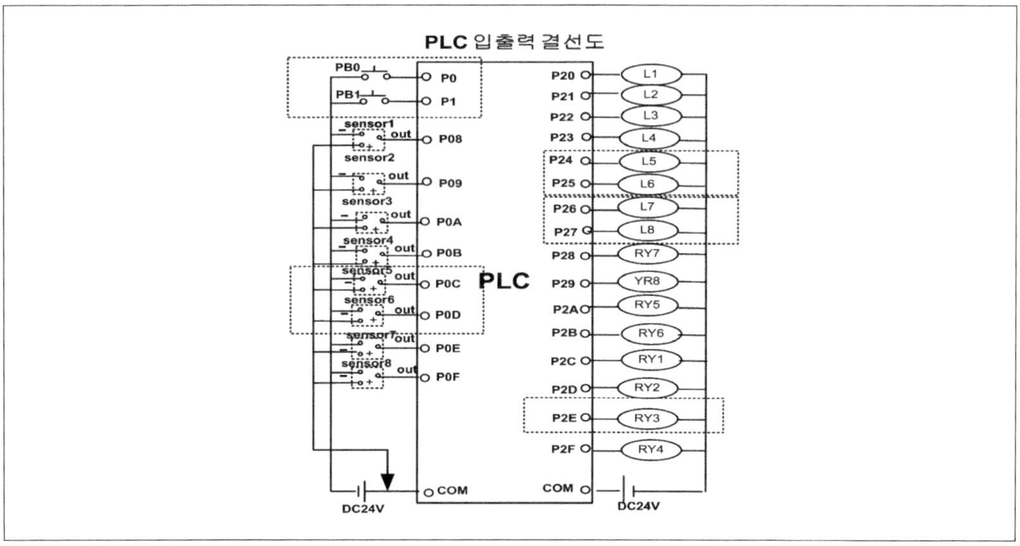

③ PLC 프로그램

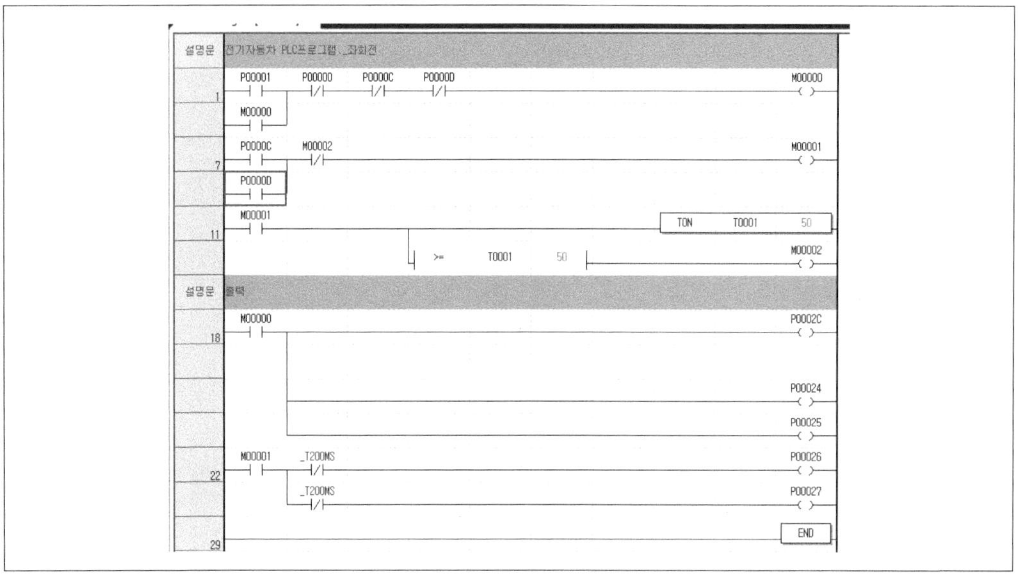

(11) 전기자동차 우회전 제어

① 동작 설명: PB1을 on 하면 MOTOR1가 시계 방향으로 정회전한다. (L1, L2, 0.3초 간격 점멸). 우측방 센서7, 센서8을 감지하면 L7, L8이 0.3초 간격으로 점멸 10초 후 정지한다.

② PLC 입출력 결선도

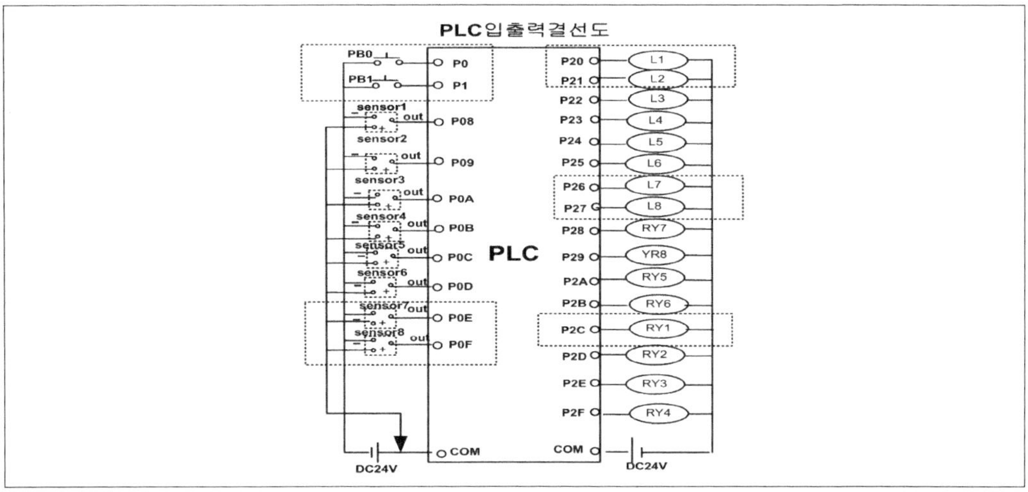

③ PLC 프로그램

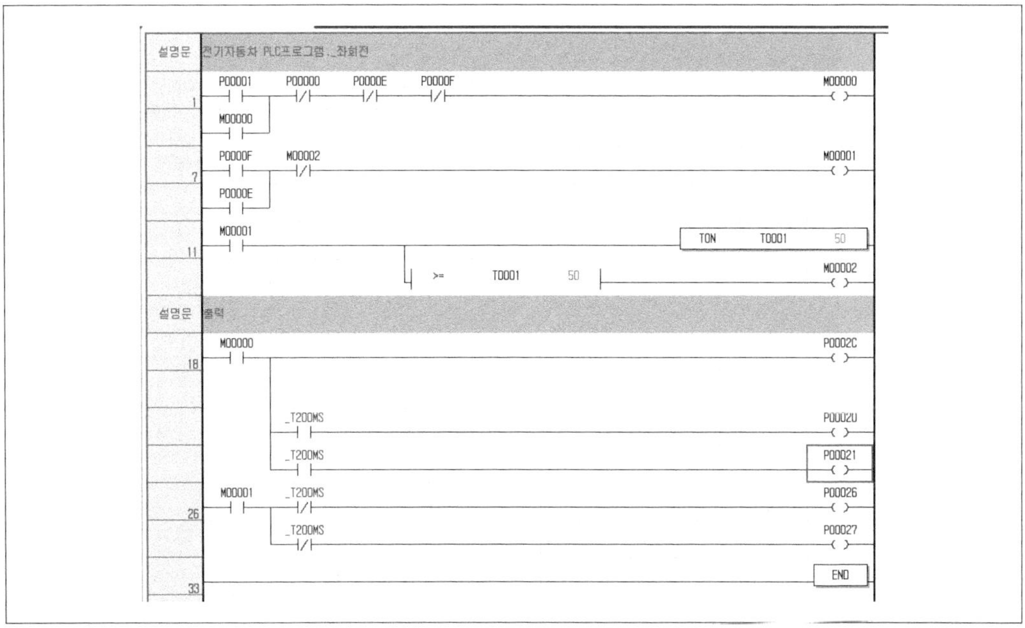

(12) 전기자동차 응용 제어(1)

① 동작 설명: PB1을 on 하면 전진, 장애물 접촉 시 정지, 5초 대기 후 후진, 장애물 발견 시 정지한다. L1, L2는 전진 시 점등, L2, L3는 후진 시 점등, L5, L6은 정지 시 0.3초 간격으로 점멸한다.

② PLC 입출력 결선도

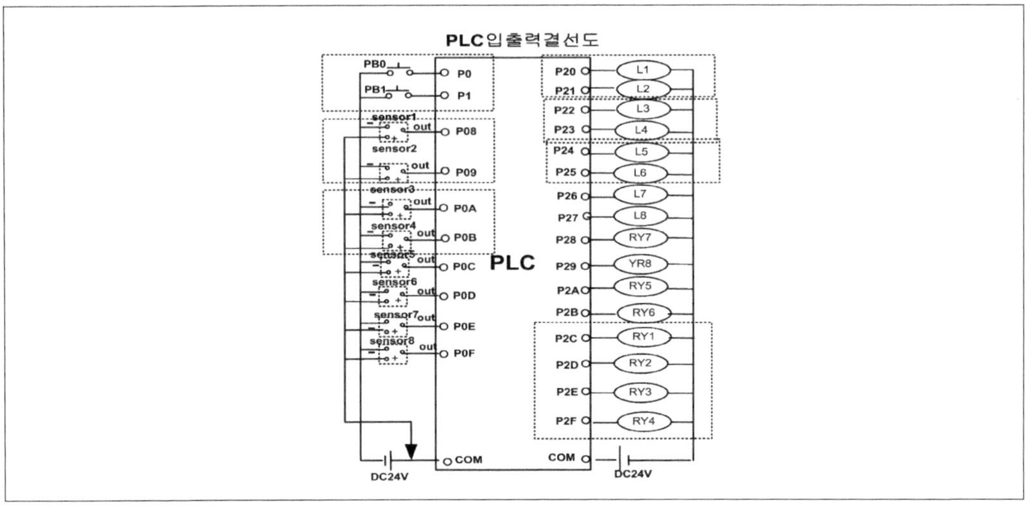

③ PLC 프로그램

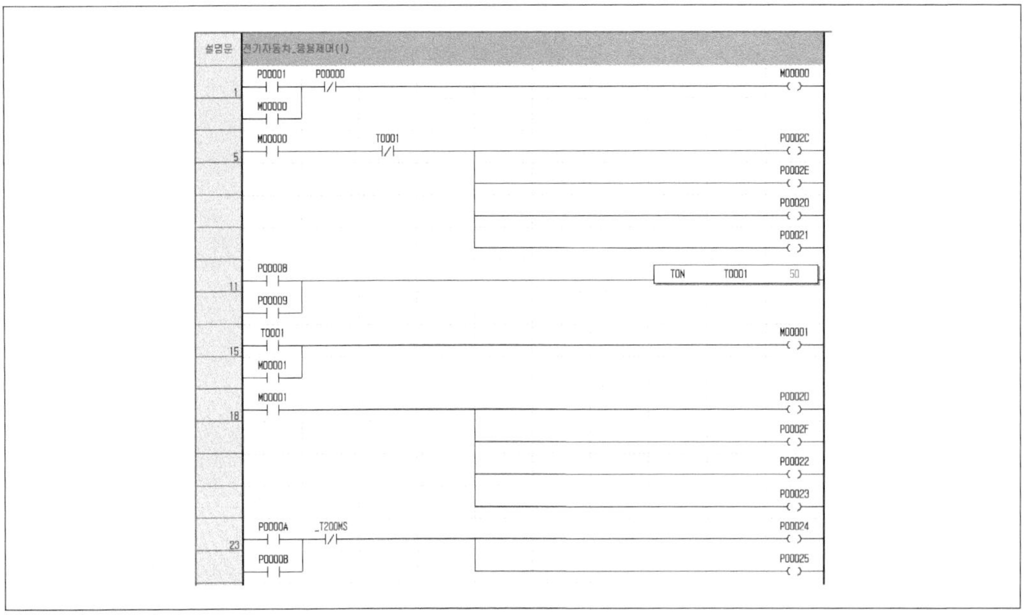

(13) 전기자동차 응용 제어(2)

① 동작 설명: PB1을 on 하면 전진 5초, 정지 5초, 좌회전 5초, 정지 5초, 후진 5초 정지 5초 한다. 램프는 전원 표시 램프 L8, 전진 L1, 좌회전 L2, 후진 L3, 정지 L4, L5, L6, L7 0.3초 간격으로 점멸하고 5초 후 정지한다.

② PLC 입출력 결선도

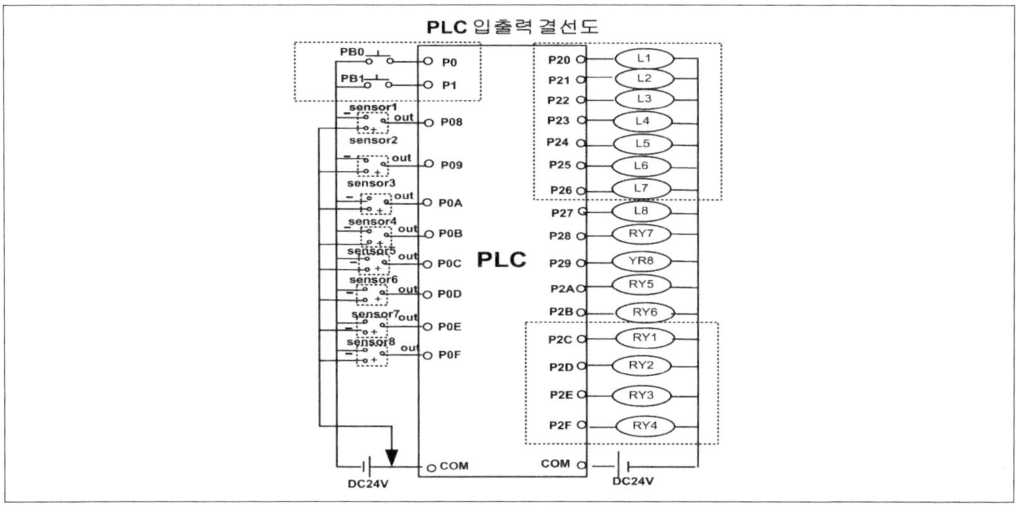

③ PLC 프로그램

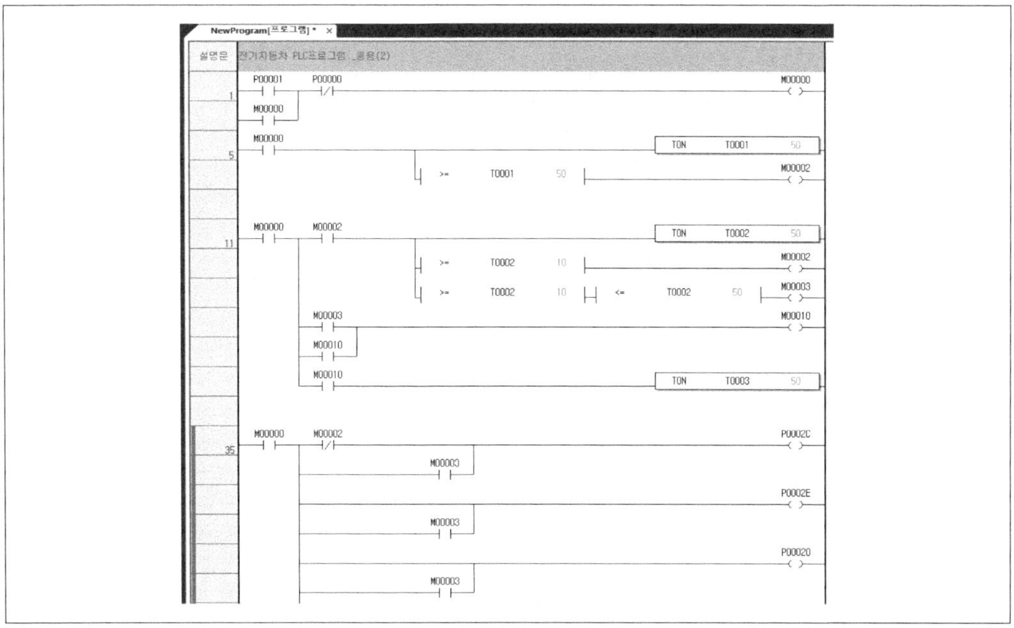

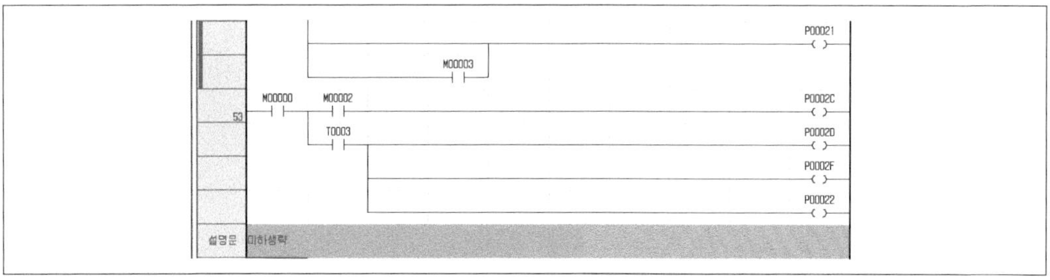

(14) 전기자동차 응용 제어(3)

① 동작 설명: PB1을 on 하면 전진 5초, 정지 5초, 후진 5초, 정지 5초, 3회 동작 후 정지, 램프 동작은 전진 시 L1, L2, 점등, 정지 시 L7, L8 0.3초 간격으로 점멸, 후진 시 L3, L3 점등한다.

② PLC 입출력 결선도

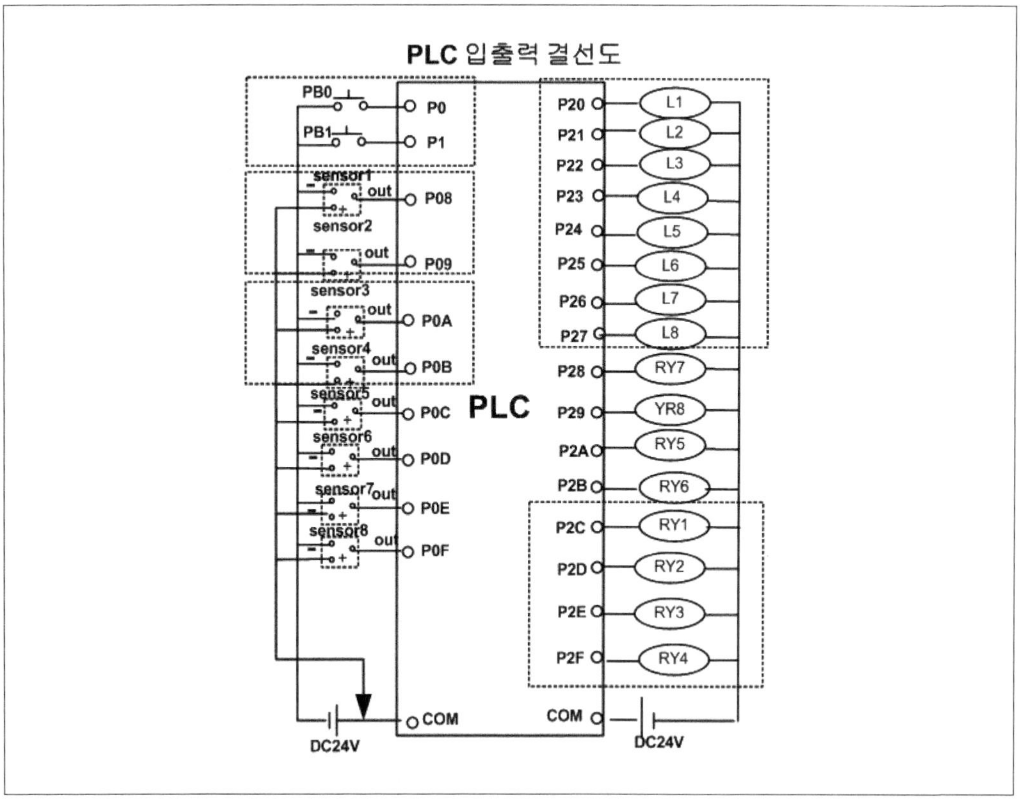

③ PLC 프로그램

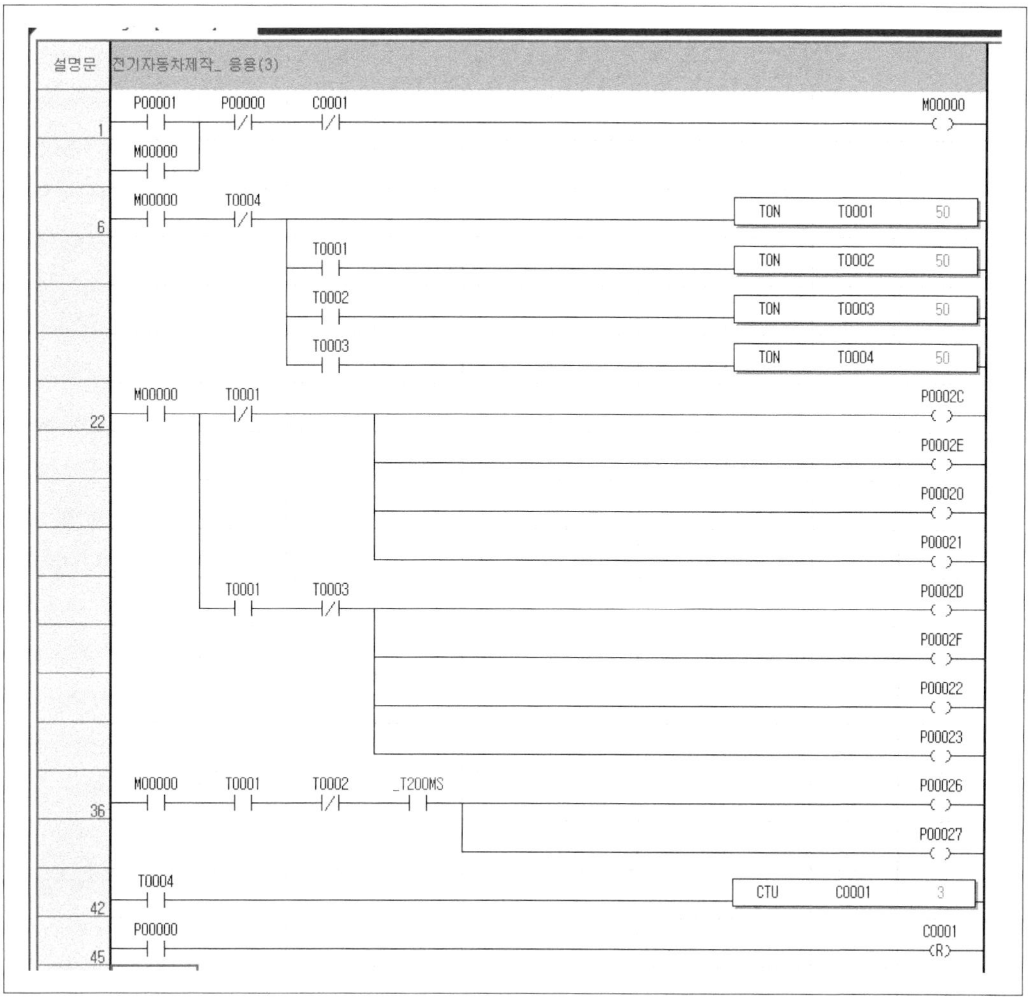
설명문 전기자동차제작_ 응용(3)
1
P00001
P00000
C0001
M00000
M00000
6
M00000
T0004
TON T0001 50
T0001
TON T0002 50
T0002
TON T0003 50
T0003
TON T0004 50
22
M00000
T0001
P0002C
P0002E
P00020
P00021
T0001
T0003
P0002D
P0002F
P00022
P00023
36
M00000
T0001
T0002
_T200MS
P00026
P00027
42
T0004
CTU C0001 3
45
P00000
C0001
R

Chapter

10

XGB_PLC 응용 프로그램

XGK에서 전송 명령은 상수 데이터를 PLC의 데이터 메모리에 저장하거나, 저장되어 있는 데이터를 다른 영역의 데이터 메모리로 복사하는 기능을 수행한다. 기본 전송 명령어인 MOV는 1워드(16비트) 크기의 데이터를 전송한다. MOV 명령어에 접두어와 접미어를 추가함으로써 다양한 형태로 데이터를 전송할 수 있다. 상수 데이터를 전송한 후 XG5000을 이용하여 데이터를 모니터할 경우 XG5000의 데이터 표시 형식에 따라 전송된 데이터와 XG5000에 표시되는 데이터가 서로 다를 수 있다.

(1) MOVE 명령어

MOV S(Source) D(Destination) [워드(16비트) 전송]: S로 지정된 상수 또는 워드 디바이스의 데이터를 D로 지정된 워드 디바이스로 전송한다. S를 상수로 지정할 경우 h0000~hFFFF까지 지정할 수 있으며, 십진수를 지정할 경우 부호는 상관하지 않기 때문에 -32,768~65,535까지 지정할 수 있다.

Ex 3-1) P00000 스위치를 on 시키면 16진수 1234를 BCD 표시기(P0003 워드)에 표시하고, P00001 스위치를 on 시키면 BCD 스위치 (또는 디지털 스위치, P0001 워드)의 입력 데이터를 BCD 표시기(P0003 워드)에 표시한다.

BCD(Binary Coded Decimal): 각 자리별로 h0~h9까지만 사용하는 16진수로 BCD로 계산할 때 h9 + h1 = h10으로 계산된다.

BCD 스위치 또는 BCD 표시기를 디지털 입력 및 출력 모듈에 연결할 때 BCD 1 자리는 4비트의 입력 및 출력 접점이 필요하다.

▪ MOV 명령 PLC 프로그램

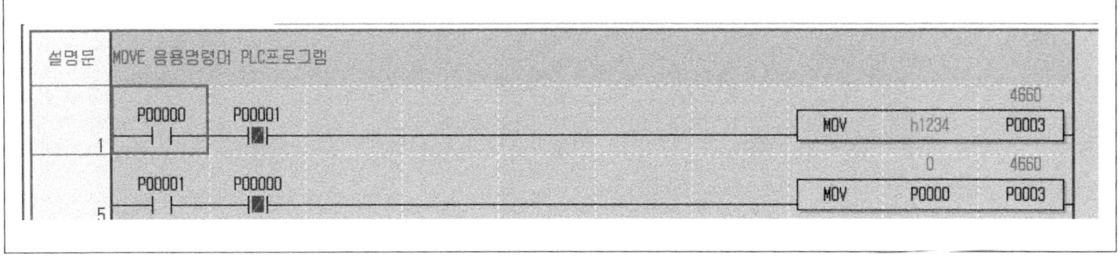

(2) FMOV 명령어

FMOV S D n (다중 전송): S로 지정된 상수 또는 워드 디바이스의 데이터를 D로 지정된 워드 디바이스부터 n개의 워드 디바이스로 전송한다. S를 상수로 지정할 경우 h0000~hFFFF까지 지정할 수 있으며, 십진수로 지정할 경우 부호 없는 십진수를 사용해야 한다. n은 1~65,535까지 지정할 수 있으나, D로 지정되는 디바이스의 영역을 초과하지 않는 범위에서 사용해야 한다. 예를 들어 XGK-CPUH에서 D에 해당하는 디바이스로 R30000을 사용했을 경우 R 영역의 마지막 워드 주소가 R32767이므로 n은 2,768 이하로 설정해야 한다. (R30000부터 R32767까지는 2,768개의 워드)

D로 지정되는 디바이스의 영역을 초과하는 경우, S로 지정된 데이터가 사용자가 의도하지 않은 디바이스 영역에 저장될 수 있다.

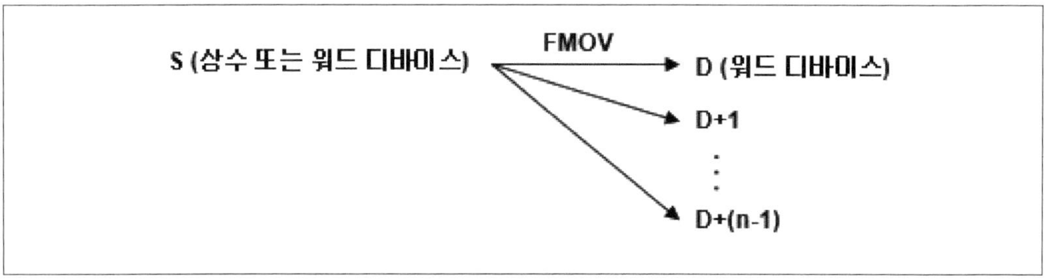

■ FMOV 명령어 PLC 프로그램

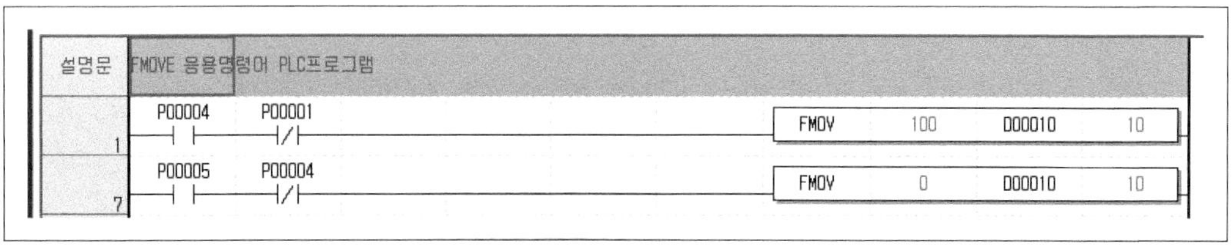

(3) 데이터 증가 감소 명령어

INC(P) S: S로 지정되는 1워드 데이터를 부호 있는 십진수로 환산하여 1을 더한 후 S 영역에 저장한다.

DEC(P) S: S로 지정되는 1워드 데이터를 부호 있는 십진수로 환산하여 1을 뺀 후 S 영역에 저장한다.

데이터 증가/감소 명령어에 사용할 수 있는 접두어 D: 32비트 연산

데이터 증가/감소 명령어에 사용할 수 있는 접미어 4: 4비트 처리. 이 경우 S는 워드 영역의 0~C번 비트로 지정해야 한다. (예: D00100.0) 8: 8비트 처리. 이 경우 S는 워드 영역의 0~8번 비트로 지정해야 한다. (예: D00100.8)

U: 부호 없는 십진 정수 연산.

■ 데이터 증가/감소 PLC 프로그램

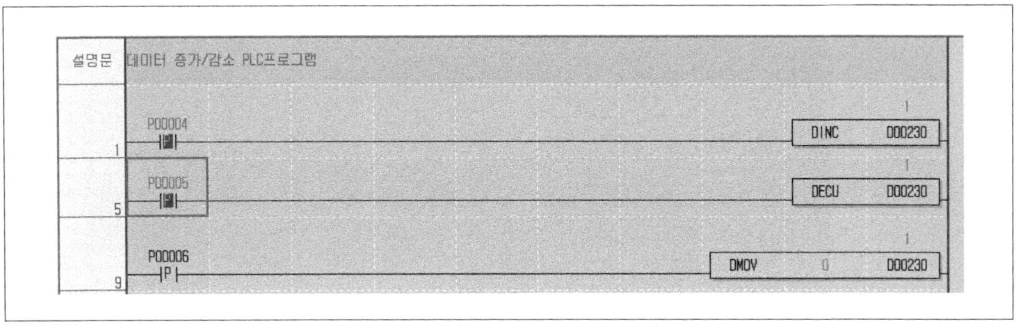

(4) 회전 명령

캐리 비트를 포함하지 않는 회전 명령어

- ROL(P) D n: D로 지정되는 1워드 데이터를 왼쪽(상위 비트 방향)으로 n 비트 회전시켜 다시 D에 저장한다.
- DROL(P) D n: D, D+1의 2워드 데이터를 왼쪽(상위 비트 방향)으로 n 비트 회전시켜 다시 D, D+1에 저장한다.
- ROR(P) D n: D로 지정되는 1워드 데이터를 오른쪽(하위 비트 방향)으로 n 비트 회전시켜 다시 D에 저장한다.
- DROR(P) D n: D, D+1의 2워드 데이터를 오른쪽(하위 비트 방향)으로 n 비트 회전시켜 다시 D, D+1에 저장한다.

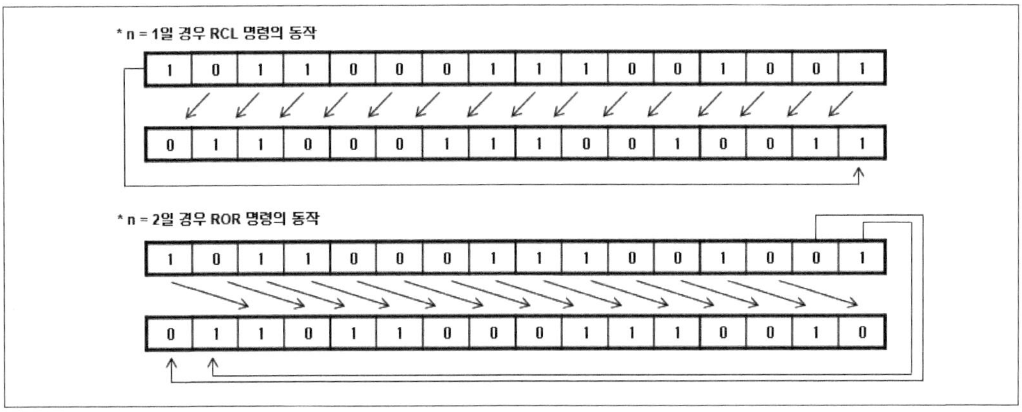

■ 회전 명령 PLC 프로그램

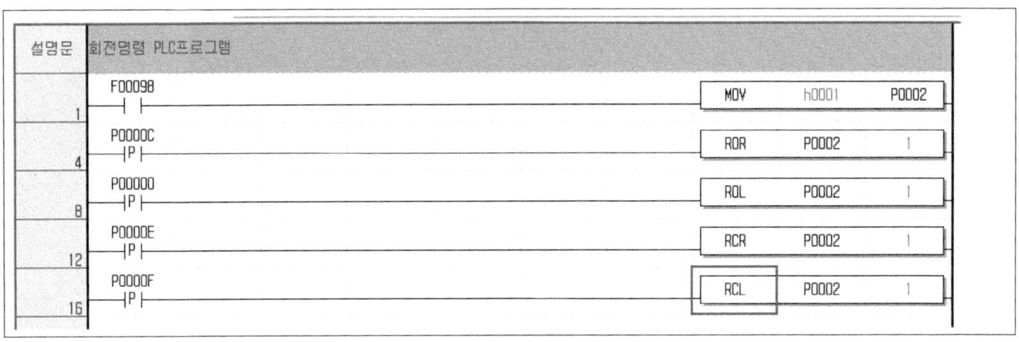

(5) 비트 데이터 이동 명령어

BSFT(P) Sb Eb: Sb(시작 비트)에서 Eb(끝 비트) 방향으로 1비트씩 데이터가 이동합니다. Sb < Eb일 경우 데이터는 왼쪽으로 1비트씩 이동되며, Eb 데이터는 삭제되고 S Sb는 0으로 채워진다. Sb > Eb일 경우 데이터는 오른쪽으로 1비트씩 이동되며, Sb 데이터는 삭제되고 Eb는 0으로 채워진다.

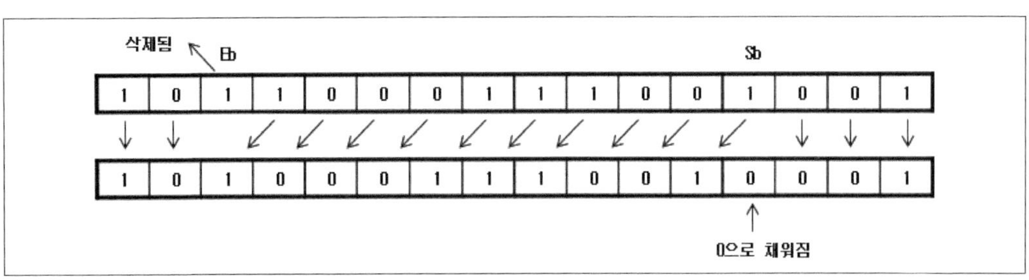

ON 되어 있는 16개의 LED를 1개씩 순차적으로 OFF 시킨다.

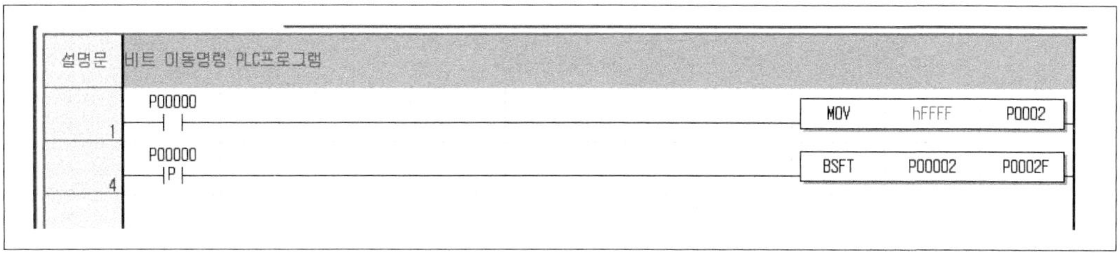

Chapter 11

FX3U_PLC 전기자동차 제작

1. GX Work2[] 소프트웨어 설정(XG Work2 Of Software Setting)

GX_Work2 의 실행과 화면 구성은 다음과 같이 실행한다.
프로젝트 새 프로젝트 만들기

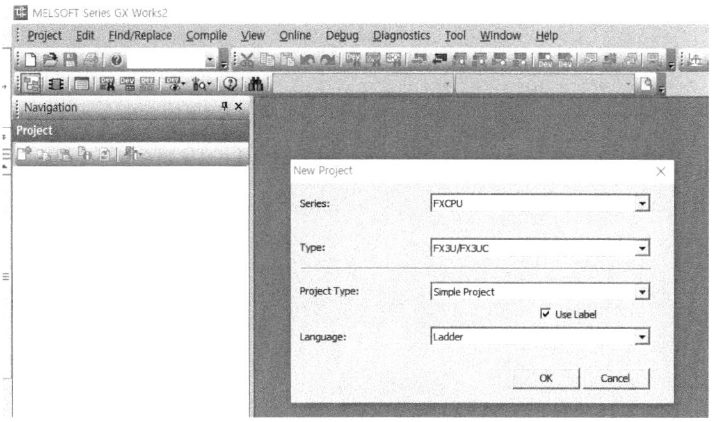

(1) PC와 PLC 간 통신 연결 테스트

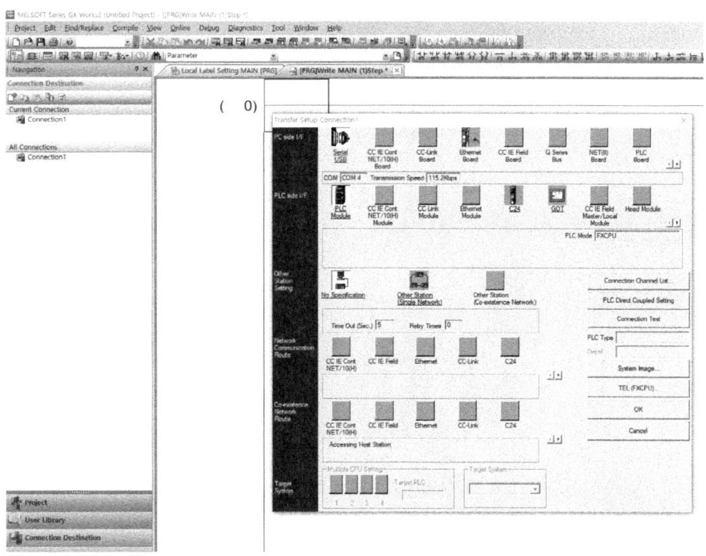

(2) 편집 모드 창 활성화

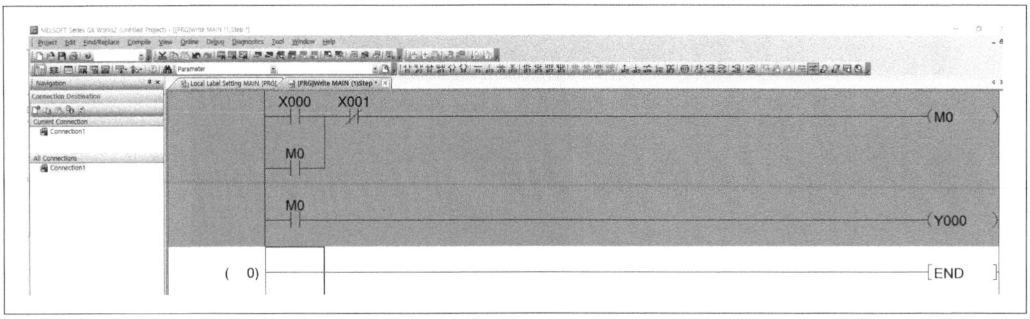

(3) PLC와 HMI 이더넷 통신

이더넷 통신은 PC와 PLC, HM, 이더넷 연결을 아래와 같이 한다.

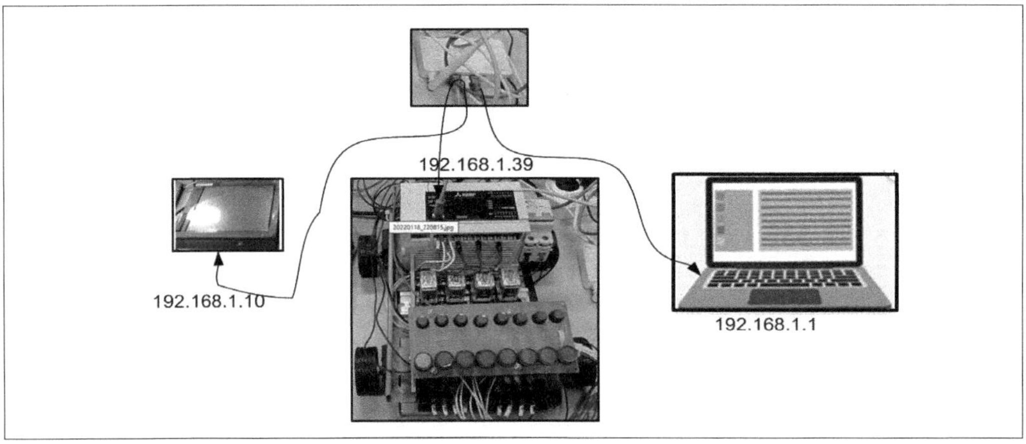

RS232 통신은 아래 그림과 같이 한다.

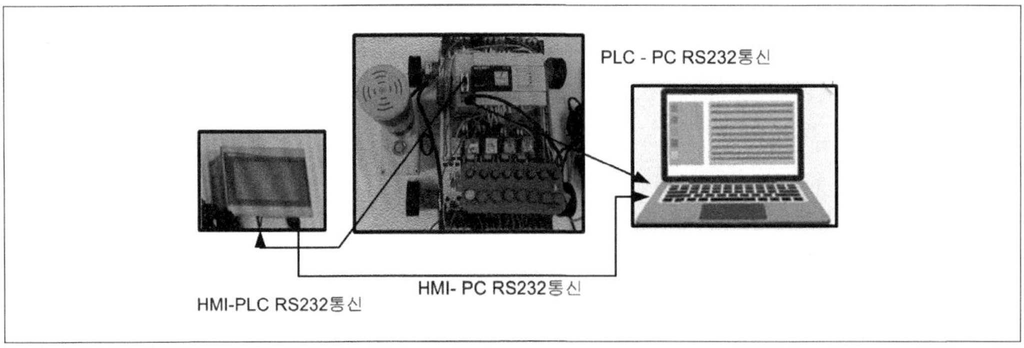

2. PLC 전기자동차 기초 코딩(PLC Electric Car Basic Coding)

(1) PLC 전기자동차 기초 코딩 장치 준비 및 전기 배선하기

① SMPS 배선
② 전원 AC 220V 배선
③ DC 24V 배선
④ 램프반 배선
⑤ PLC 입출력 COM 배선
⑥ 테스터 측정 및 점검
⑦ 전원 투입 프로그램 실습

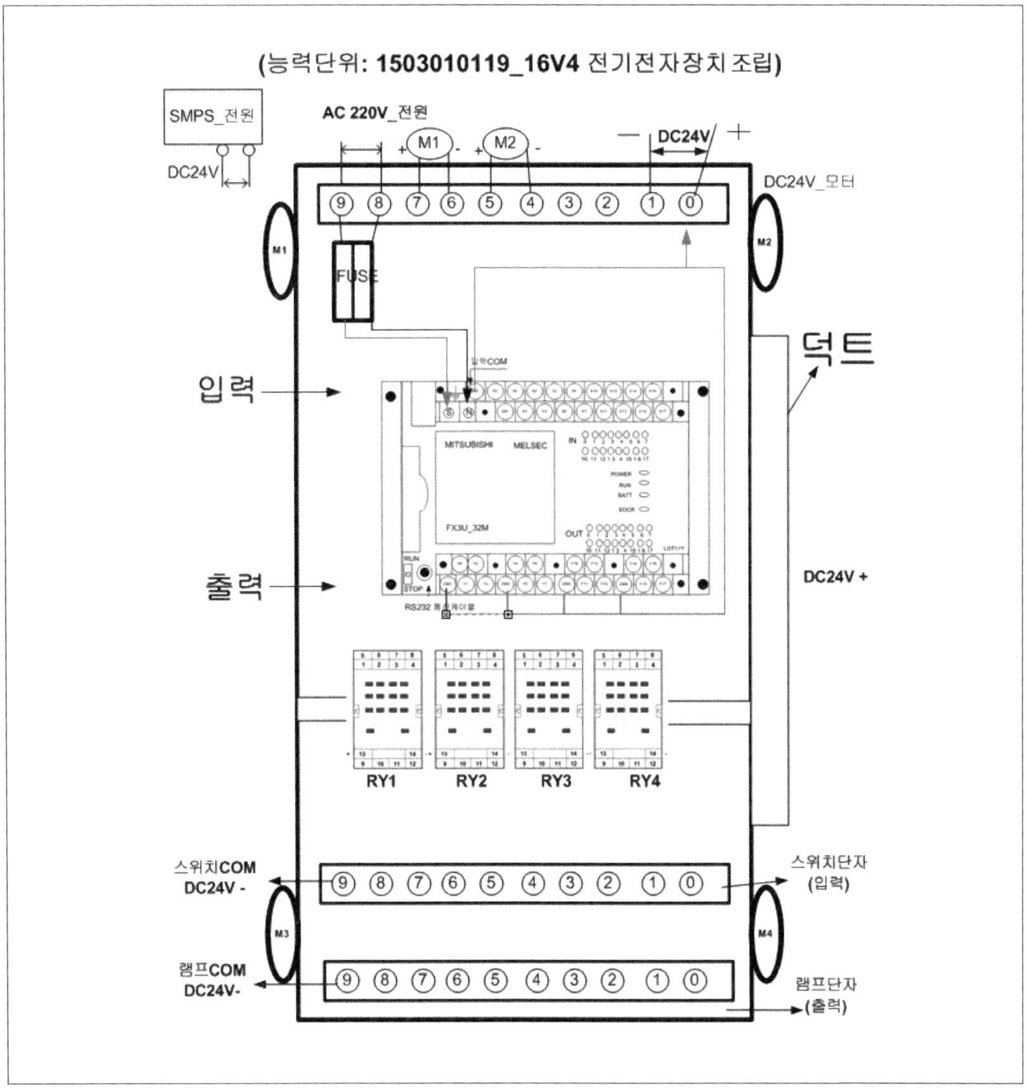

(2) FX3U PLC 구조

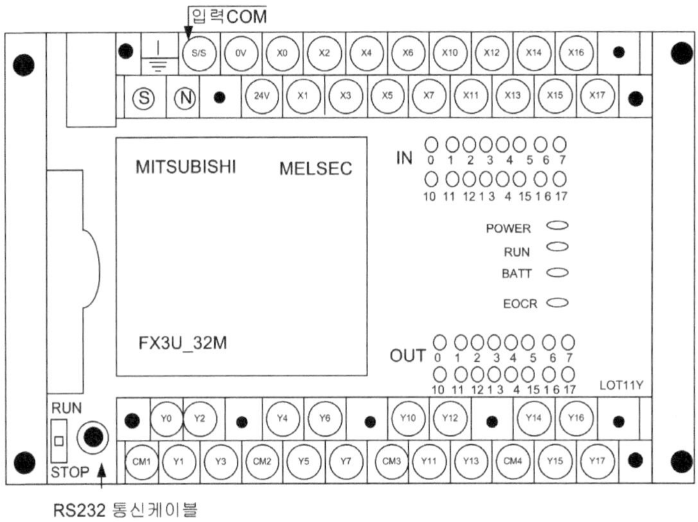

(3) FX3U PLC 전기자동차 외형도

3. HMI_GOT2000 작화(HMI GOT2000 Design)

(1) HMI 기본 작화

아래와 같이 HMI를 작화하여 PLC 프로그램 연습을 할 수 있다.

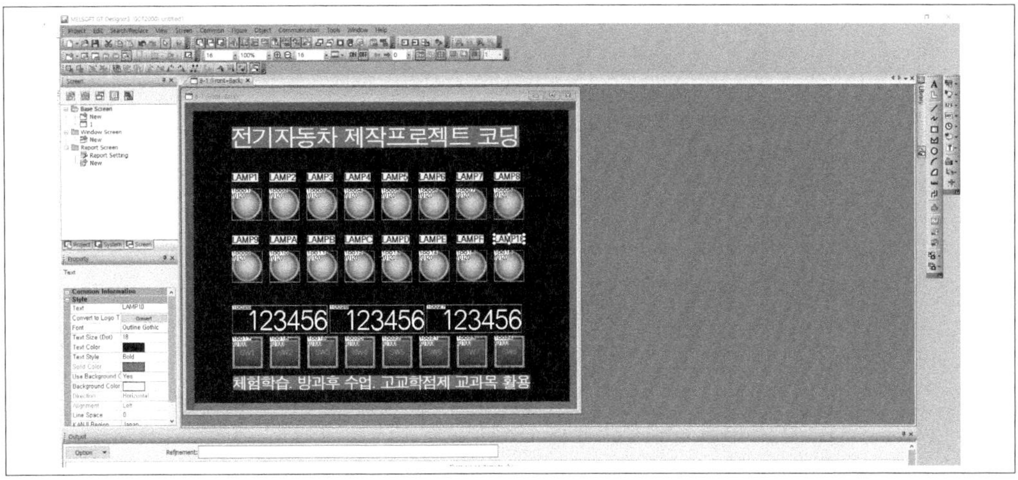

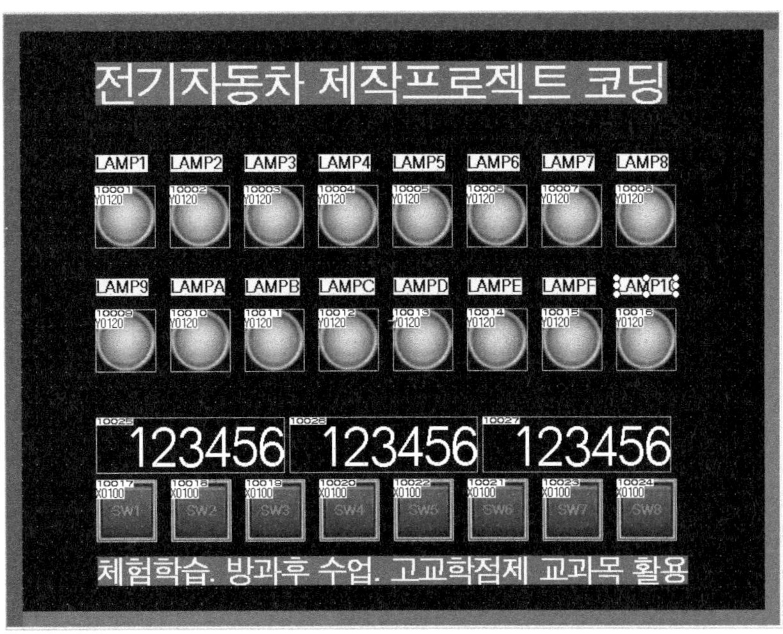

(2) 새 프로젝트 생성

① GT Designer3의 아이콘을 더블클릭하여 프로그램을 실행한다. 아직 작성된 프로그램이 없으므로 New를 클릭한다.

② Project Wizard 첫 화면에서 Next를 클릭한다.

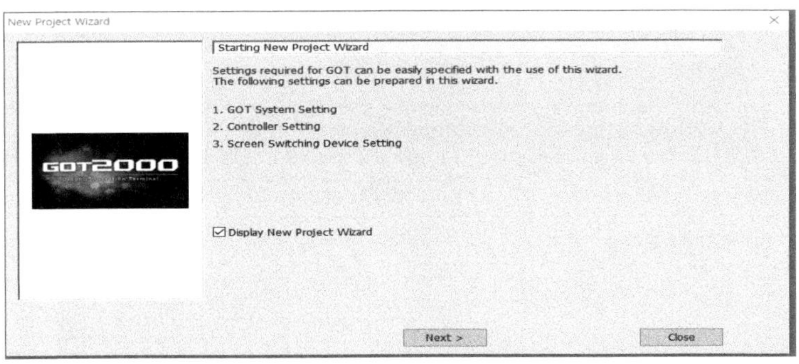

③ GOT System Setting 창에서 현재 시스템에 설치된 모델을 선택하고 Next를 클릭한다.

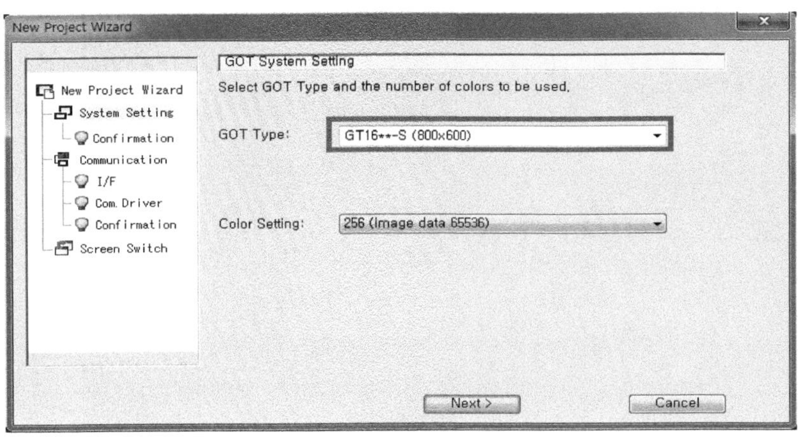

④ System 설정 확인 창에서 설정한 시스템이 맞는지 확인하고 Next를 클릭한다.

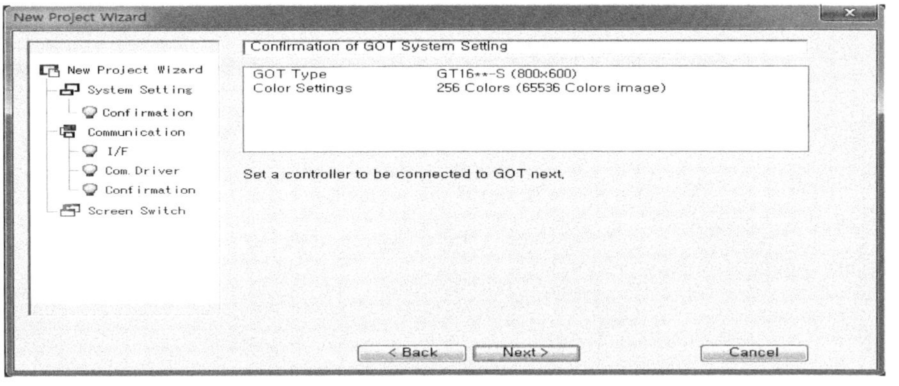

⑤ Controller Setting 창에서 현재 설치된 PLC의 Model을 확인하여 선택한 후 Next를 클릭한다.

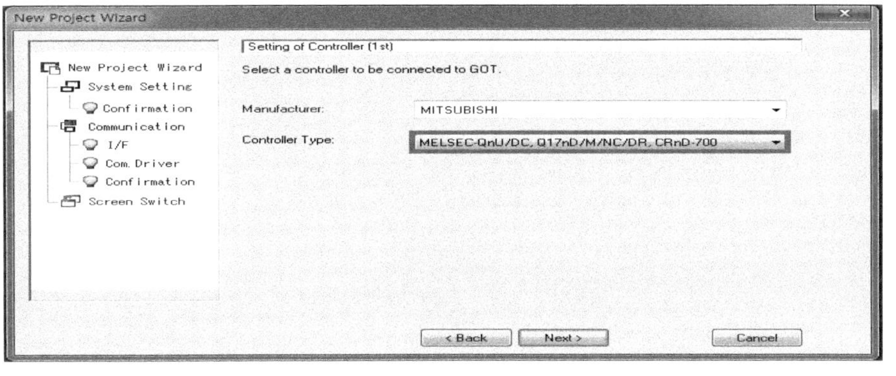

⑥ Controller와의 통신 방식을 설정하고 Next를 클릭한다.

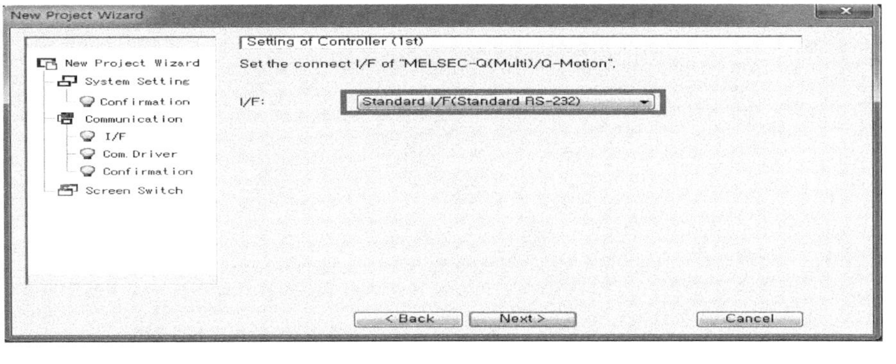

⑦ Communication Driver를 설정하는 창에서 컨트롤러와 직접 통신/CC-Link를 통한 통신 중에서 선택한 후 Next를 클릭한다.

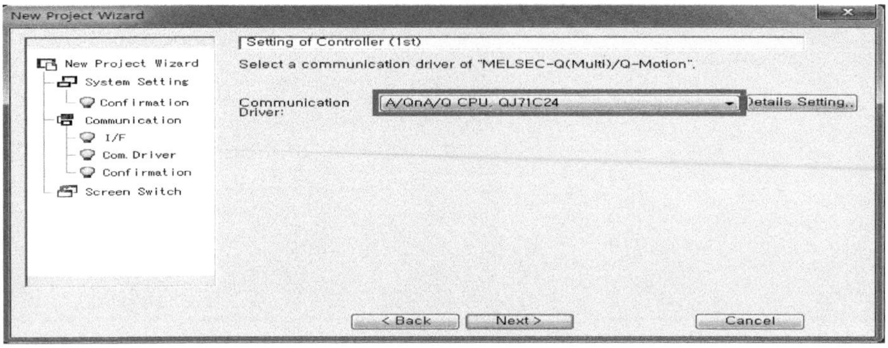

⑧ 설정한 내용을 확인한 후 Next를 클릭한다.

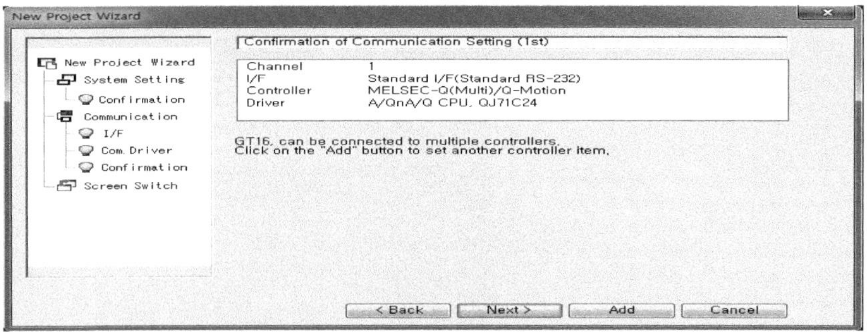

⑨ 스크린 전환 디바이스를 설정하는 창이다. 디바이스 명은 사용자가 직접 설정할 수 있다. 사용할 디바이스명을 설정하고 Next를 클릭한다.

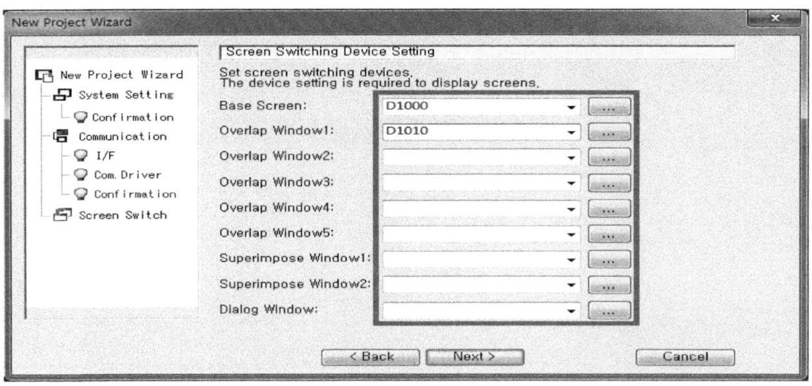

⑩ 최종 설정을 확인하는 창이 뜨면 설정한 내용이 모두 맞는지 확인한 후 Next를 클릭한다.

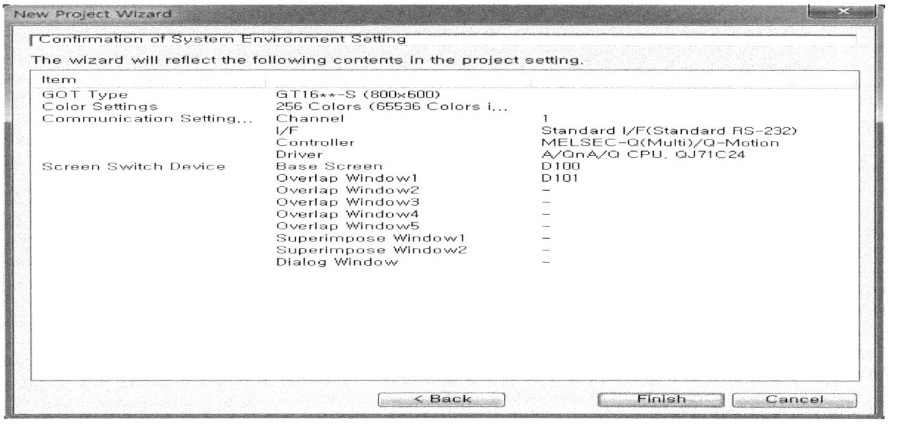

(3) HMI 작화 연습

동작 설명

실습 화면 3개를 구성한다.

구성된 화면에 전환 스위치를 작성한다.

작성된 전환 스위치를 누르면 각각의 화면으로 전환된다.

① 초기 화면 아래의 [Screen] 탭에서 생성된 첫 번째 페이지를 마우스 오른쪽 버튼으로 클릭하고 Screen Property를 클릭한다.

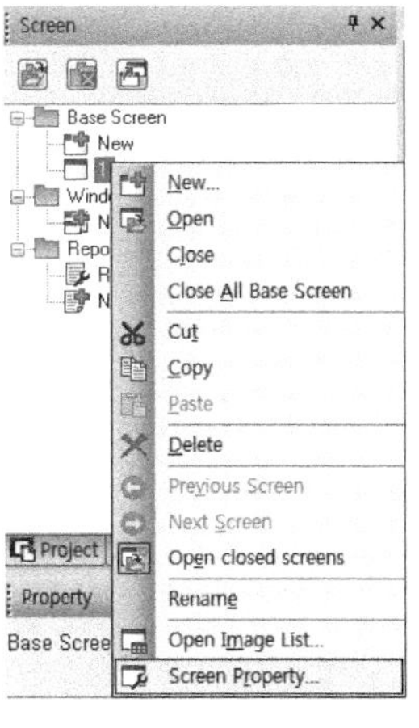

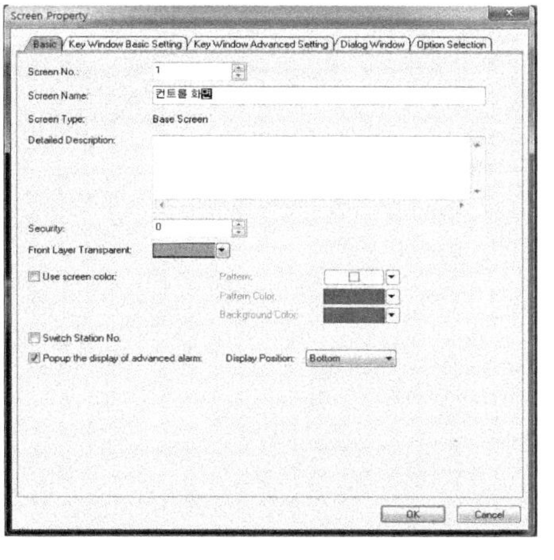

② Screen Name에 화면의 이름을 입력한다.

③ 도구상자에서 텍스트를 선택하고 화면 이름을 입력한다.

④ 도구상자에서 Switch → Screen Switch를 선택하고 화면에 3개의 버튼을 생성한다.

⑤ 버튼을 더블클릭하면 세팅 창이 나타난다.

2번과 3번 스위치는 2번 스크린과 3번 스크린으로 넘어가도록 각각 설정한다.

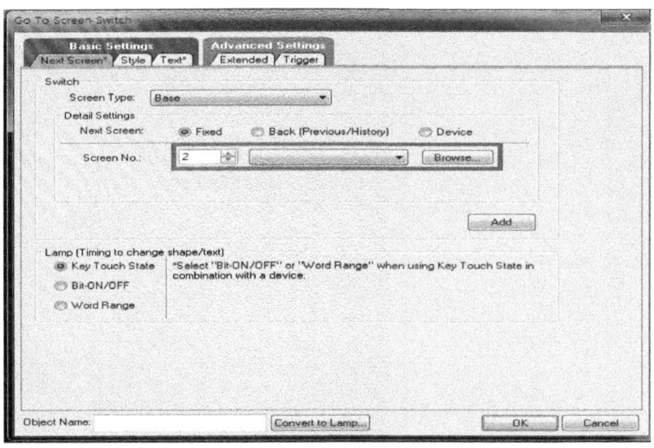

⑥ 세 개의 버튼 설정이 끝났으면 완성된 화면을 복사하여 2개의 스크린을 더 만든다. 각각 다른 이름으로 설정하고 텍스트도 그에 맞추어 설정한다.

⑦ 프로그램 다운로드

메뉴 → Communication → Write to GOT 선택

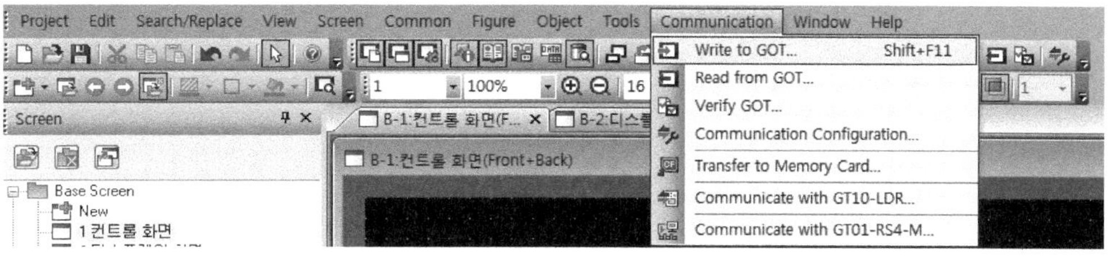

⑧ 통신 방식에서 USB 선택 후 OK 클릭

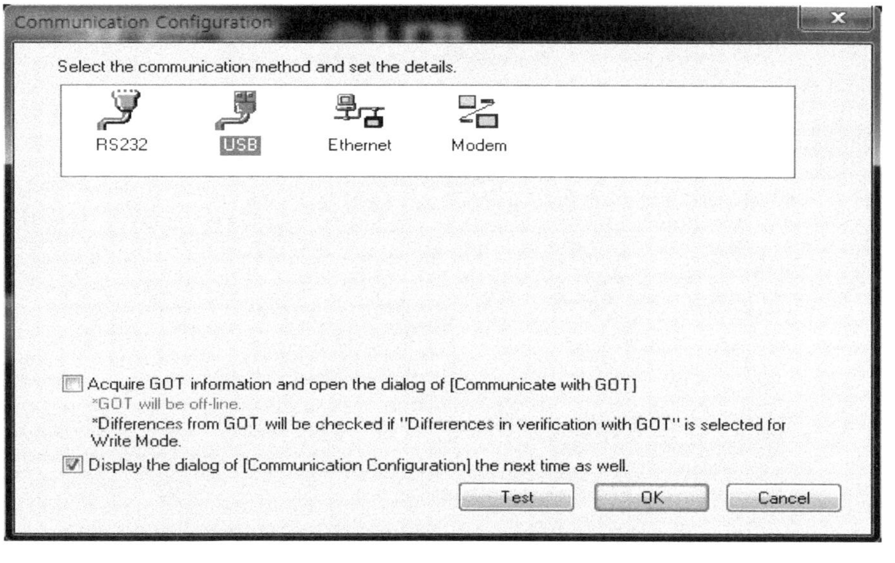

⑨ 전송할 데이터를 선택하고 GOT write 클릭

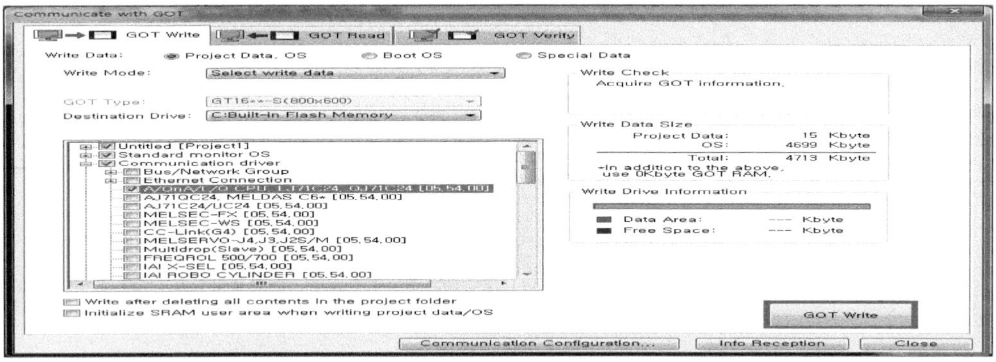

⑩ 외부 입력을 통한 GOT 동작의 전환

디바이스를 이용한 GOT 화면 전환

■ **베이스 화면의 전환**

GOT는 베이스 화면의 화면 전환 디바이스에 저장된 화면 번호의 베이스 화면을 표시합니다.
베이스 화면의 화면 전환 디바이스값을 변경하여 표시되는 베이스 화면을 전환할 수 있습니다.
베이스 화면 번호의 지정 방법에는 다음의 2종류가 있으며, 어느 방법으로 화면을 전환해도 화면 전환 디바이스에 화면 번호가 저장됩니다.

(1) 베이스 화면의 화면 전환 디바이스에 화면 번호 저장

(2) 터치 스위치(화면 전환 스위치)로 화면 전환

예) 베이스 화면의 화면 전환 디바이스를 D100으로 설정한 경우

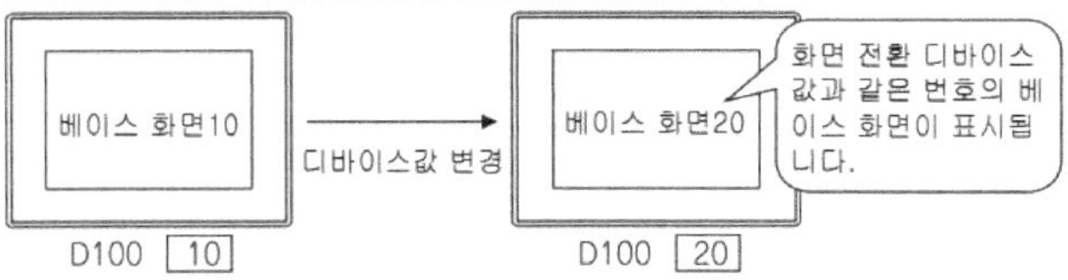

HINT

베이스 화면의 화면 전환 디바이스에 존재하지 않는 화면의 번호가 저장되었을 때

베이스 화면의 화면 전환 디바이스에 0 또는 GOT에 쓰이지 않은 화면 번호가 저장되었을 때, GOT는 쓰여져 있는 화면 중에서 가장 작은 화면 번호의 베이스 화면을 표시합니다.
(시스템 알람은 표시되지 않습니다.)

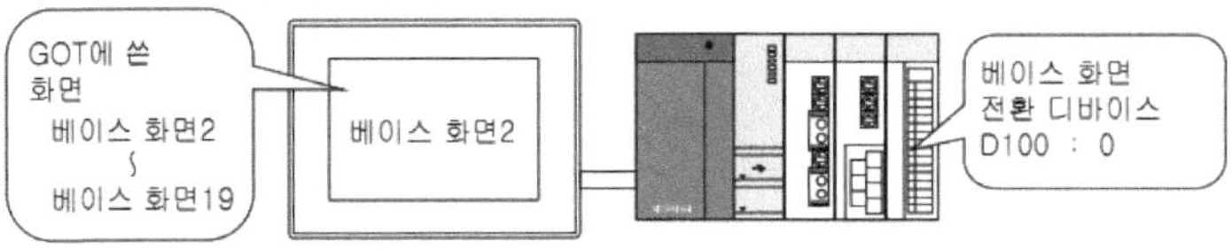

베이스 화면2가 표시됩니다.

4. FX3U-PLC 전기자동차 제작 코딩(FX3U-PLC Electric Of Car Make Coding)

(1) MC에 의한 모터 기동, 정지 회로 구성

① 동작 설명

MC에 의해 모터가 기동하고 정지한다. 릴레이 8핀, 11핀, 14핀, 파워 릴레이 12핀 등을 활용하여 모터 회로를 기동 정지할 수 있다.

② 시퀀스 회로

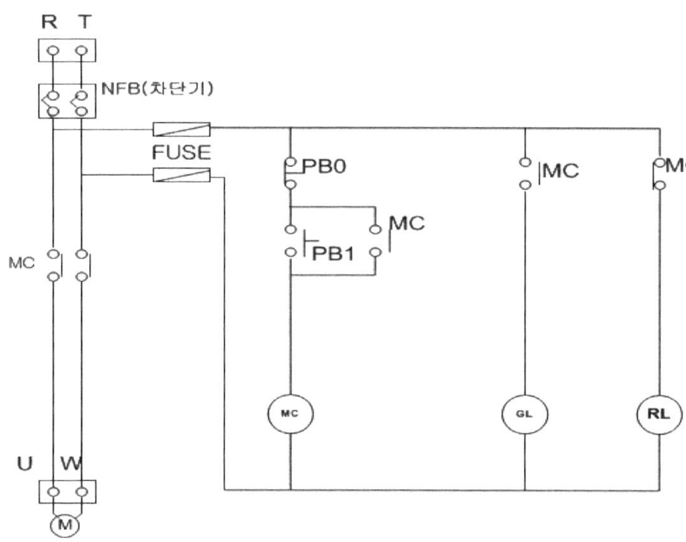

③ 프로그램 방법

입력을 설정한다. PB1, PB0

출력을 설정한다. MC, GL, RL.

시퀀스를 고려하여 프로그램을 작성한다.

PLC 출력은 맨 끝부분에 작성한다.

COUNTER는 적정 위치에 배치하고 리셋을 상시 동반한다.

④ PLC 프로그램

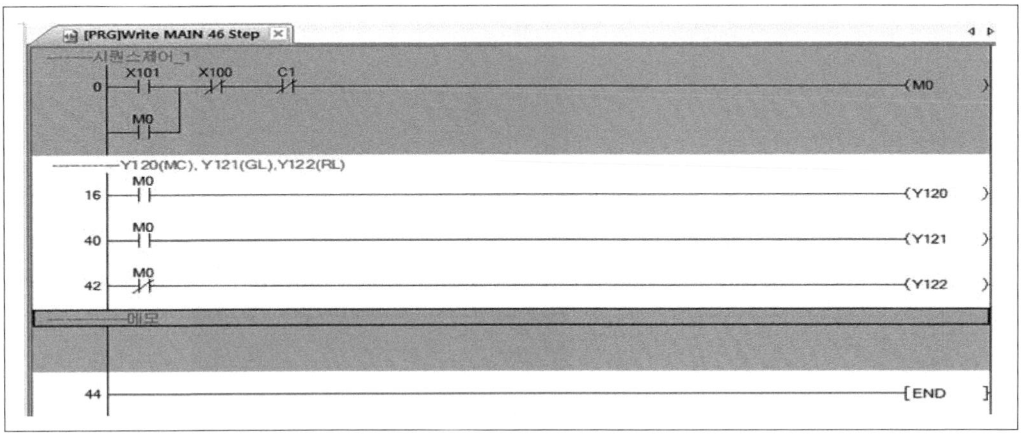

(2) Flicker Relay 회로 구성

① 동작 설명

P1을 누르면 후리커 릴레이가 동작하여 L1, L2가 시간에 따라 교대로 점멸한다. 정지 프시버튼 스위치 P0을 누르면 후리커 릴레이가 동작을 중지하고, L1, L2도 소등된다.

② 후리커 릴레이 회로 구성

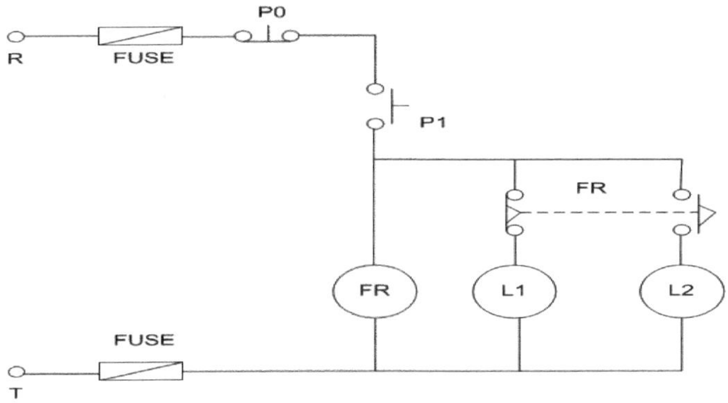

③ 시퀀스 제어 HMI 작화

④ PLC 프로그램

⑤ PLC 입출력 설정

명령어	동작사항	비고
SM400	상시 ON	항상 ON 되어 있는 접점
SM401	상시 OFF	항상 OFF 되어 있는 접점
M402	RUN 후 1스캔만 ON	RUN 후 1스캔 시간 동안만 ON 되는 접점
SM403	RUN 후 1스캔만 OFF	RUN 후 1스캔 시간 동안만 OFF 됨
SM409	0.01초 클럭	프리커 타이머 기능을 대신한다.
SM410	0.1초 클럭	"
SM411	0.2초 클럭	"

SM412	1초 클럭	“
SM413	2초 클럭	“

(3) EOCR(Electronic Over Current Relay) 회로

① 동작 설명

EOCR에 의한 AC 단상 모터 제어회로이다. P1을 on 하면 MC가 여자되어 MC_a에 의해 AC 모터가 기동하며 L1이 점등된다. 모터 과부하 시 EOCRDL 작동하여 BZ이 과부하를 표시해 준다. REST 버튼에 의해 EOCR이 복귀된다.

② EOCR 회로도

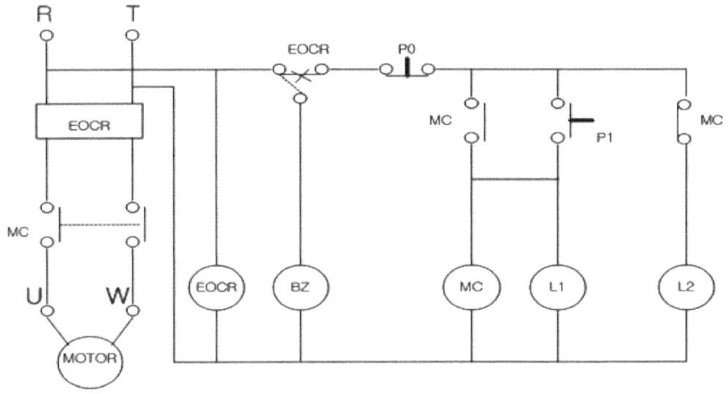

③ 시퀀스 제어 HMI 작화

④ PLC 프로그램

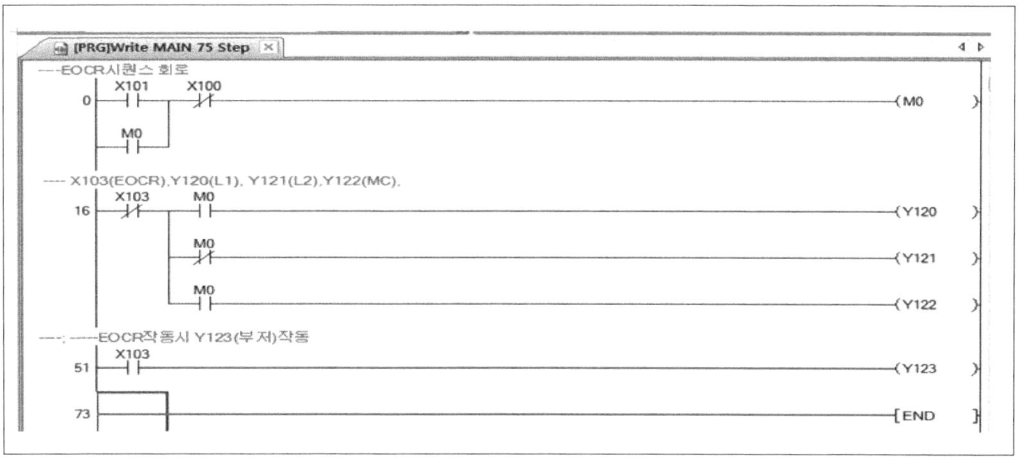

(4) 8핀 Relay 회로

① 동작 설명

BP1을 on 하면 RY가 자기 유지되고, 램프 RL 소등, RL은 점등된다.

PB0 누르면 초기화된다.

② Relay 회로

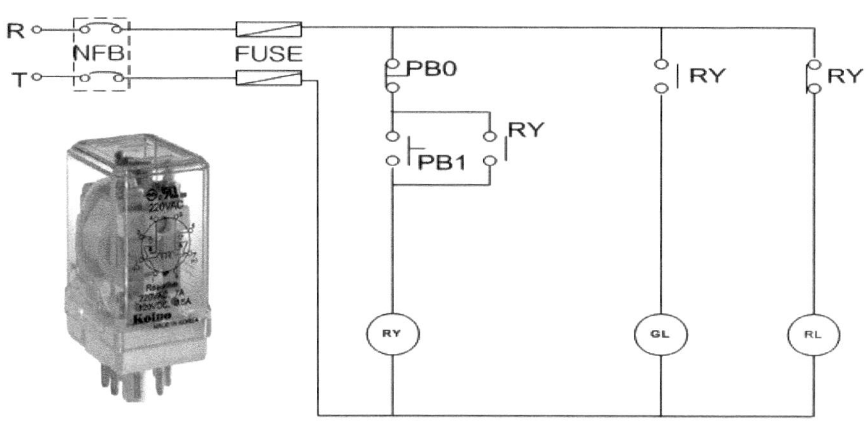

③ PLC 프로그램

Relay를 PLC 프로그램으로 작성 시 내부 릴레이로 설정할 수도 있고 출력으로 사용할 수도 있으며, 입력 접점으로도 사용 가능하다.

(5) 11핀 Relay 회로

① Relay 구조

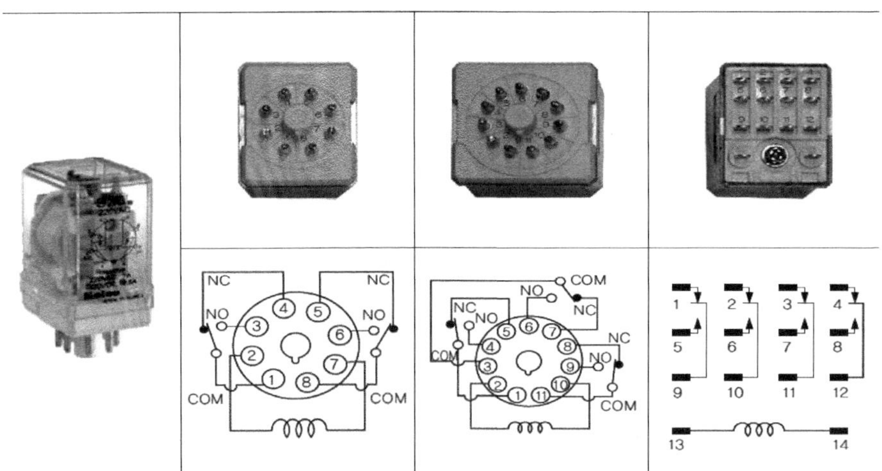

[계전기의 외관] [8핀 계전기] [11핀 계전기] [동판형 14핀 계전기]

8핀 Relay는 2a 2b, 11핀 Relay는 3a 3b, 14핀 Relay는 4a 4로 구성되어 있다. 회로 구성에 따라 Relay를 활용할 수 있다.

② DC 5V Relay 구조

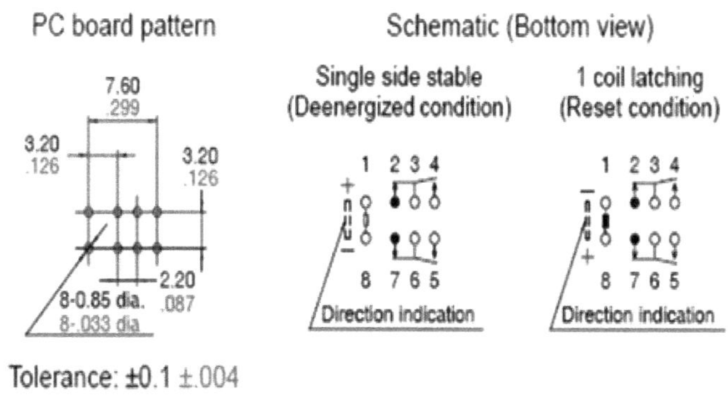

아두이노 회로 구성 시 DC 5V Relay를 활용하여 회로 구성을 할 수 있다.

③ 동작 사항

전원을 투입하면 R2가 점등된다.

P1을 on 하면 RY가 자기 유지되고, 램프 R2 소등, R1은 점등.

P0을 누르면 초기화된다.

④ 11핀 Relay회로

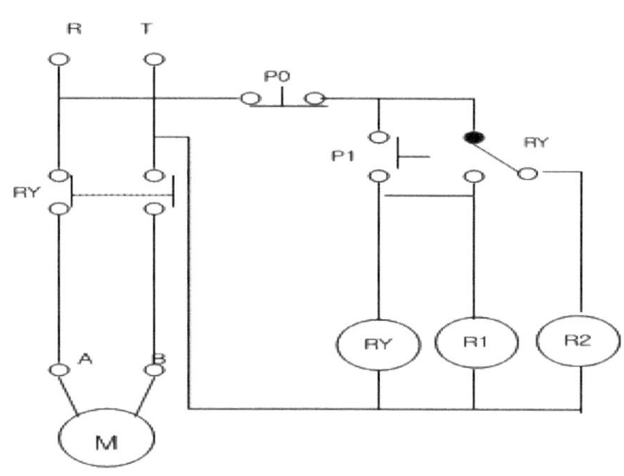

⑤ PLC 프로그램

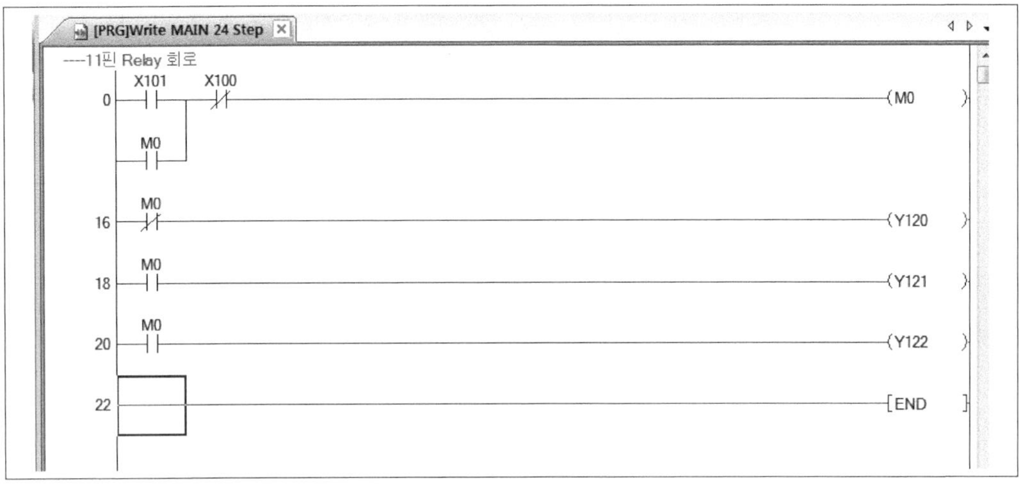

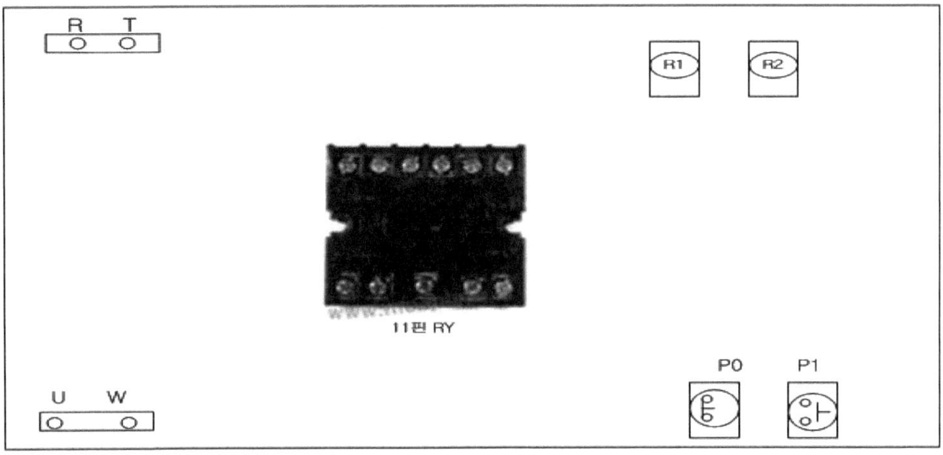

(6) 14핀 Relay 회로

① 동작 사항

전원을 투입하면 L4, L2가 점등된다.

P1을 on 하면 RY가 자기 유지되고, 램프 L2, L4 소등, L1, L3는 점등된다.

RY에 의해 모터 기동하고 정지한다.

P0을 누르면 초기화된다.

② 14핀 Relay 회로

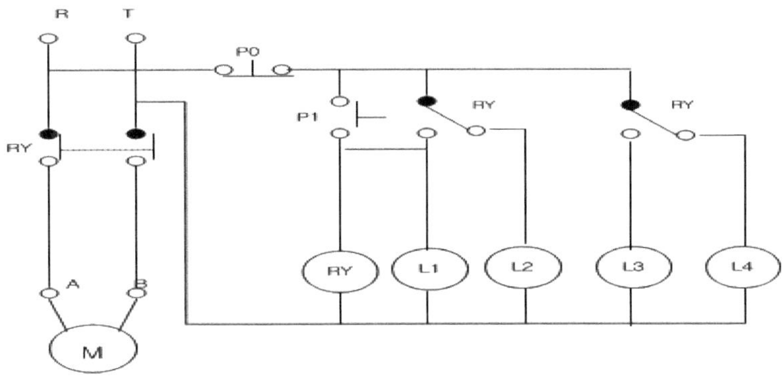

③ PLC 프로그램

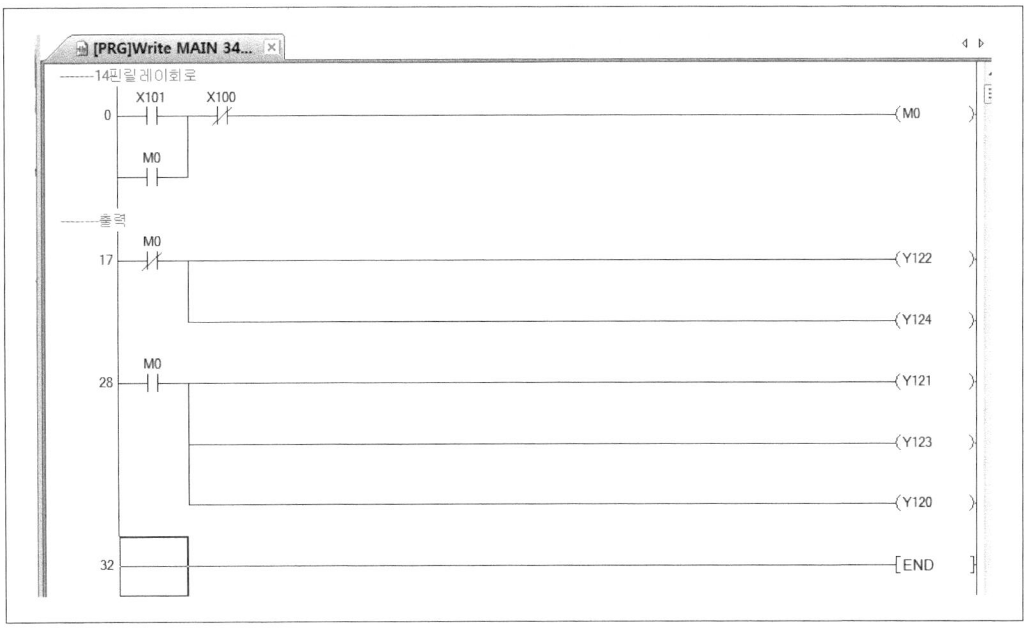

④ 14핀 Relay 기구 배치도

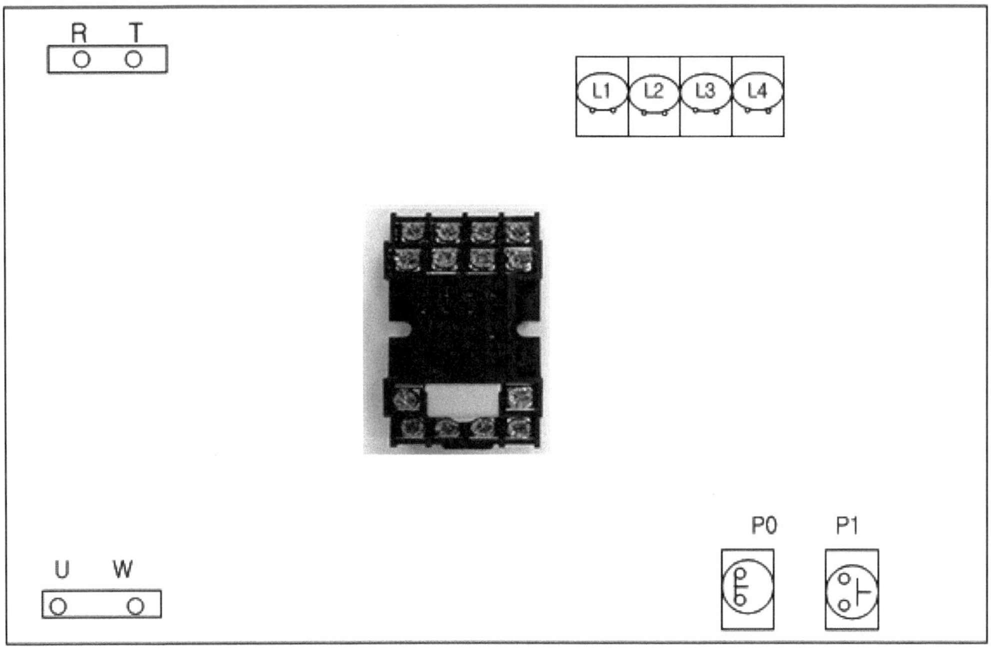

⑤ 14핀 Relay 내부 결선도

14핀 릴레이 내부 결선도

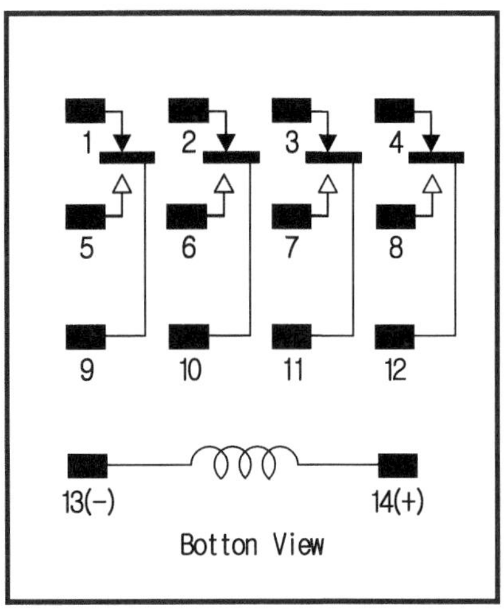

(7) Counter 회로

① 동작 설명

P1을 on 하면 MC 자기 유지되고, P3 카운터 입력을 3회 하면 BZ이 동작한다. 프리커 릴레이는 모터 기동 시 R1, R2가 교대로 점멸한다(1초 간격). P0을 on 하면 초기화된다.

② Counter 회로

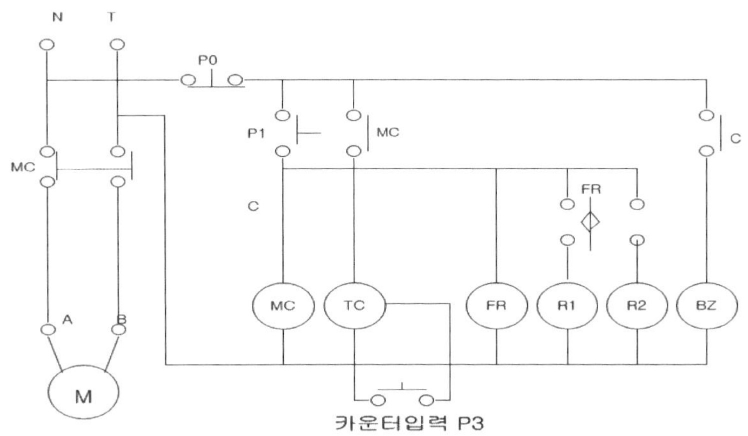

③ 카운터 PLC 제어 HMI 작화

④ PLC 프로그램

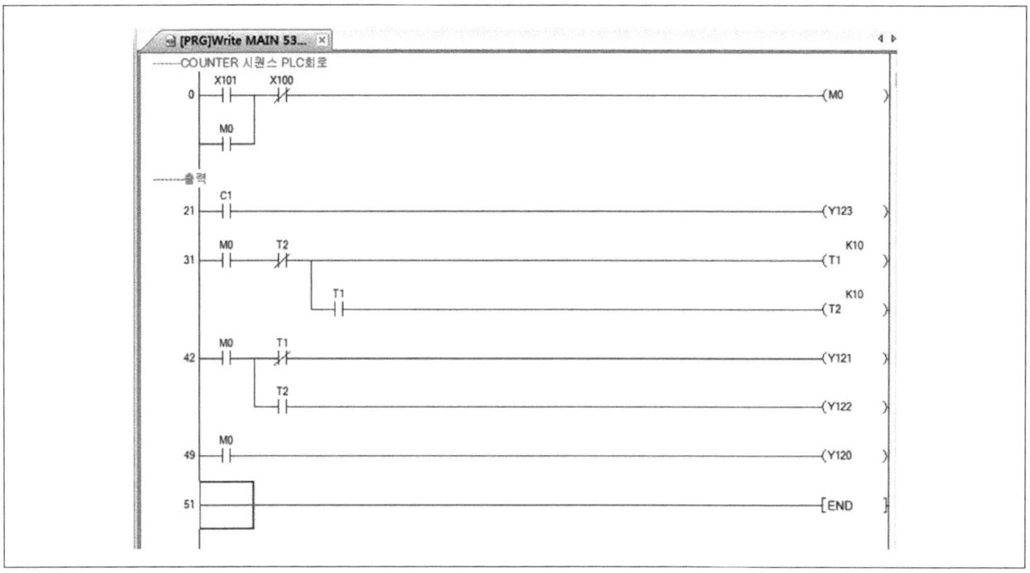

(8) AC모터 정 · 역 회로1

① 동작 설명

P1을 on 하면 MC1에 의해 Motor는 정회전하고, P0을 on 하여 Motor를 정지시킨 다음, 일정 시간 경과 후 P2를 on 하여 Motor를 역회전시킨다. P0를 on 하면 초기화된다.

② AC모터 정·역 회로

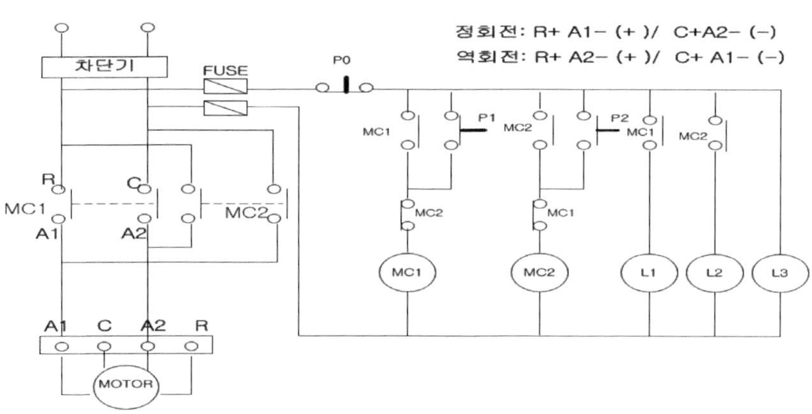

③ HMI 작화

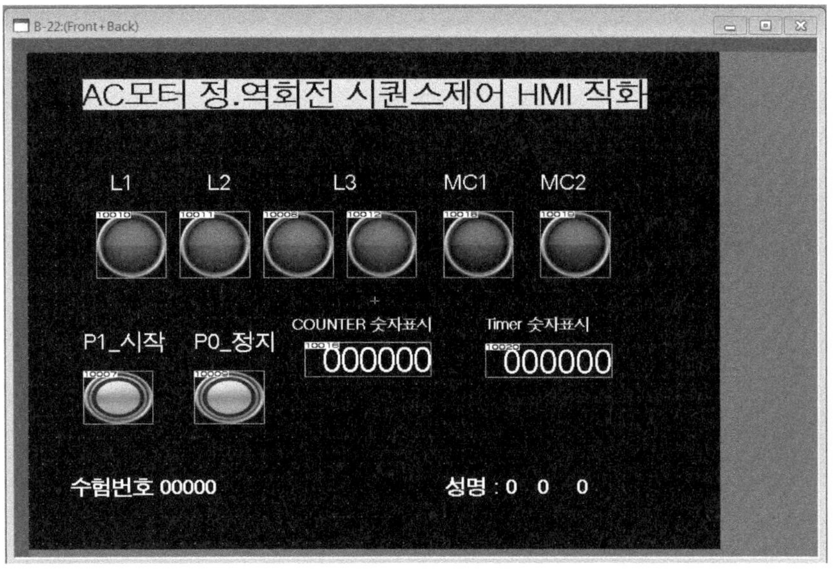

④ PLC 프로그램

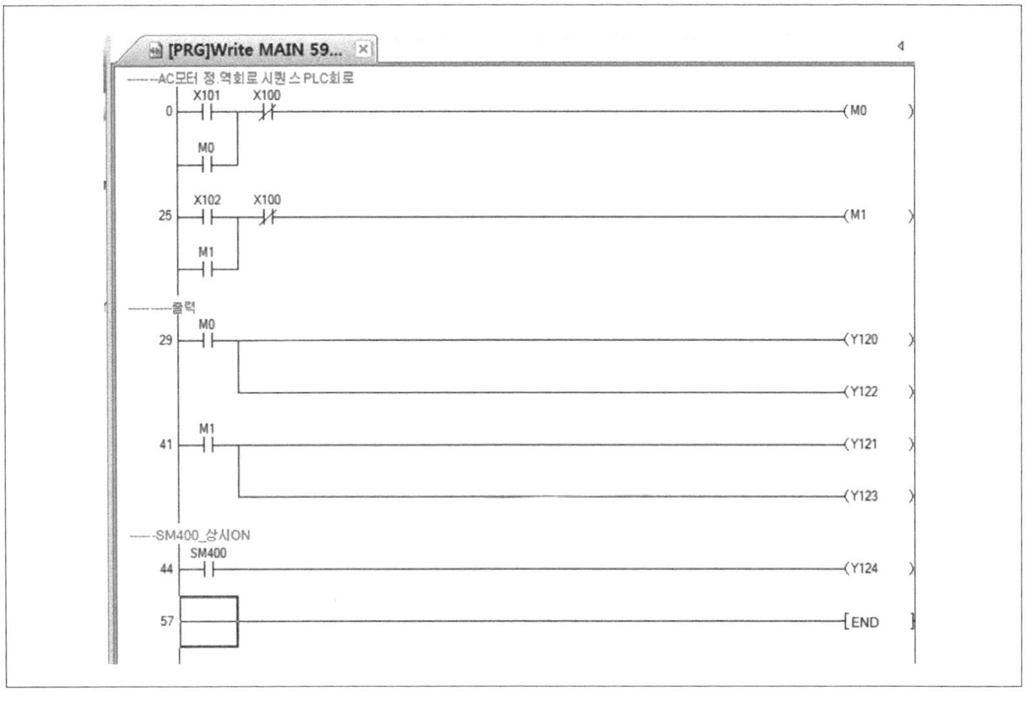

(9) AC모터 정 · 역 회로, 14핀 릴레이 사용2

① 동작 설명

P1을 on 하면 RY1에 의해 Motor는 정회전하고, P0을 on 하여 Motor를 정지시킨 다음, 일정 시간 경과 후 RY2를 on 하여 Motor를 역회전시킨다. P0를 on 하면 초기화 된다.

② AC모터 정·역 회로, 14핀 릴레이사용 회로

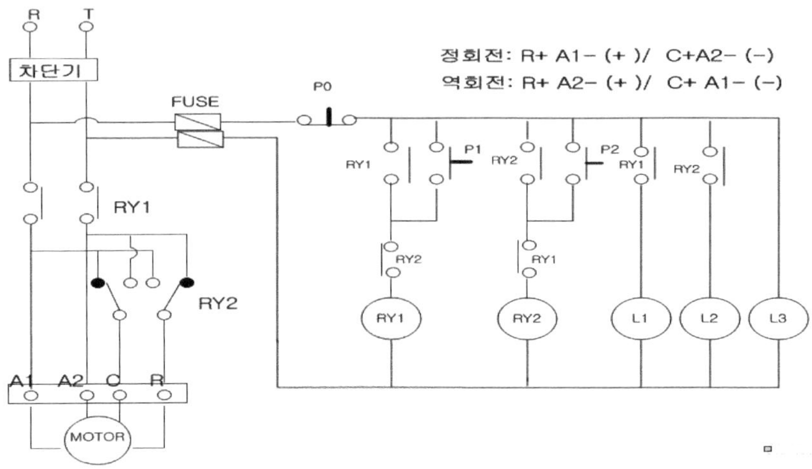

③ PLC 입출력 설정

입출력 설정 I/O			
입력	디바이스	출력	디바이스
PB0	X100	RY1	Y120
PB1	X101	RY2	Y121
PB2	X102	L1	Y122
		L2	Y123
		L3	Y124

④ PLC 프로그램

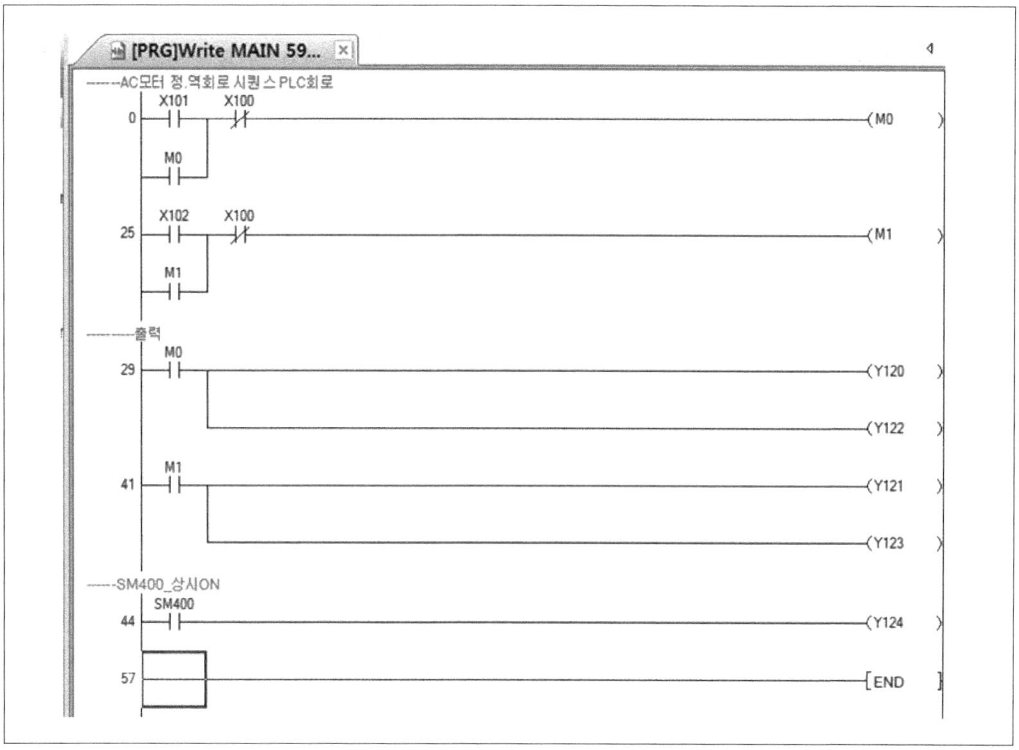

(10) AC모터 정 · 역 회로3

① 동작 설명

전원을 투입하면 전원표시등, L3 점등하고, P1을 on 하면 MC1 여자, P2을 on 하면 MC2에 의해 Motor는 정회전하고, P0을 on 하여 Motor를 정지시킨 다음, 일정 시간 경과 후 P3를 on 하여 Motor를 역회전시킨다. P0를 on 하면 초기화된다.

② AC모터 정·역 회로

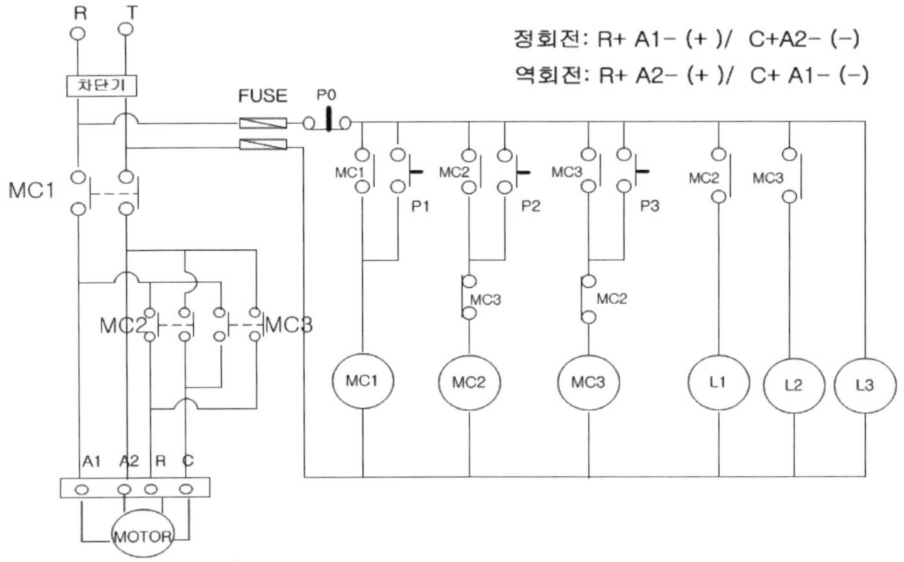

③ PLC 입 · 출력 설정

입출력 설정 I/O			
입력	**디바이스**	**출력**	**디바이스**
PB0	X100	MC1	Y120
PB1	X101	MC2	Y121
PB2	X102	MC3	Y122
PB3	X103	L1	Y123
		L2	Y124
		L3	Y125

④ PLC 프로그램

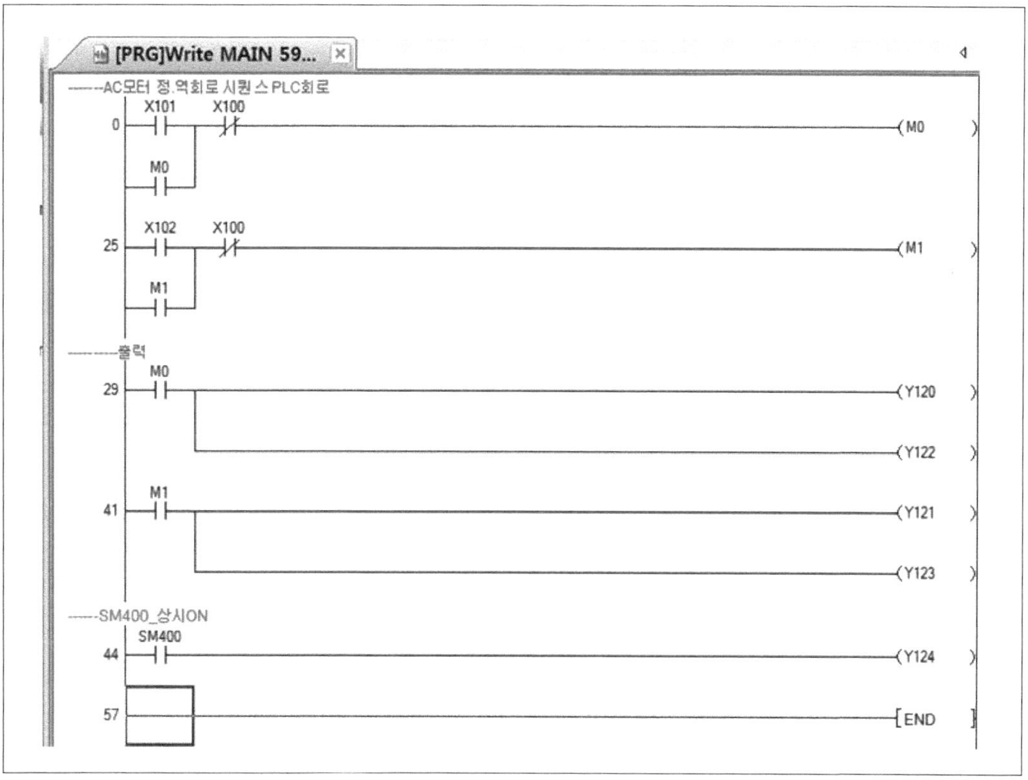

(11) AC모터 정 · 역 회로5

① 동작 설명

P1을 on 하면 MC1에 의해 Motor는 정회전하고, P0을 on 하여 Motor를 정지시킨 다음, 일정 시간 경과 후 P2를 on 하여 Motor를 역회전시킨다. P0를 on 하면 초기화 된다.

② AC모터 정·역 회로

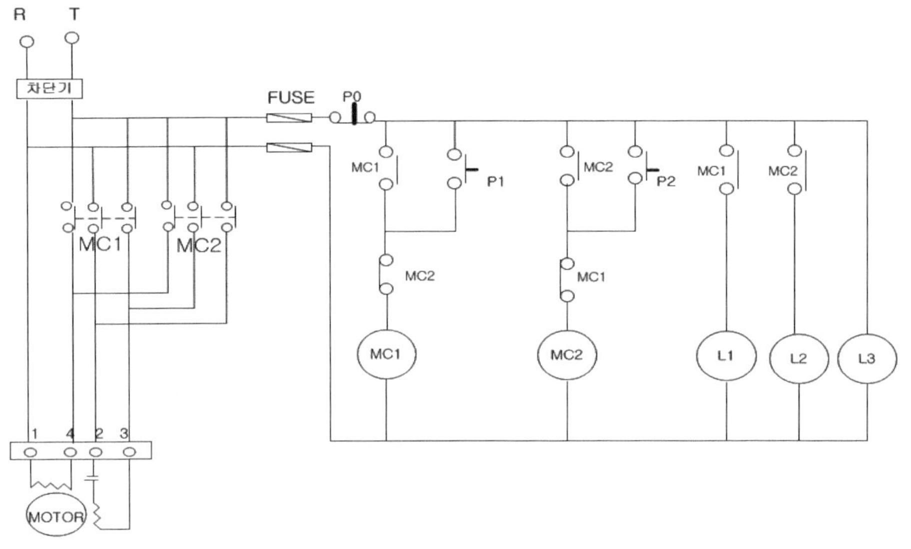

③ PLC 입출력 설정

입출력 설정 I/O			
입력	디바이스	출력	디바이스
PB0	X100	MC1	Y120
PB1	X101	MC2	Y121
PB2	X102	L1	Y122
		L2	Y123
		L3	Y124

④ PLC 프로그램

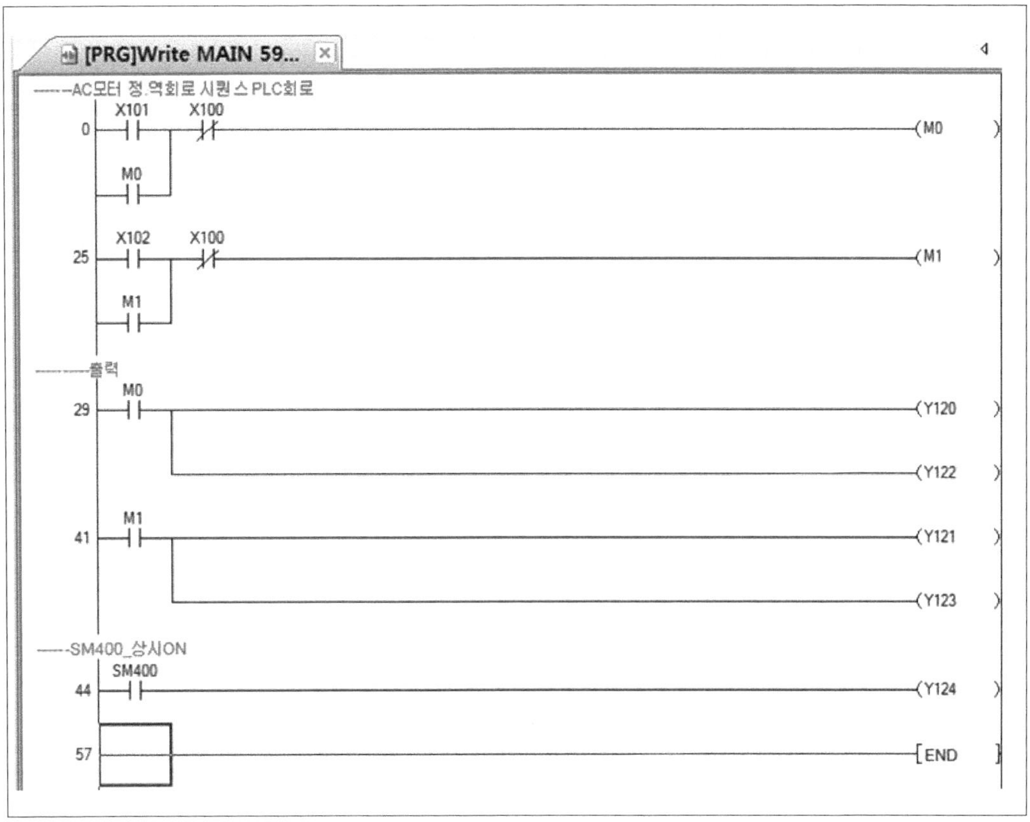

(12) AC모터 EOCR, 정 · 역 회로6

① 동작 설명

P1을 on 하면 MC1에 의해 Motor는 정회전하고, P0을 on 하여 Motor를 정지시킨 다음, 일정 시간 경과 후 P2를 on 하여 Motor를 역회전시킨다.

P0를 on 하면 초기화된다.

EOCR 테스트 버튼 on하여 모터 과부하 테스트를 할 수 있다.

② AC모터 정·역 회로

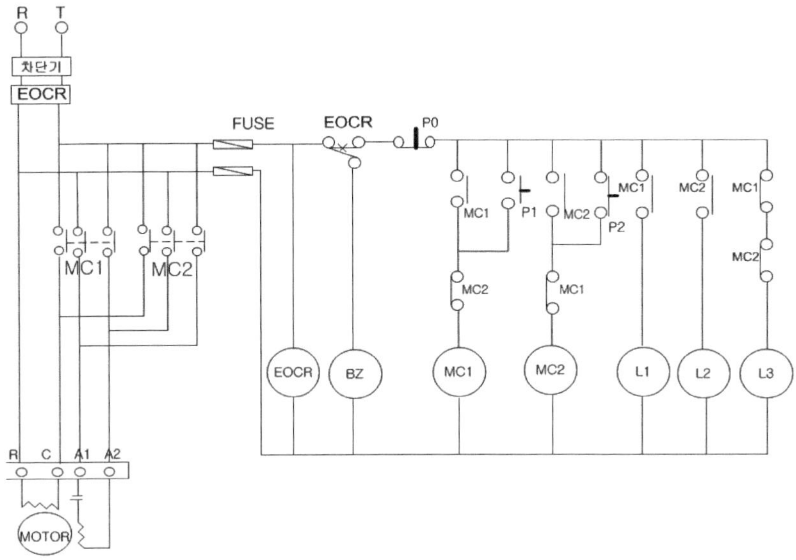

③ PLC 입출력 설정

입출력 설정 I/O			
입력	디바이스	출력	디바이스
PB0	X100	MC1	Y120
PB1	X101	MC2	Y121
PB2	X102	L1	Y122
EOCR	X103	L2	Y123
		L3	Y124
		BZ	Y125

④ PLC 프로그램

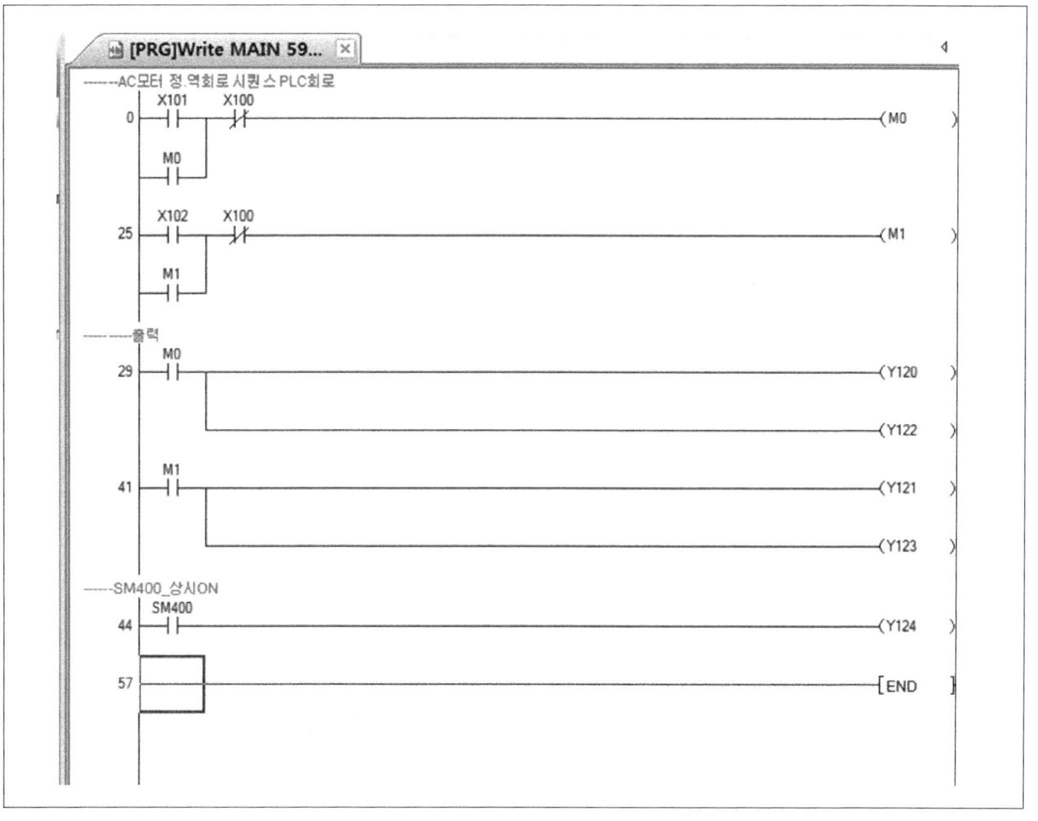

(13) 3상모터 정 · 역 회로1

① 동작 설명

P1을 on 하면 MC1에 의해 Motor는 정회전하고, P0을 on 하여 Motor를 정지시킨 다음, 일정 시간 경과 후 P2를 on 하여 Motor를 역회전시킨다.

P0를 on 하면 초기화된다.

② 3상 모터 정·역 회로

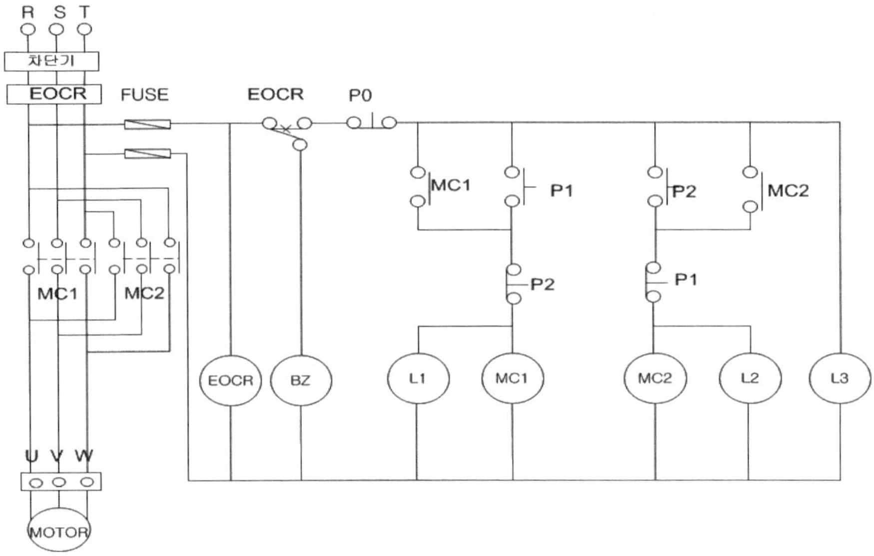

③ PLC 입출력 결선도

입출력 설정 I/O			
입력	디바이스	출력	디바이스
PB0	X100	MC1	Y120
PB1	X101	MC2	Y121
PB2	X102	L1	Y122
EOCR	X103	L2	Y123
		L3	Y124
		BZ	Y125

④ PLC 프로그램

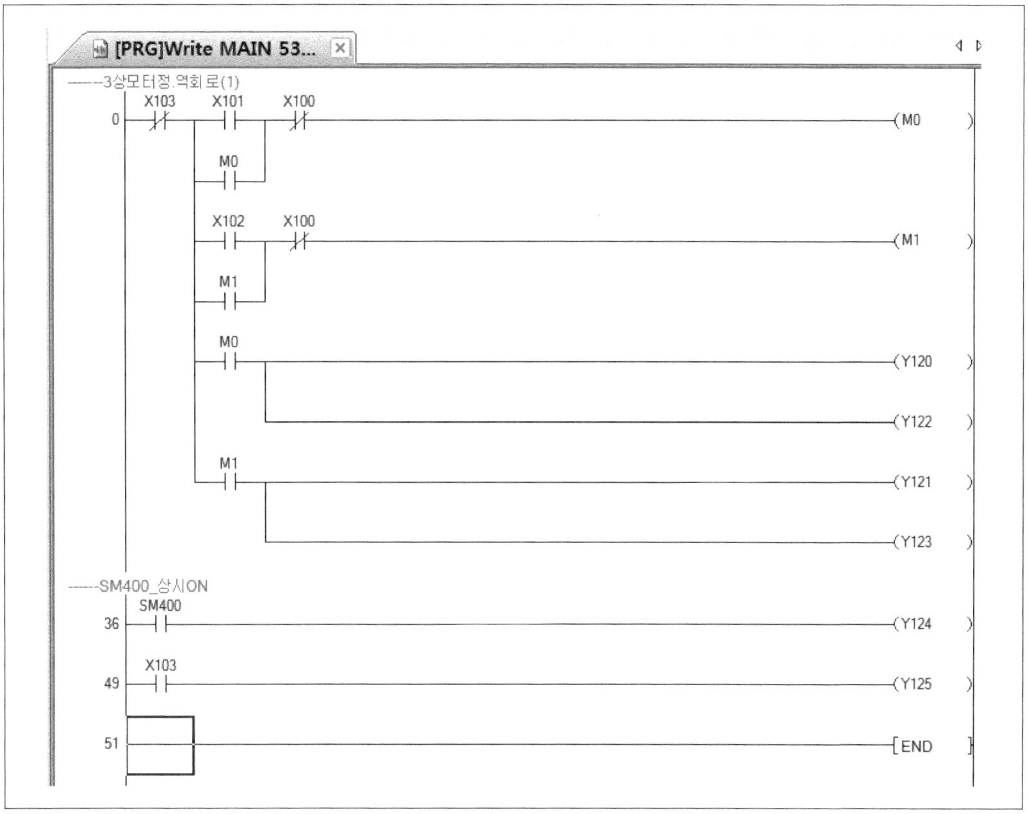

(14) 3상 모터 정 · 역 회로2

① 동작 설명

P1을 on 하면 MC1에 의해 Motor는 정회전하고, P0을 on 하여 Motor를 정지시킨 다음, 일정 시간 경과 후 P2를 on 하여 Motor를 역회전시킨다.

P0를 on 하면 초기화된다.

② 3상 모터 정·역 회로

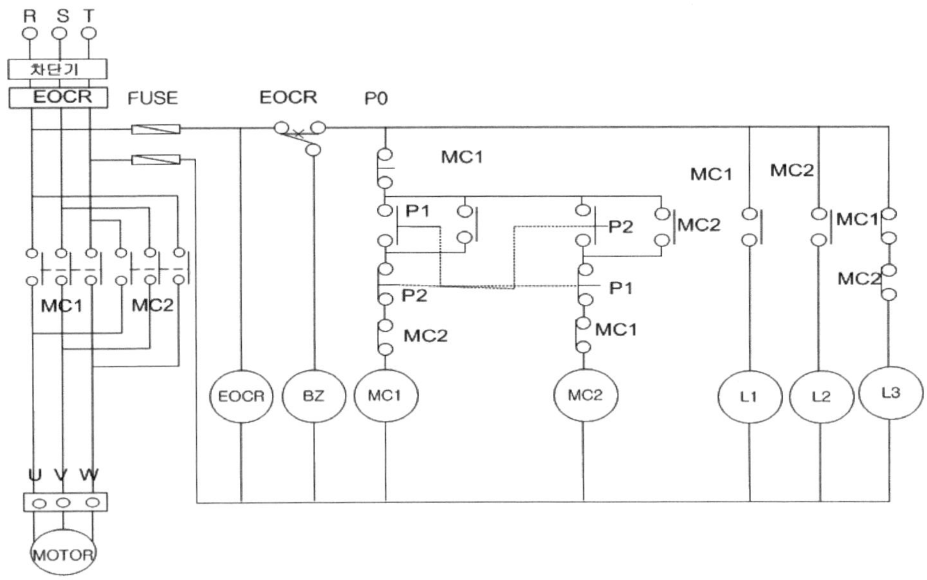

③ PLC 입출력 결선도

입출력 설정 I/O			
입력	**디바이스**	**출력**	**디바이스**
P0	X100	MC1	Y120
P1	X101	MC2	Y121
P2	X102	L1	Y122
EOCR	X107	L2	Y123
		L3	Y124
		BZ	Y125

④ PLC 프로그램

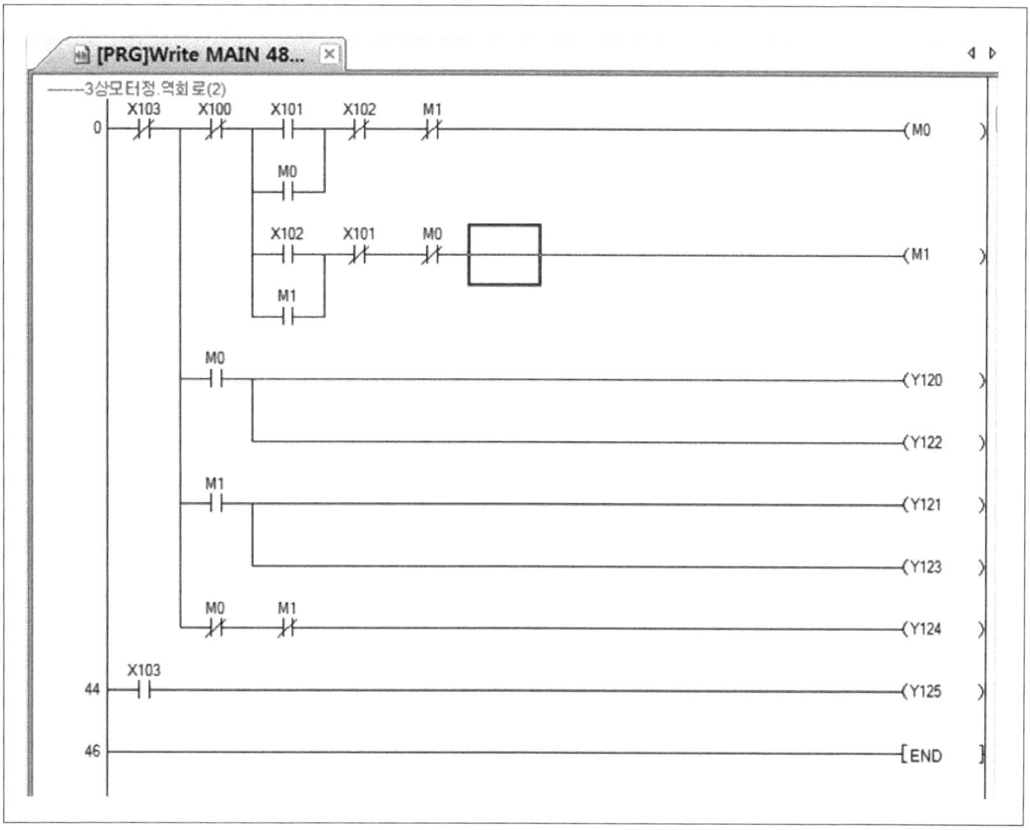

(15) 3상 모터 정 · 역 회로, 리미트 스위치 사용3

① 동작 설명

P1을 on 한 상태에서 LS1이 on 되면 Motor는 정회전하고, P0을 on 하여 Motor를 정지시킨 다음, 일정 시간 경과 후 LS2에 의해 Motor를 역회전시킨다. P0를 on 하면 초기화된다.

② 3상 모터 정 · 역 회로, 리미트 스위치 사용 회로

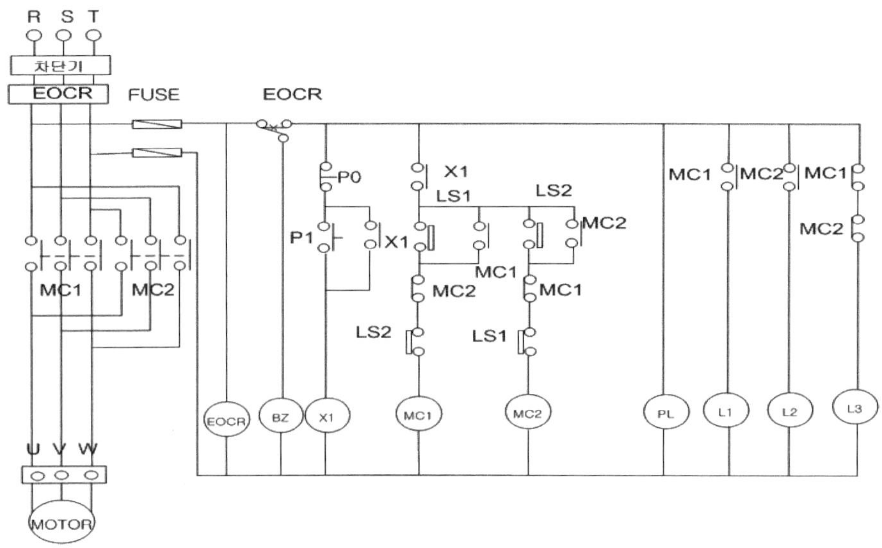

③ PLC 입출력 결선도

입출력 설정 I/O			
입력	**디바이스**	**출력**	**디바이스**
PB0	X100	MC1	Y120
PB1	X101	MC2	Y121
LS1	X102	PL	Y122
LS2	X103	L1	Y123
EOCR	X107	L2	Y124
		L3	Y125
		BZ	Y126

④ PLC 프로그램

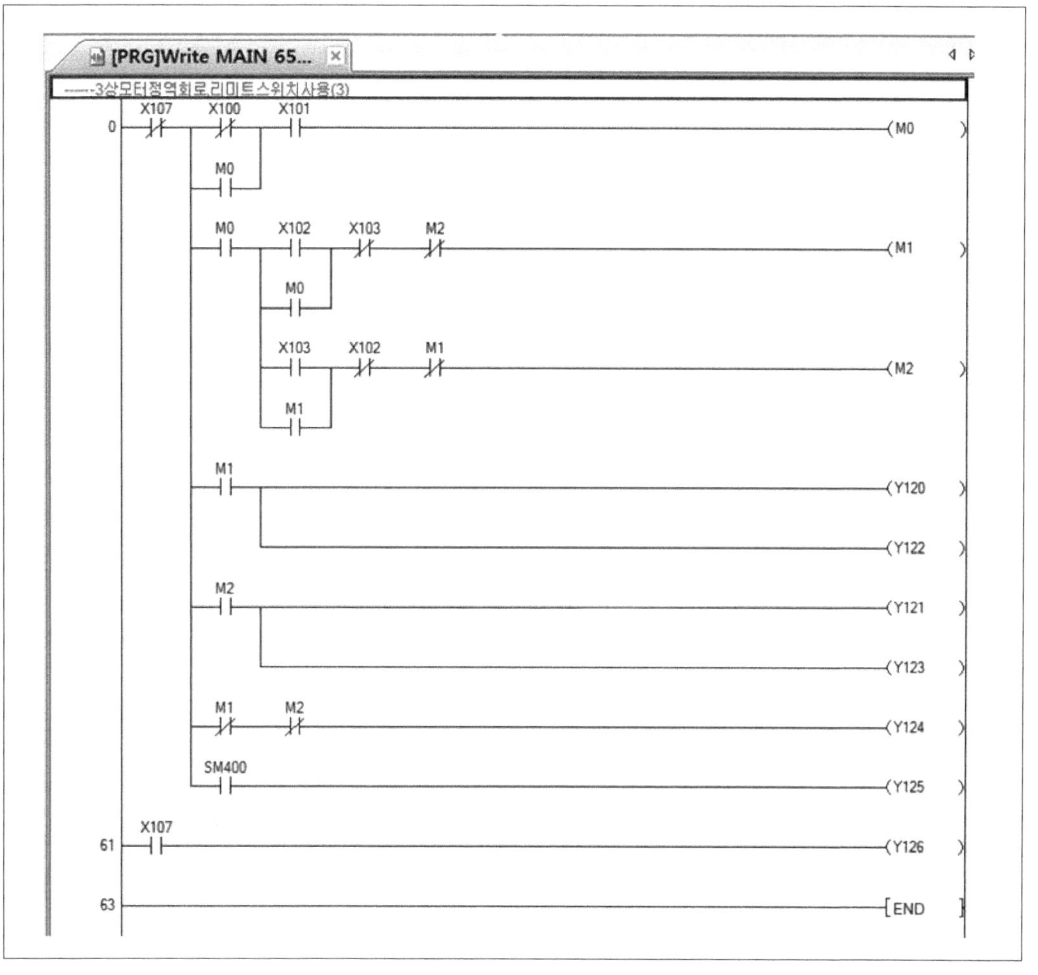

(16) 3상 모터 정 · 역 회로4

① 동작 설명

P1을 on 하면 MC1에 의해 Motor는 정회전하고, P0을 on 하여 Motor를 정지시킨 다음, 일정 시간 경과 후 P2를 on 하여 Motor를 역회전시킨다.

P0를 on 하면 초기화된다. P2, P4에 의해 촌동 운전할 수 있다.

② 3상 모터 정·역 회로

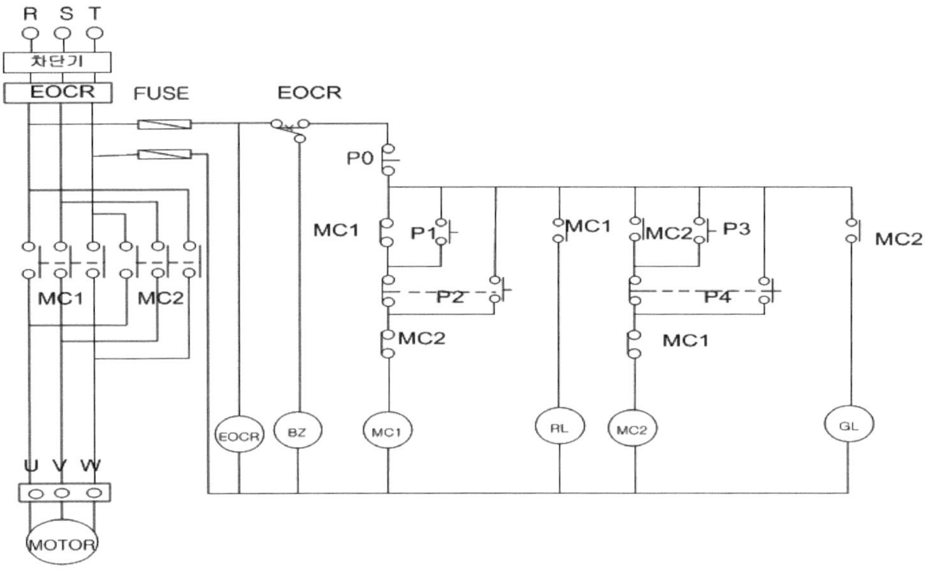

③ PLC 입출력 결선도

입출력 설정 I/O			
입력	디바이스	출력	디바이스
PB0	X100	MC1	Y120
PB1	X101	MC2	Y121
PB2	X102	RL	Y122
PB3	X103	GL	Y123
PB4	X104	BZ	Y124
EOCR	X107		

④ PLC 프로그램

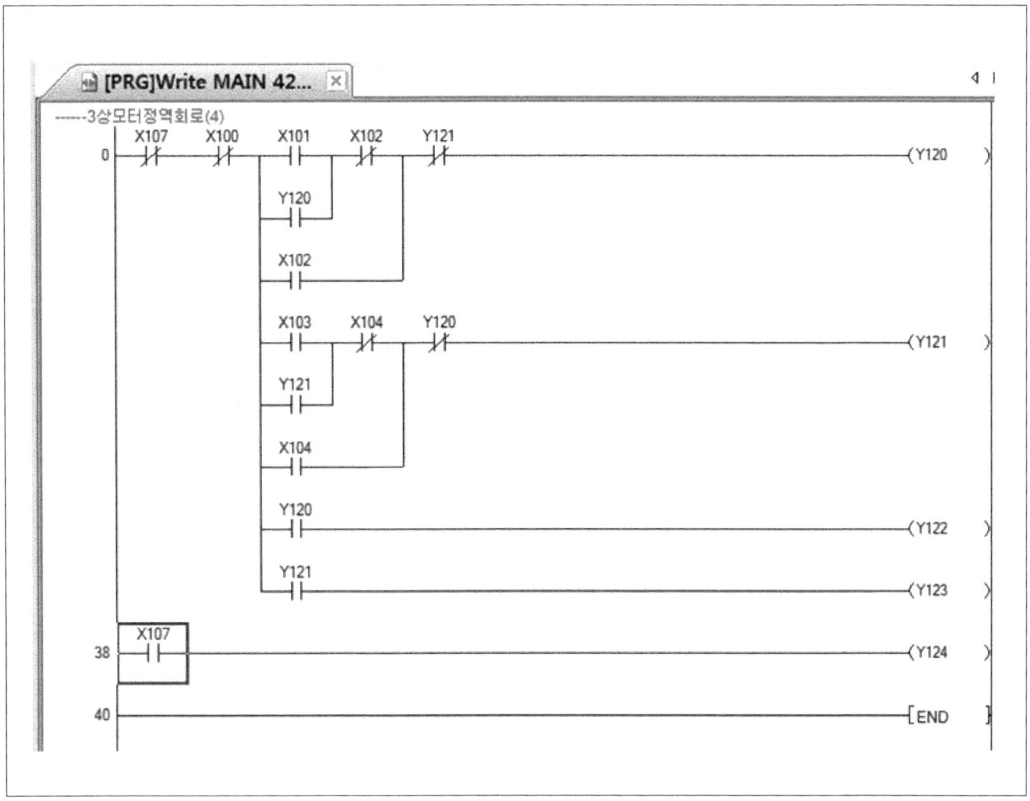

(17) 3상 모터 Y-△ 기동 회로1

① 동작 설명

P1을 on 하면 MC1에 의해 Motor는 Y 기동하고, P0을 on 하여 Motor를 정지시킨 다음, 일정 시간 경과 후 P2를 on 하여 Motor를 △ 운전시킨다.

P0를 on 하면 초기화된다.

② 3상 모터 Y-△ 기동 회로

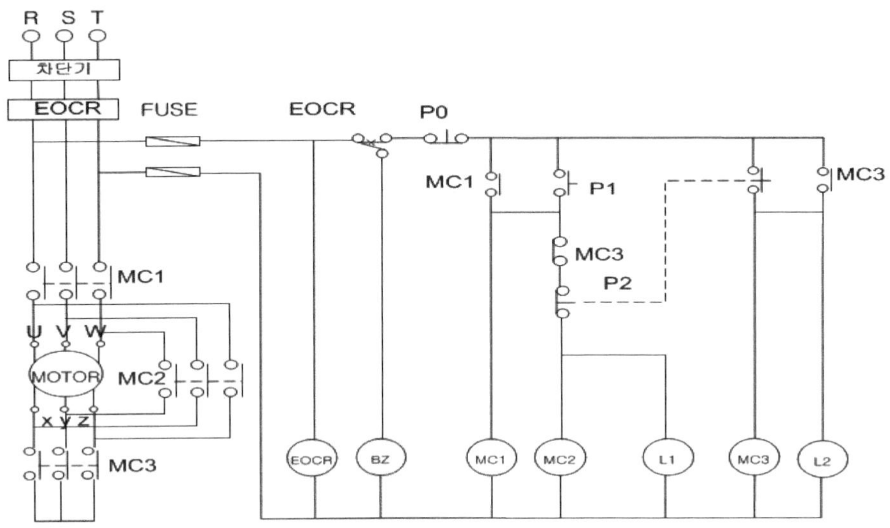

③ PLC 입출력 결선도

입출력 설정 I/O			
입력	디바이스	출력	디바이스
PB0	X100	MC1	Y120
PB1	X101	MC2	Y121
PB2	X102	RL	Y122
PB3	X103	GL	Y123
PB4	X104	BZ	Y124
EOCR	X107		

④ PLC 프로그램

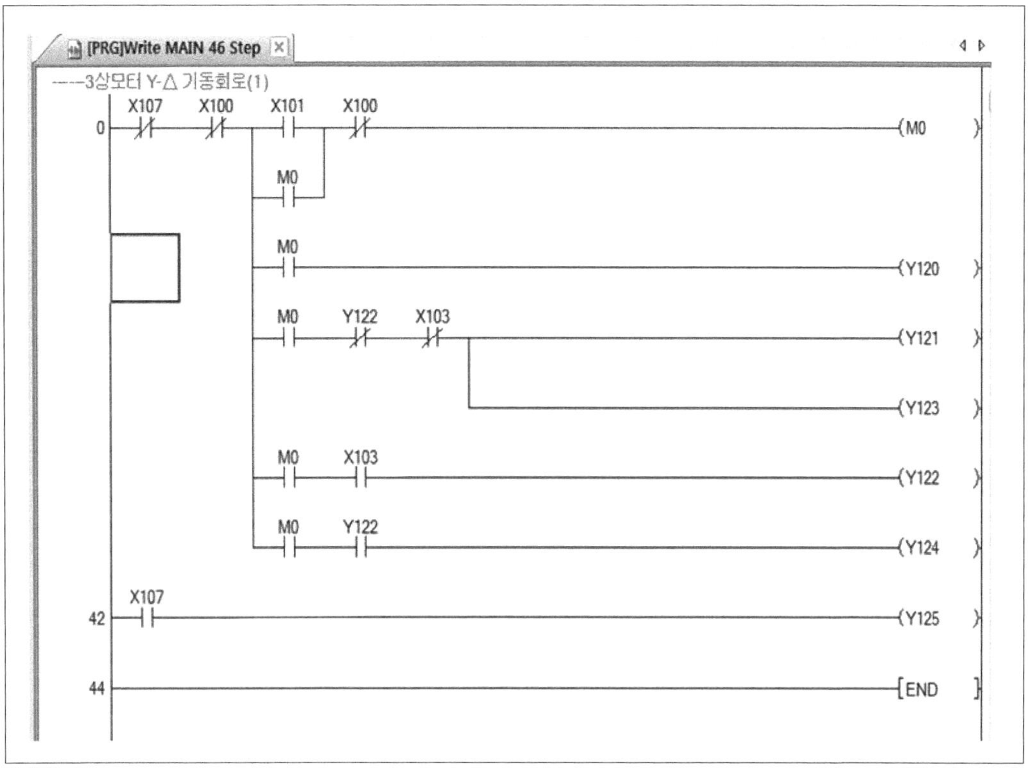

(18) 3상 모터 Y-△ 기동 회로2

① 동작 설명

P1을 on 하면 MC1에 의해 Motor는 Y 기동하고, 설정 시간 후 Motor를 △ 운전한다. P0를 on 하면 초기화된다.

② 3상 모터 Y-△ 기동 회로도

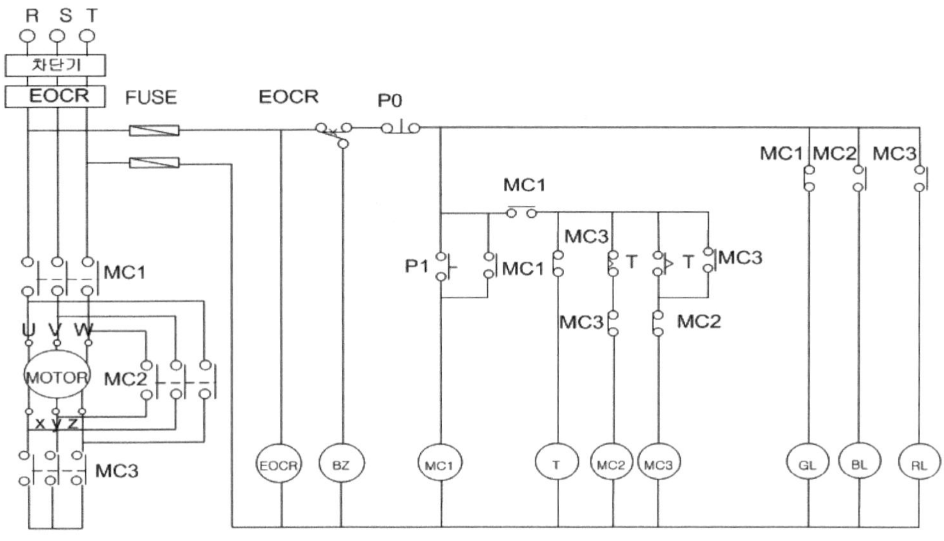

③ PLC 입출력 결선도

입출력 설정 I/O			
입력	디바이스	출력	디바이스
P0	X100	MC1	Y120
P1	X101	MC2	Y121
		MC3	Y122
		GL	Y123
		BL	Y124
EOCR	X107	RL	Y125
		BZ	Y126

④ PLC 프로그램

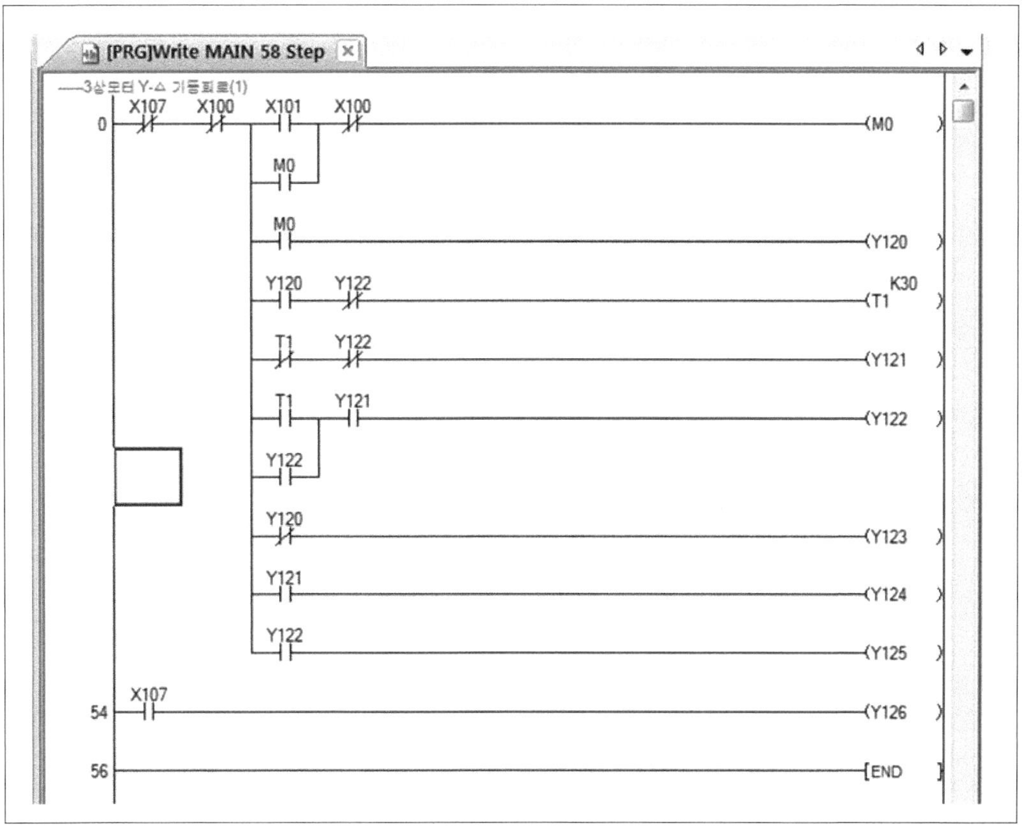

(19) 3상 모터 Y-△ 기동 회로3

① 동작 설명

P1을 on 하면 MC1에 의해 Motor는 Y 기동하고, P0을 on 하여 Motor를 정지한 다음, P2에 의해 △ 운전한다. P0를 on 하면 초기화된다.

EOCR 과부하 테스트에 의해 프리커가 작동한다.

② 3상 모터 Y-△ 기동 회로

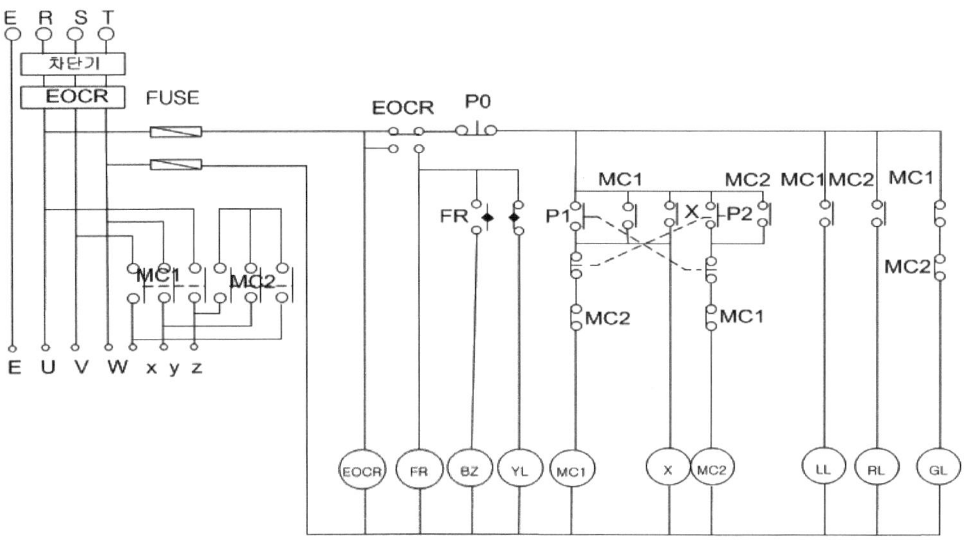

③ PLC 입출력 결선도

입출력 설정 I/O			
입력	디바이스	출력	디바이스
P0	X100	MC1	Y120
P1	X101	MC2	Y121
P2	X102	LL	Y122
		RL	Y123
		GL	Y124
		YL	Y125
EOCR	X107	BZ	Y126

④ PLC 프로그램

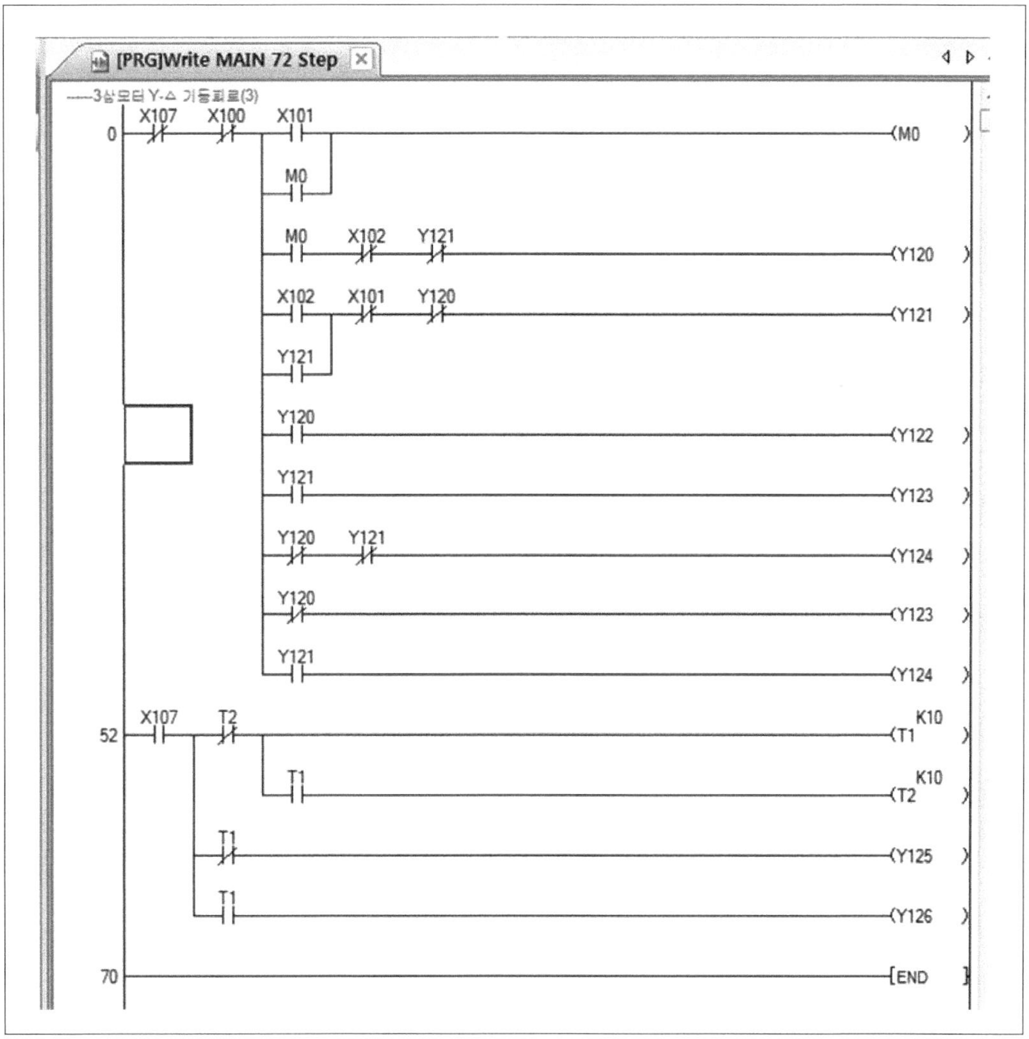

(20) 3상 모터 Y-△ 기동 회로4

① 동작 설명

P1을 on 하면 MC1에 의해 Motor는 정회전하고, 설정 시간 후 Y 기동하고 △ 운전 한다. P0을 on 하여 Motor를 정지시킨 다음, P2를 on 하여 역회전하고, 일정 시간 경과 후 Motor가 정지하면 P2을 on 하여 Motor를 역회전시킨 후, Y 기동하고 △ 운전 한다. P0를 on 하면 초기화된다.

② 3상 모터 Y-△ 기동 회로

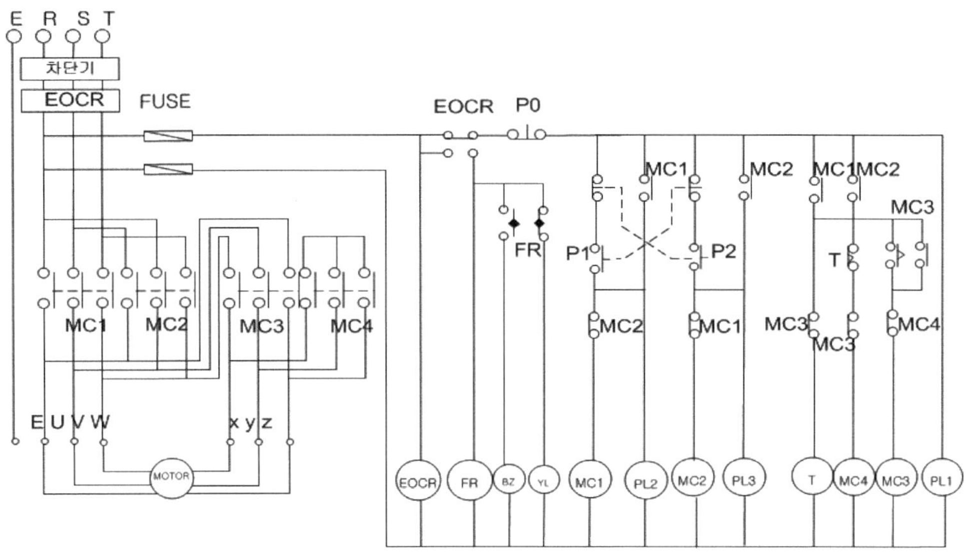

③ PLC 입출력 결선도

입출력 설정 I/O			
입력	디바이스	출력	디바이스
P0	X100	MC1	Y120
P1	X101	MC2	Y121
P2	X102	MC3	Y122
		MC4	Y123
		PL1	Y124
		PL2	Y125
		PL3	Y126
		YL	Y126
EOCR	X107	BZ	Y127

④ 기구 배치도

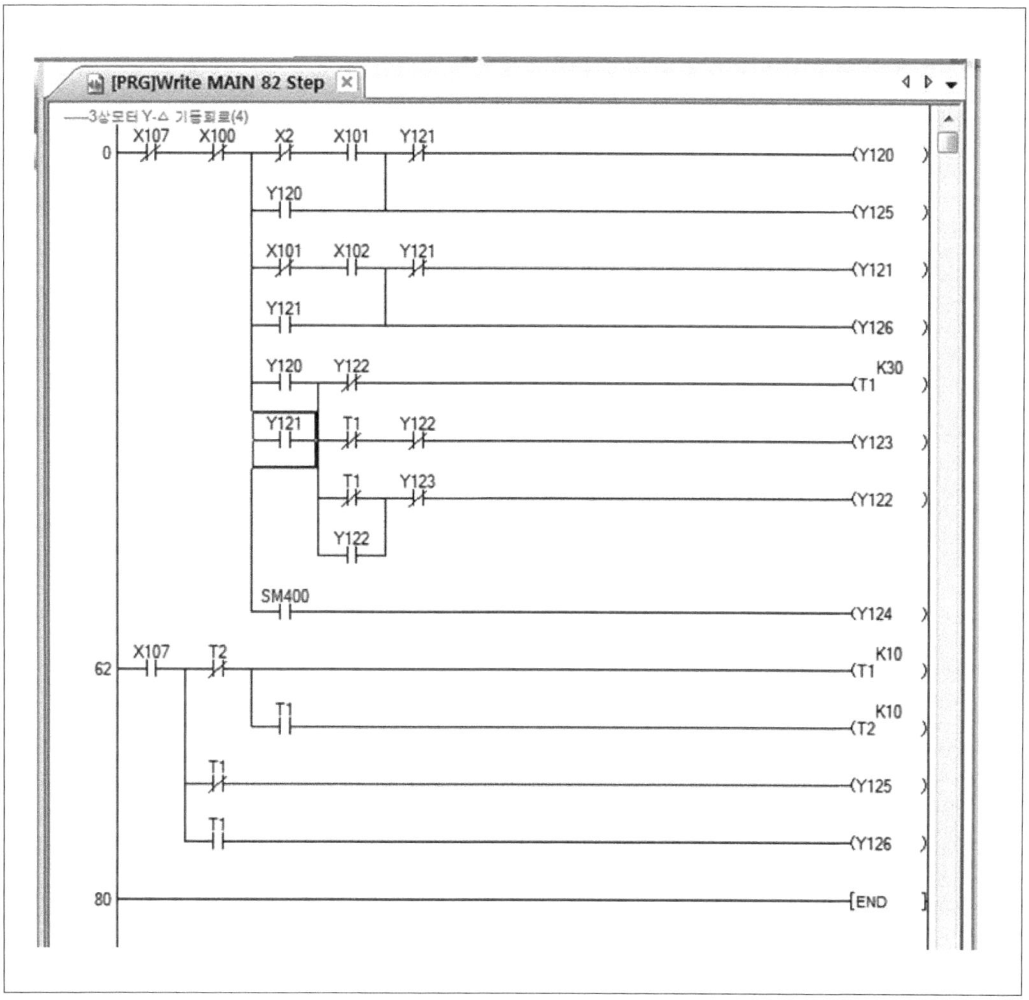

(21) 3상 모터 Y-△ 기동 회로5

① 동작 설명

P1을 on 하면 MC1에 의해 Motor는 Y 기동하고, 설정시간 후 Motor를 △ 운전한다. P0를 on 하면 초기화된다.

EOCR 과부하 테스트에 의해 프리커가 작동한다.

② 3상 모터 Y-△ 기동 회로

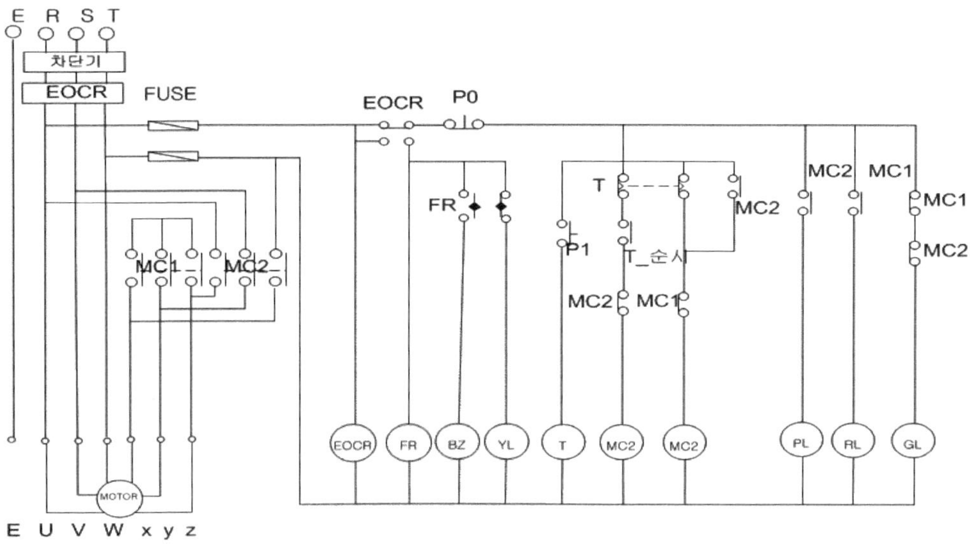

③ PLC 입출력 결선도

입출력 설정 I/O			
입력	디바이스	출력	디바이스
P0	X100	MC1	Y120
P1	X101	MC2	Y121
		PL	Y122
		RL	Y123
		GL	Y124
		YL	Y125
EOCR	X107	BZ	Y126

④ PLC 프로그램

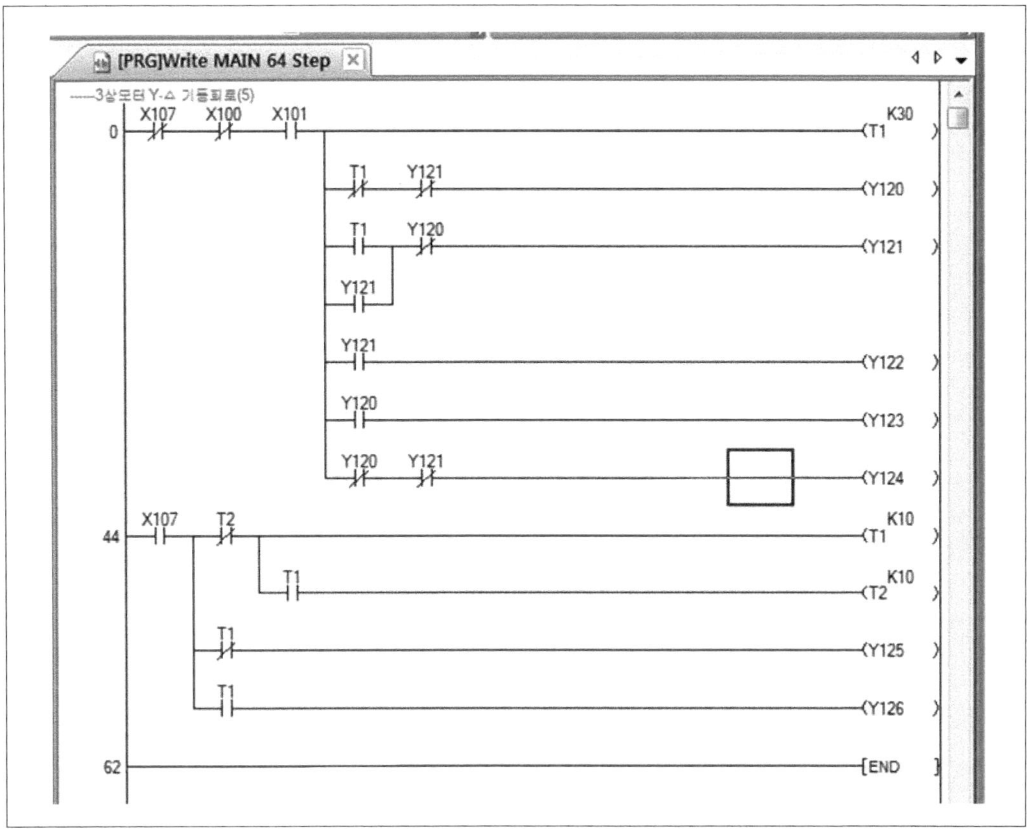

(22) 버튼 1개로 기동 정지1

① 동작 설명

P1을 on 하면 Motor는 운전하고, P1을 다시 한번 on 하면 Motor는 정지한다.

P0를 on 하면 초기화된다.

② 버튼 1개로 기동 정지 회로

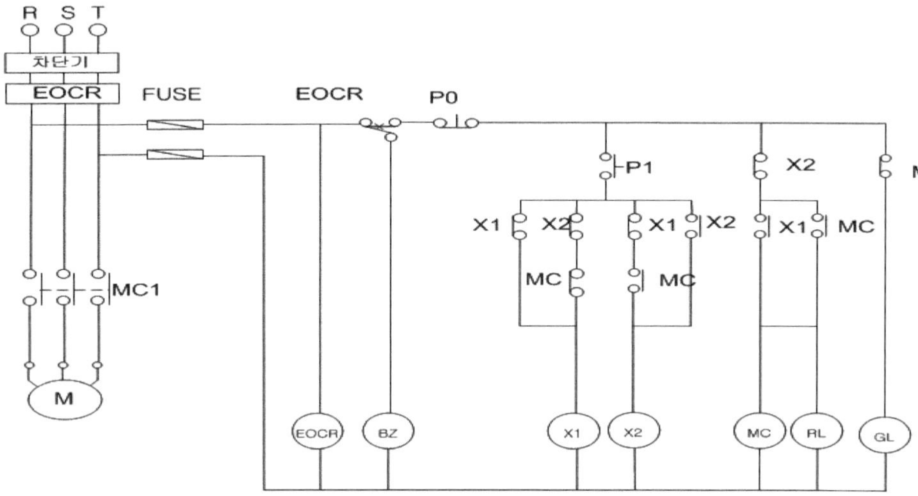

③ PLC 입출력 결선

입출력 설정 I/O			
입력	**디바이스**	**출력**	**디바이스**
P0	X100	MC	Y120
P1	X101	RL	Y121
		GL	Y122
		BZ	Y123
EOCR	X107		

④ PLC 프로그램

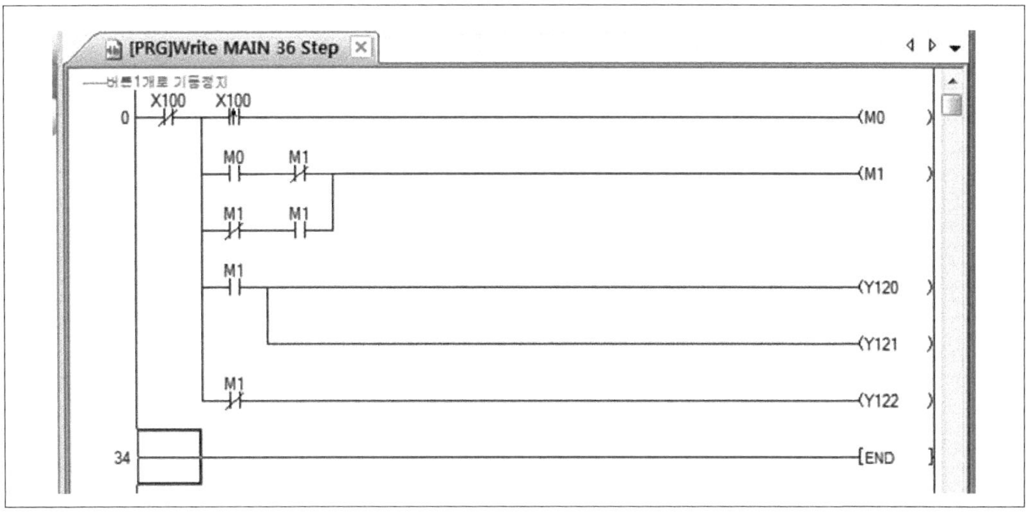

(23) 버튼 1개로 기동 정지 회로2

① 동작 설명

P1을 on 하면 Motor는 운전하고, P1을 다시 한 번 on 하면 Motor는 정지한다. P0를 on 하면 초기화된다.

② 버튼 1개로 기동 정지 회로

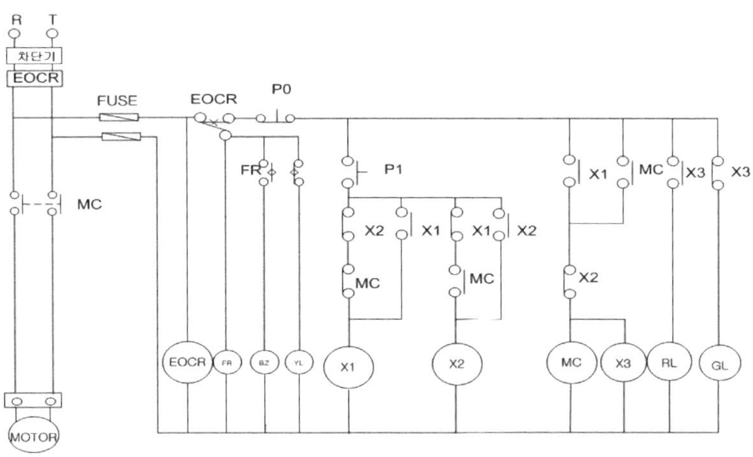

③ PLC 입출력 결선

입출력 설정 I/O			
입력	디바이스	출력	디바이스
P0	X100	MC	Y120
P1	X101	RL	Y121
		GL	Y122
		BZ	Y123
EOCR	X107		

④ PLC 프로그램

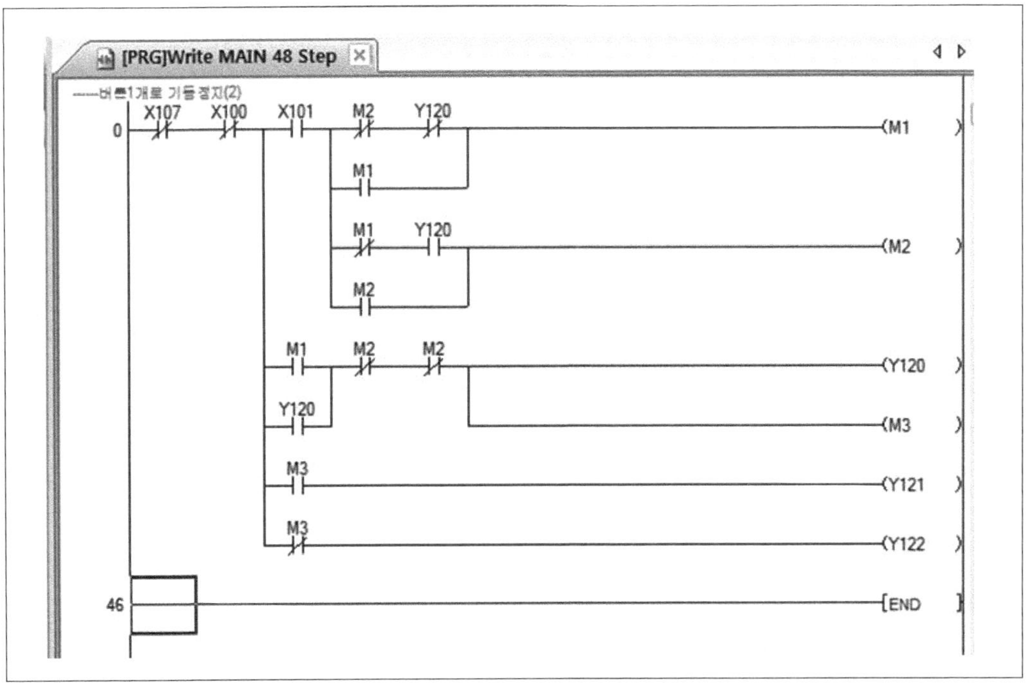

(24) 수 · 자동 회로

① 동작 설명

S/S를 M으로 하면 수동 운전하고, S/S를 S에 절환하면 자동 운전 모드가 된다.

P0를 on 하면 초기화된다.

② 수 · 자동 회로

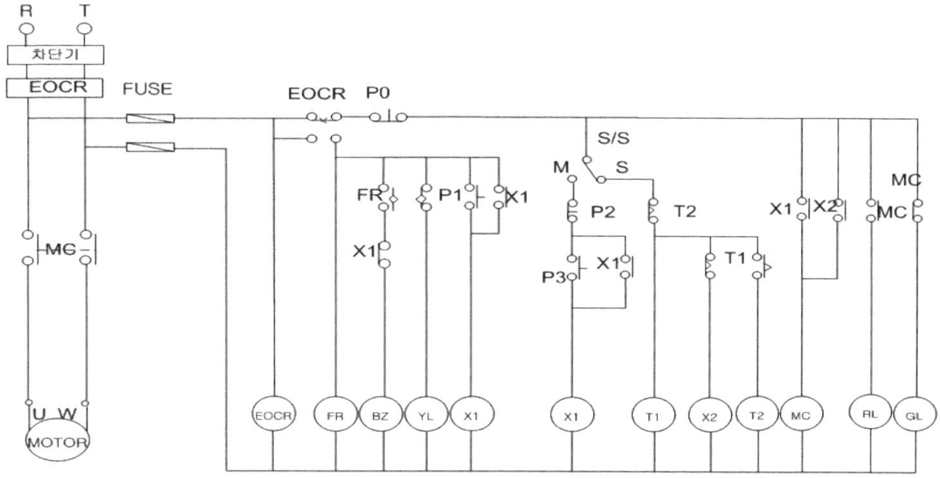

③ PLC 입출력 결선

입출력 설정 I/O			
입력	디바이스	출력	디바이스
P0	X100	MC	Y120
P1	X101	RL	Y121
P2	X102	GL	Y122
P3	X103	YL	Y123
S/S	X104	BZ	Y124
EOCR	X107		

④ PLC 프로그램

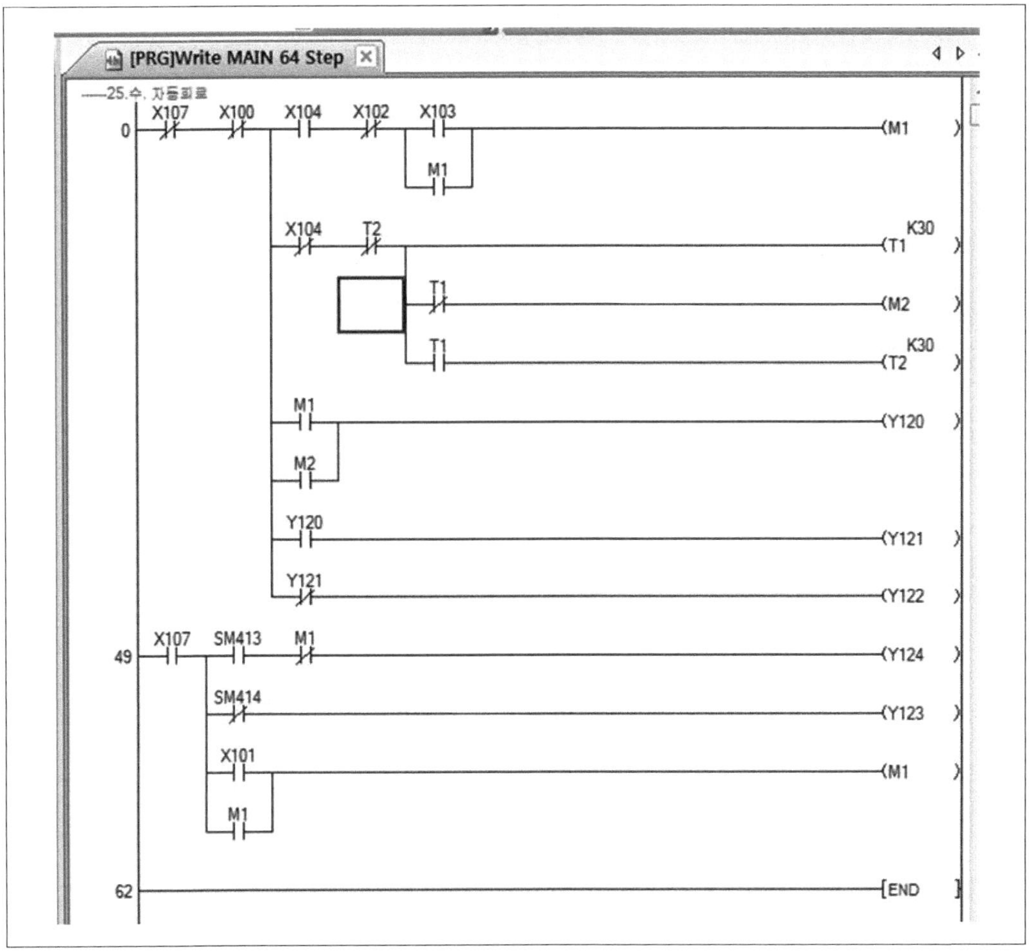

(25) 차고 문 자동 제어 회로

① 동작 설명

자동차가 차고에 진입하면 SENSOR에 의해 차고 문이 열리고, 주차가 완료되면 주차 문이 닫히는 시스템이다.

P0를 on 하면 초기화된다.

② 차고 문 자동 제어 회로

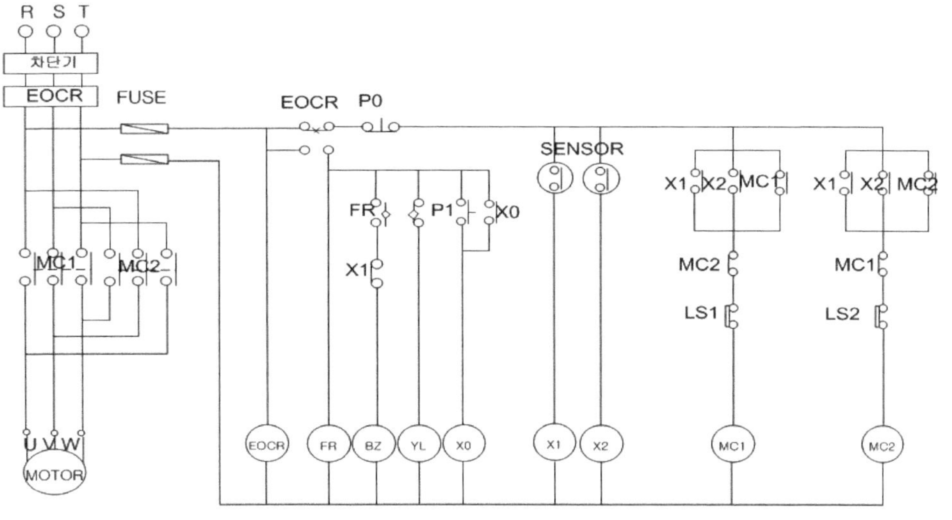

③ PLC 입출력 결선

입출력 설정 I/O			
입력	**디바이스**	**출력**	**디바이스**
P0	X100	MC1	Y120
P1	X101	MC2	Y121
SENSOR	X102	YL	Y122
LS1	X103	BZ	Y123
LS2	X104		
EOCR	X107		

④ PLC 프로그램

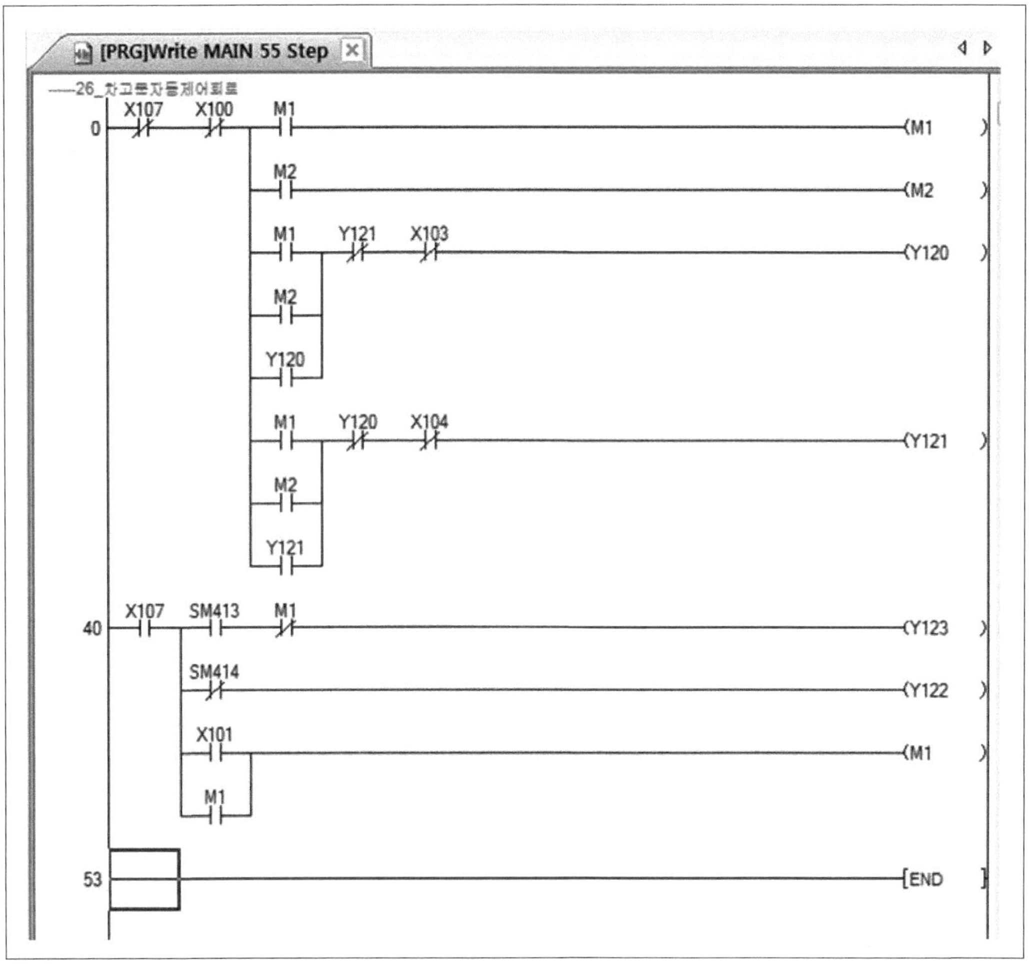

(26) 자동문 제어 회로

① 동작 설명

전원을 투입하면 L5 점등, 타이머가 여자되며, 설정 시간 후 MC1도 여자되어, 전동기가 기동하여 문이 닫히면 L1, L2가 점등된다. 센서에 물체가 감지되면 MC2가 여자되어 전동기가 기동되고 문이 열리며, L2, L4가 점등된다. EOCR에 의해 프리커가 작동한다. P0에 의해 초기화한다.

② 자동문 제어 회로

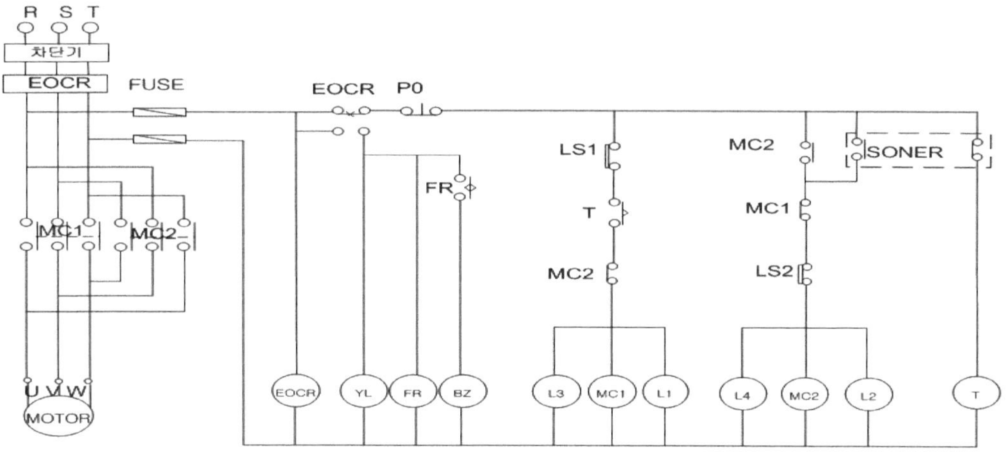

③ PLC 입출력 결선

입출력 설정 I/O			
입력	**디바이스**	**출력**	**디바이스**
P0	X100	MC1	Y120
LS1	X101	MC2	Y121
LS2	X102	L1	Y122
SENSOR	X103	L2	Y123
		L3	Y124
		L4	Y125
EOCR	X107	YL	Y126
		BZ	Y127

④ PLC 프로그램

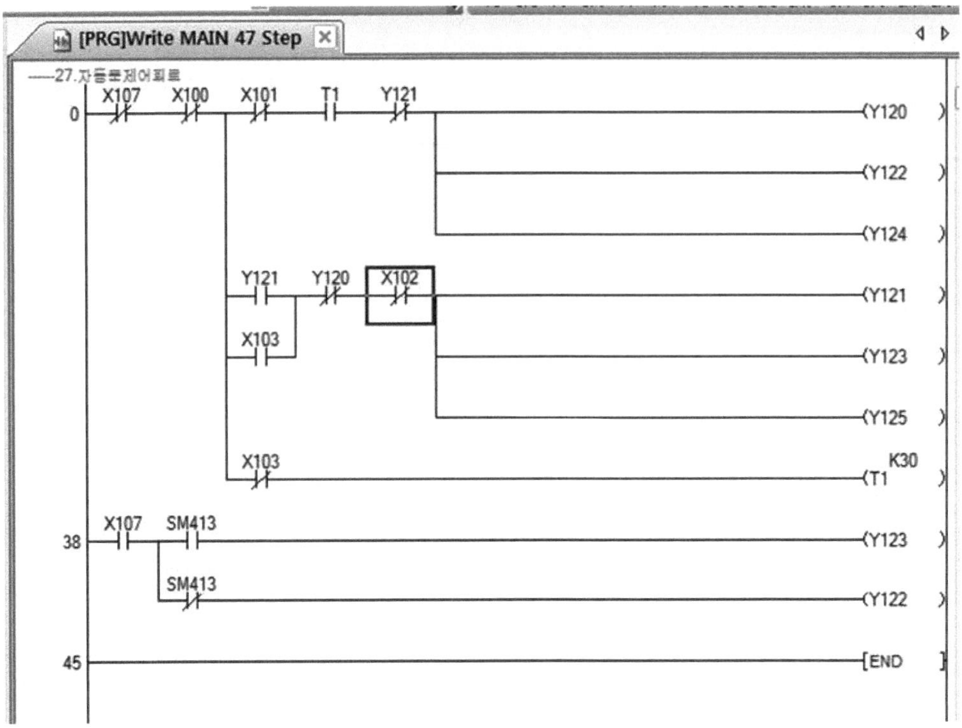

(27) 신호등 제어 회로

① 동작 설명

P1을 on 하면 타이머에 의해 L1, L2, L3가 순차 점멸한다. P0를 on 하면 초기화 한다.

② 신호등 제어 회로

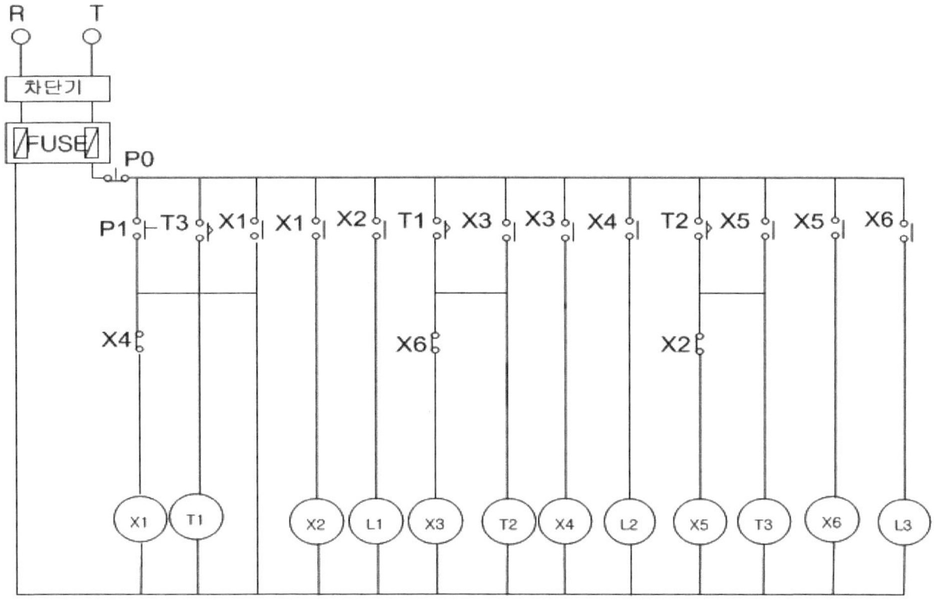

③ PLC 입출력 결선

입출력 설정 I/O			
입력	**디바이스**	**출력**	**디바이스**
P0	X100	L1	Y120
P1	X101	L2	Y121
		L3	Y122
		BZ	Y127

④ PLC 프로그램

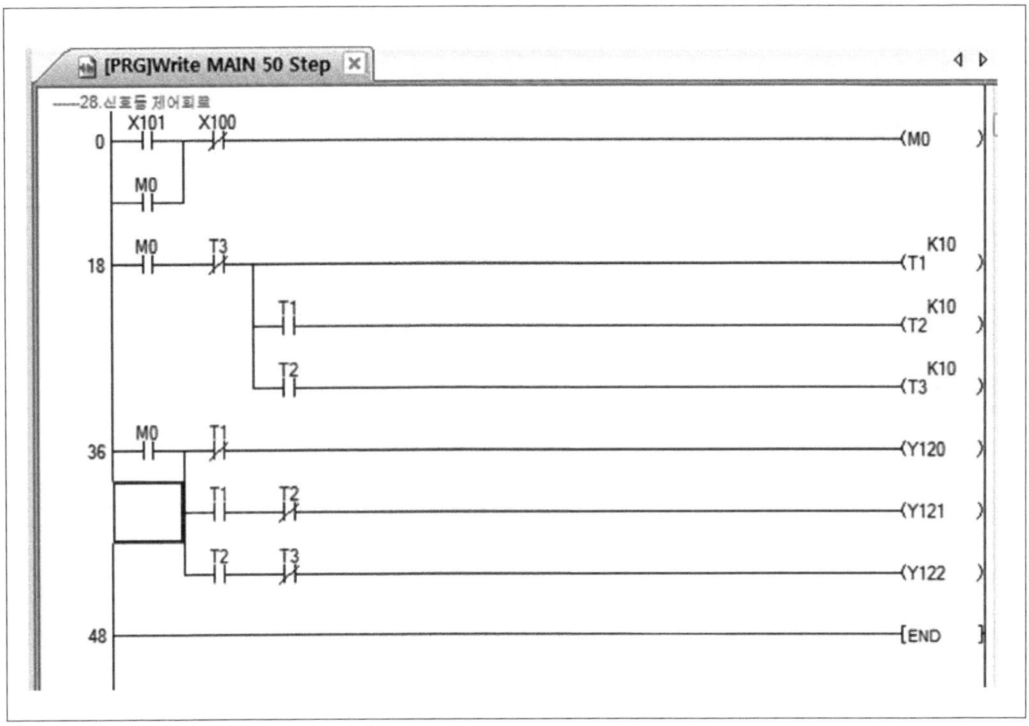

(28) 프로트레스 제어 회로

① 동작 설명

P3를 on 하면 MC가 여자되고, 급수(배수)가 시작되며. 만수위(저수위)가 되면 FRL에 의해 MOTOR는 정지한다. P0를 on 하면 초기화된다.

② AC모터 정·역 회로

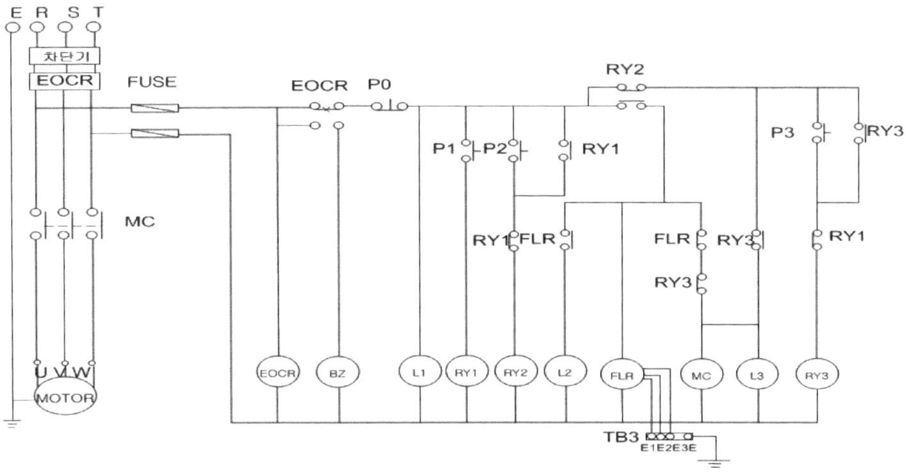

③ PLC 입출력 결선

입출력 설정 I/O			
입력	**디바이스**	**출력**	**디바이스**
P0	X100	MC	Y120
P1	X101	L1	Y121
P2	X102	L2	Y122
P3	X103	L3	Y123
FLR	X104		
EOCR	X107	BZ	Y127

④ PLC 프로그램

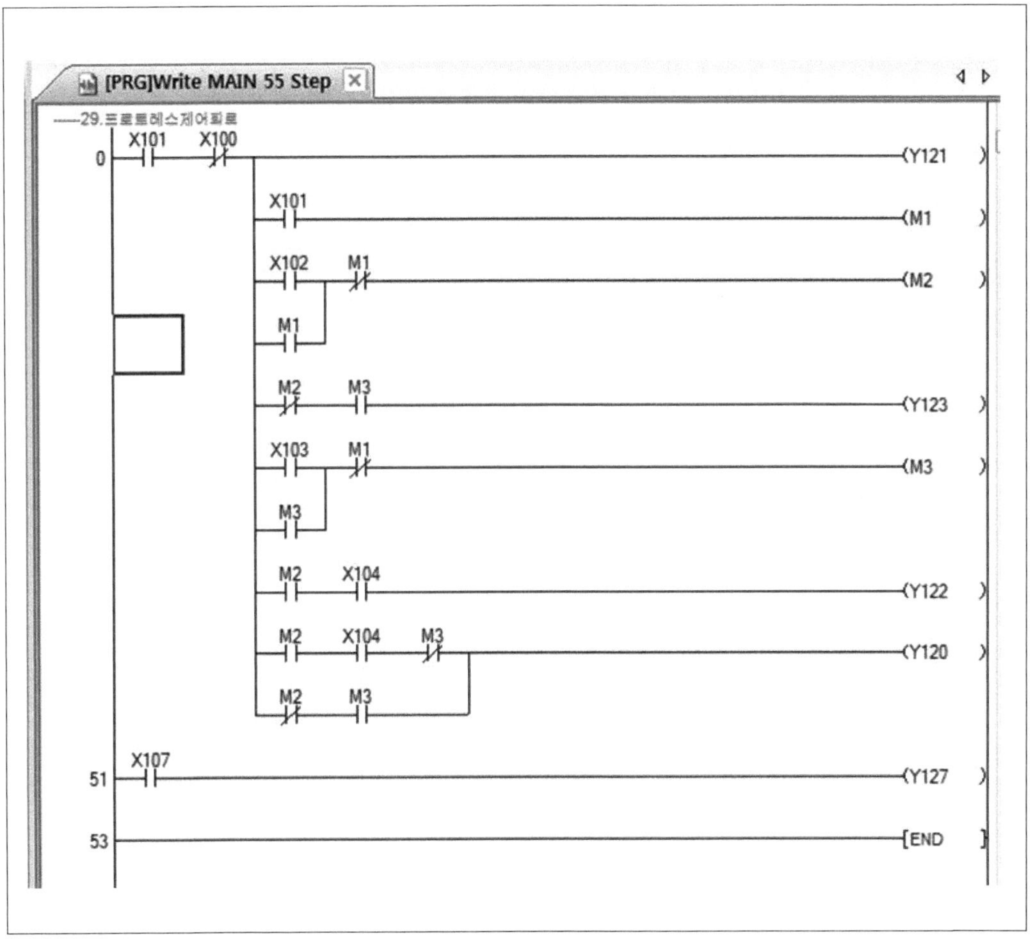

(29) 순차 제어 회로

① 동작 설명

P1을 on 하면, LS1이 on 할 때 MC1에 의해 Motor1을 운전하고, 설정 시간 후 MC2에 의해 Motor2을 운전한다. P0에 의해 초기화한다.

② AC모터 정·역 회로

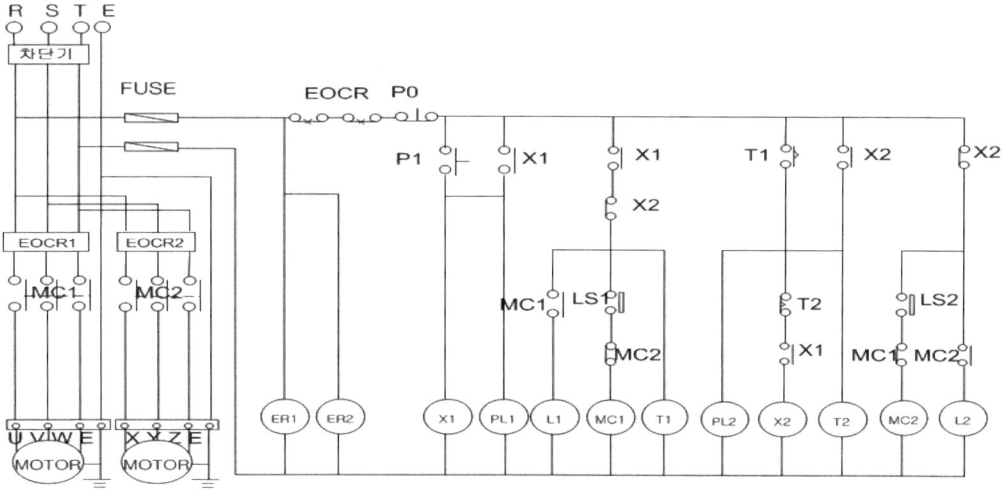

③ PLC 입출력 결선

입출력 설정 I/O			
입력	**디바이스**	**출력**	**디바이스**
P0	X100	MC1	Y120
P1	X101	MC2	Y121
LS1	X102	L1	Y122
LS2	X103	L2	Y123
		PL1	Y124
		PL2	Y125
EOCR1	X106		
EOCR2	X107		

④ PLC 프로그램

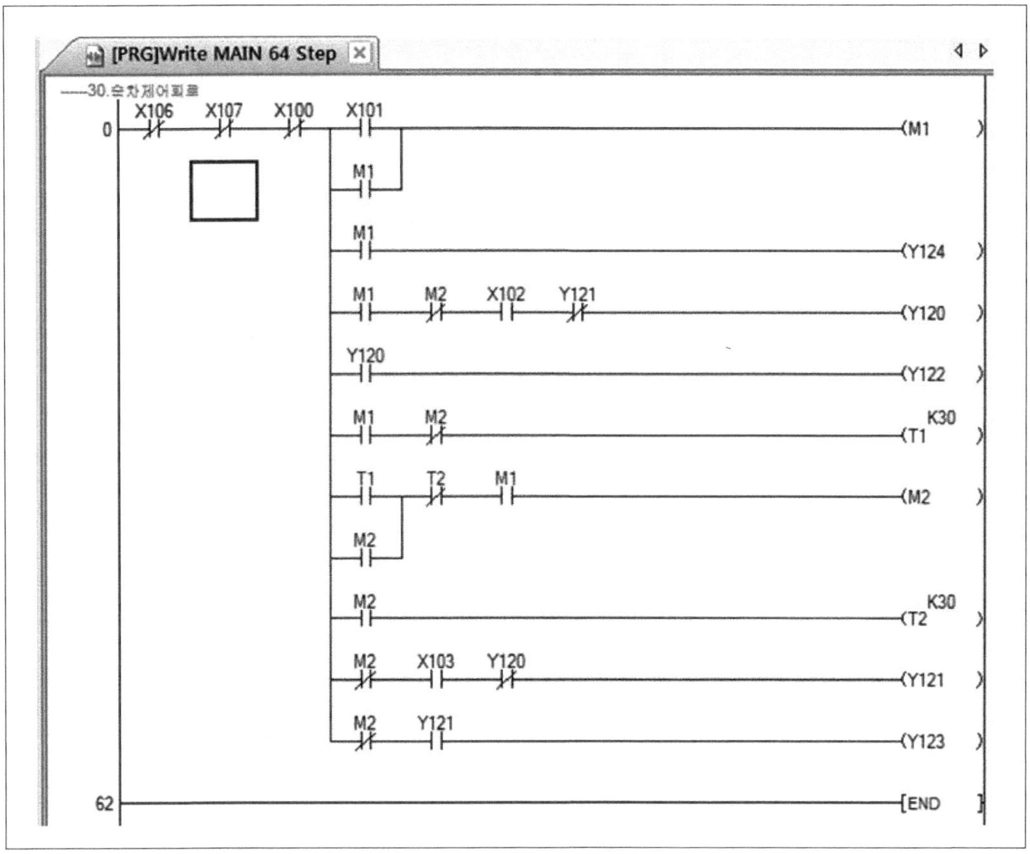

(30) 온도 제어 회로

① 동작 설명

S/S을 on 하면 MC1에 의해 모터가 회전한다. 보일러의 온도가 설정치가 되면 X3가 작동하여 MC2에 의해 순환 모터가 작동한다. 설정치가 되면 다시 순환 모터는 정지한다.

② 온도 제어 회로

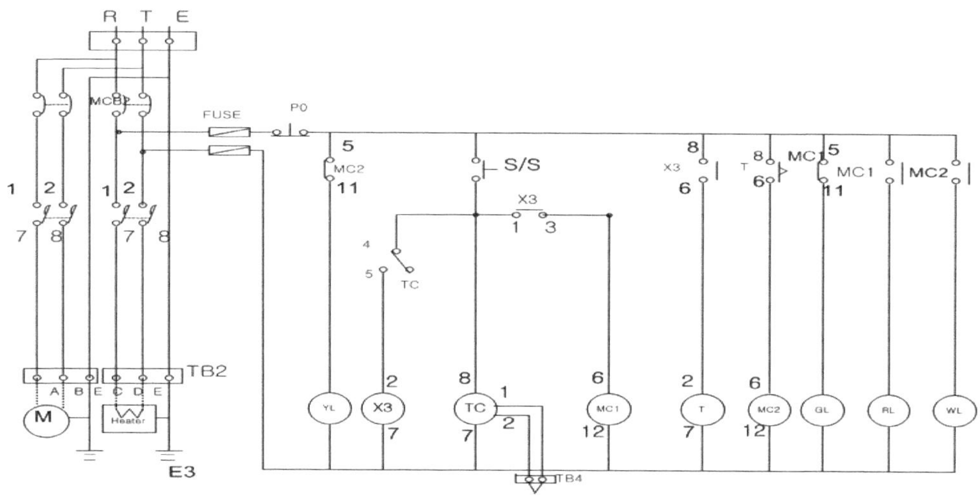

③ PLC 입출력 결선도

입출력 설정 I/O			
입력	**디바이스**	**출력**	**디바이스**
P0	X100	MC1	Y120
S/S	X101	MC2	Y121
TC	X102	GL	Y122
	X103	RL	Y123
		WL	Y124
		YL	Y125

④ PLC 프로그램

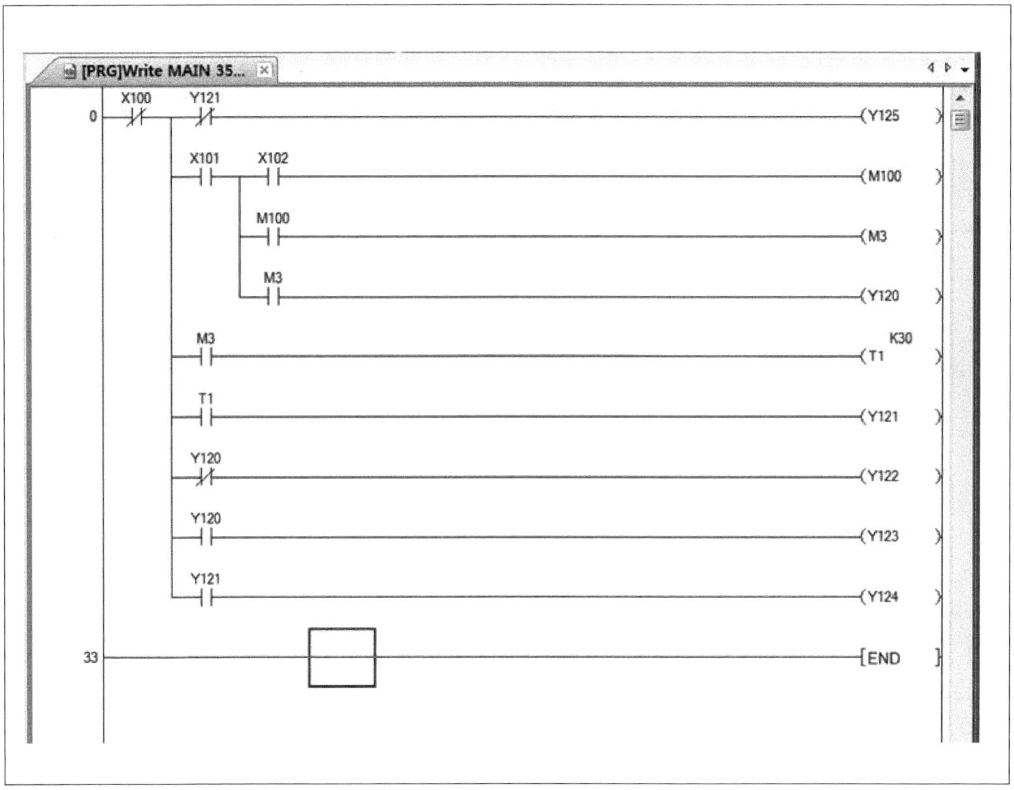

(31) 전기자동차 제작 회로 코딩1

① 동작 설명

P1을 on 하면 MC0가 여자된다. MC0가 여자 상태에서 P3를 on 하면 Y 기동하고, P0를 눌러 정지 상태에서 P1, P2를 on 하면 △ 운전을 한다. P0를 누르면 초기화된다.

② 승강기 제어 회로

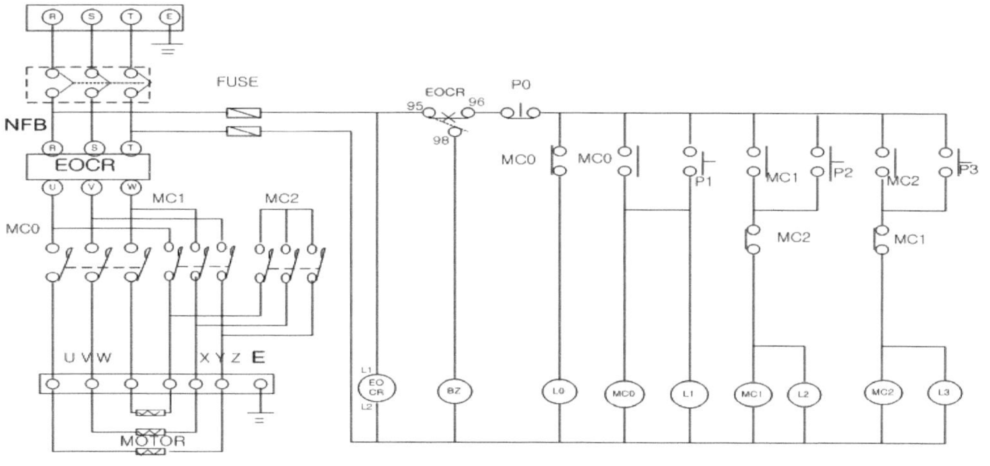

③ PLC 입출력 결선

입출력 설정 I/O			
입력	**디바이스**	**출력**	**디바이스**
P0	X100	MC1	Y120
P1	X101	MC2	Y121
P2	X102	L0	Y122
P3	X103	L1	Y123
		L2	Y124
		L3	Y125
EOCR	X107	BZ	Y126

④ PLC 프로그램

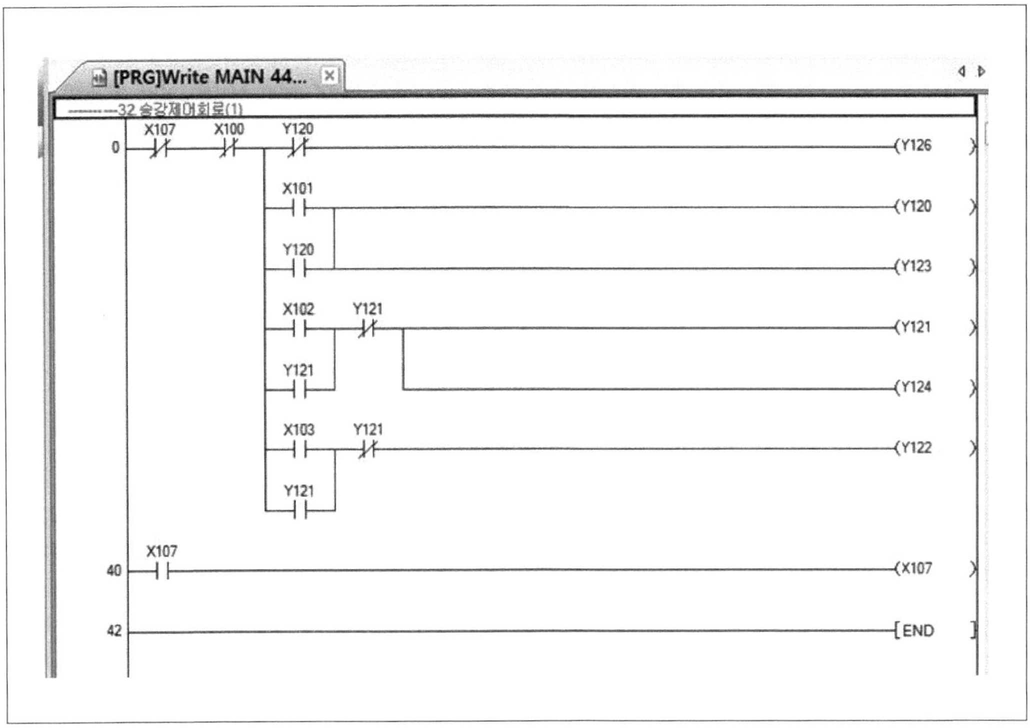

(32) 전기자동차 제작 회로 코딩2

① 동작 설명

P1을 on 하면 RY1에 의해 Motor는 정회전 Y 기동하고, P0을 on 하여 Motor를 정지시킨 다음, 일정 시간 경과 후 Motor 정지 상태에서 P2를 on 하여 Moter를 역회전, △ 운전한다. P0를 on 하면 초기화된다.

② 승강기 제어 회로

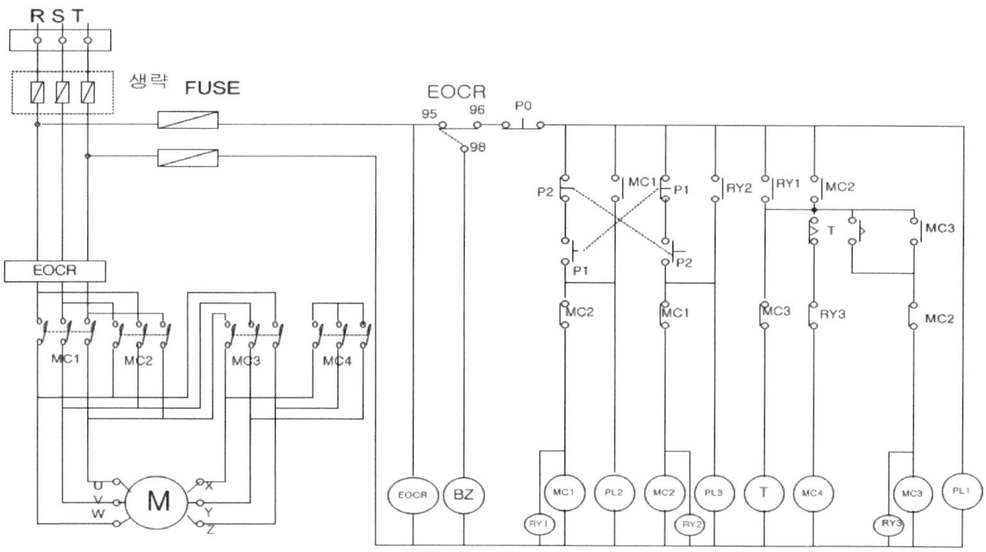

③ PLC 프로그램

입출력 설정 I/O			
입력	**디바이스**	**출력**	**디바이스**
P0	X100	MC1	Y120
P1	X101	MC2	Y121
P2	X102	MC3	Y122
		MC4	Y123
		PL1	Y124
		PL2	Y125
		PL3	Y126
EOCR	X107	BZ	Y127

④ PLC 프로그램

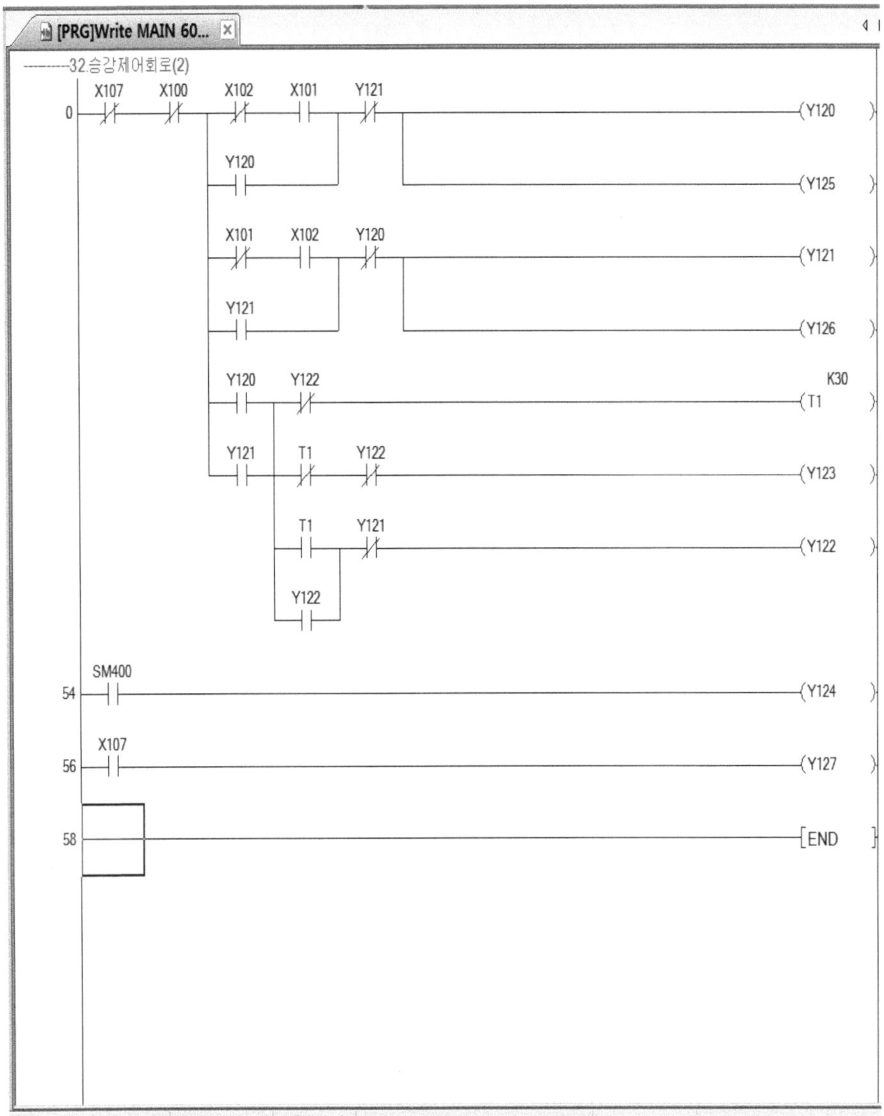

(33) 전기자동차 제작 회로 코딩3

① 동작 설명

NO 버튼을 on 하면 MC에 의해 기동하고, 설정 시간 후 타이머에 의해 Motor는 정지한다. 모터가 기동과 정지를 반복한다. P0를 on 하면 초기화된다.

② 승강기 제어 회로

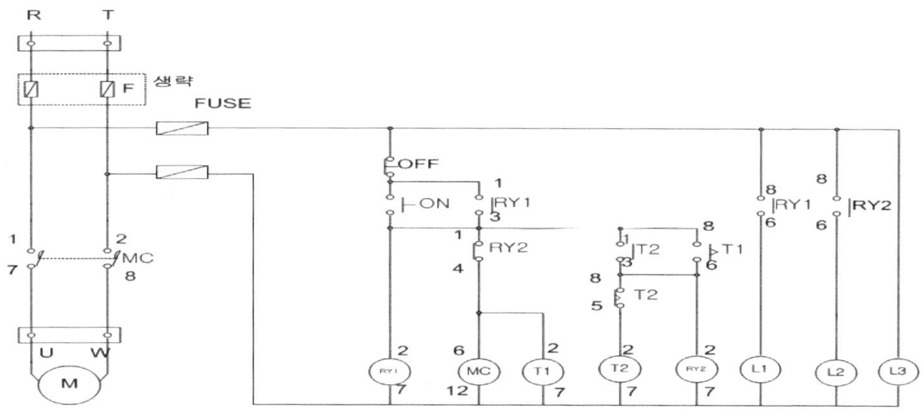

③ PLC 입출력 결선

입출력 설정 I/O			
입력	**디바이스**	**출력**	**디바이스**
OFF	X100	MC1	Y120
ON	X101	L1	Y121
		L2	Y122
		L3	Y123

④ PLC 프로그램

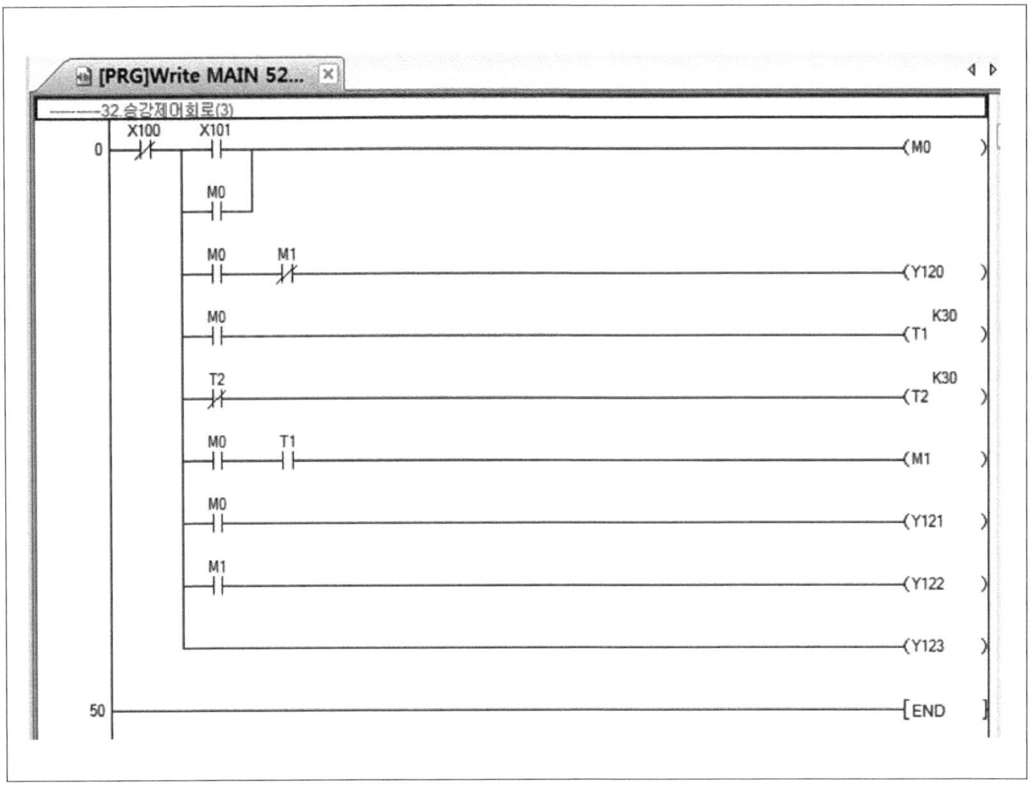

(34) 전기자동차 제작 회로 코딩4

① 동작 설명

P1을 on 하면 MC1에 의해 Motor는 Y 기동하고, P0을 on 하여 Motor를 정지시킨 다음, 일정 시간 경과 후 Motor 정지 상태에서 P2를 on 하여 Moter를 △ 운전한다. P0를 on 하면 초기화된다.

② 승강기 제어 회로

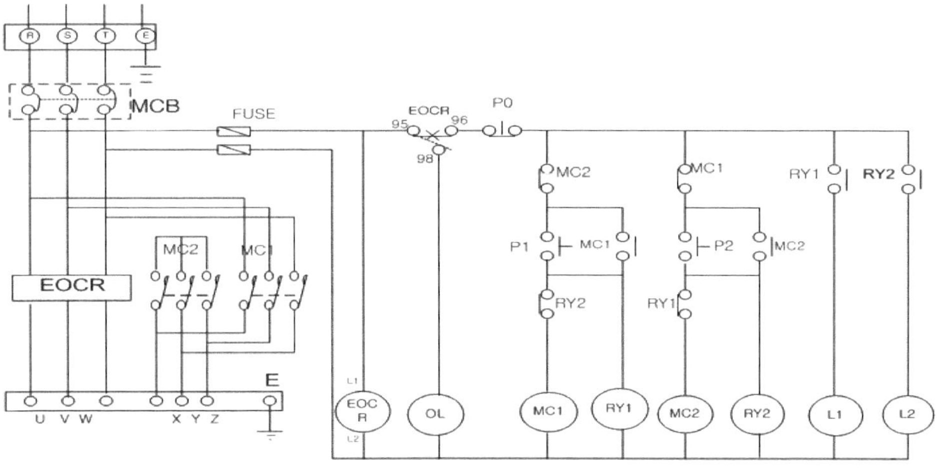

③ PLC 입출력 결선

입출력 설정 I/O			
입력	디바이스	출력	디바이스
P0	X100	MC1	Y120
P1	X101	MC2	Y121
P2	X102	L1	Y122
		L2	Y123
EOCR	X107	OL	Y124

④ PLC 프로그램

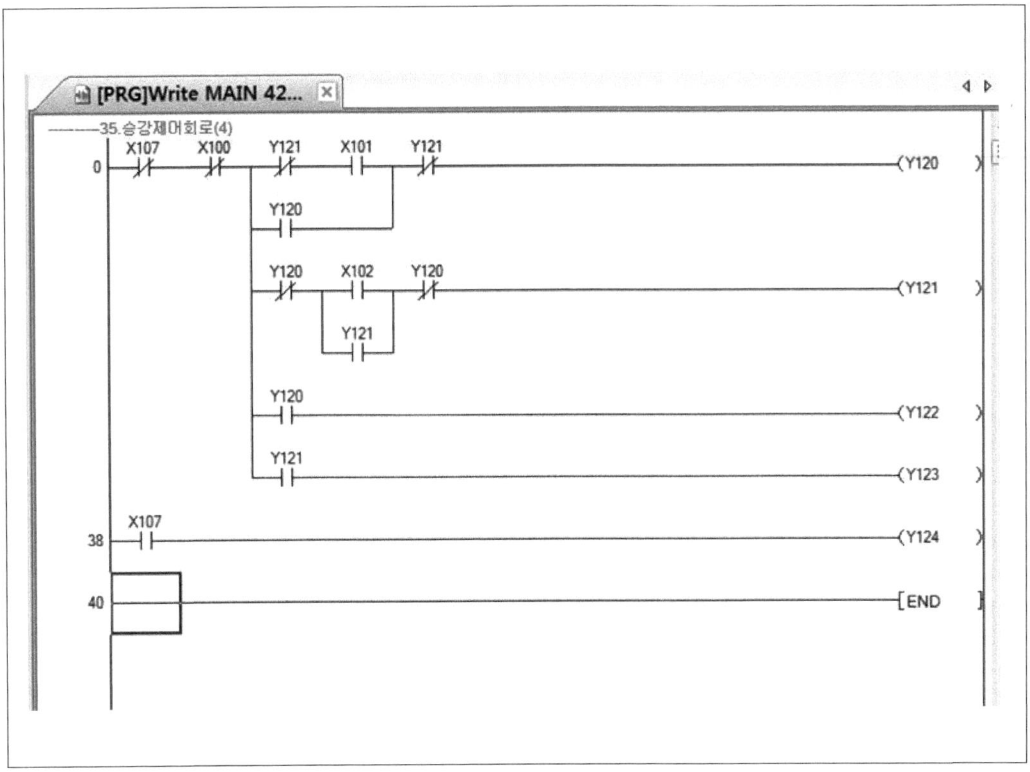

(35) 전기자동차 제작 회로 코딩5

① 동작 설명

PB1을 on 하면 RY1에 의해 Motor는 정회전하고, P0을 on 하여 Motor를 정지시킨 다음, 일정 시간 경과 후 Motor 정지 상태에서 PB2를 on 하여 Moter를 역회전시킨다.

② 승강기 제어 회로

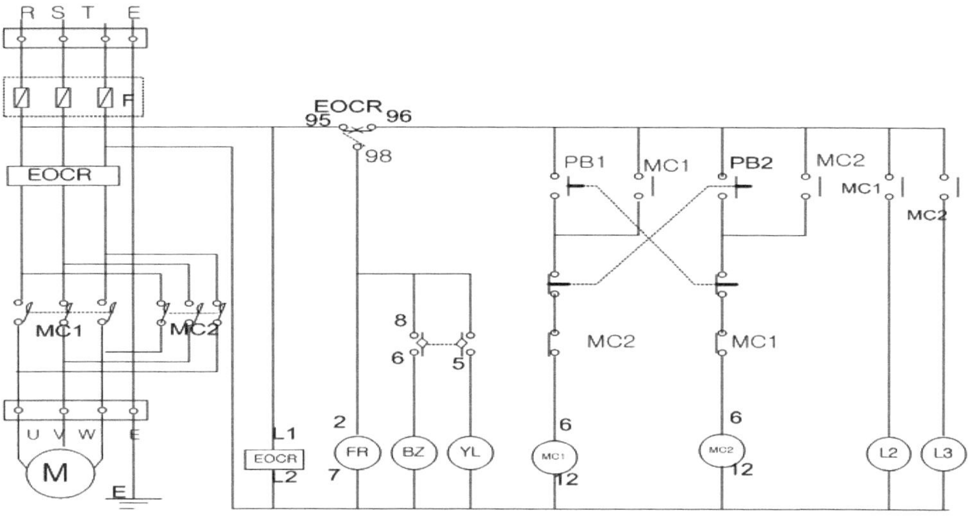

③ PLC 입출력 결선

입출력 설정 I/O			
입력	디바이스	출력	디바이스
PB0	X100	MC1	Y120
PB1	X101	MC2	Y121
PB2	X102	L2	Y122
		L3	Y123
		YL	Y125
EOCR	X107	BZ	Y126

④ PLC 프로그램

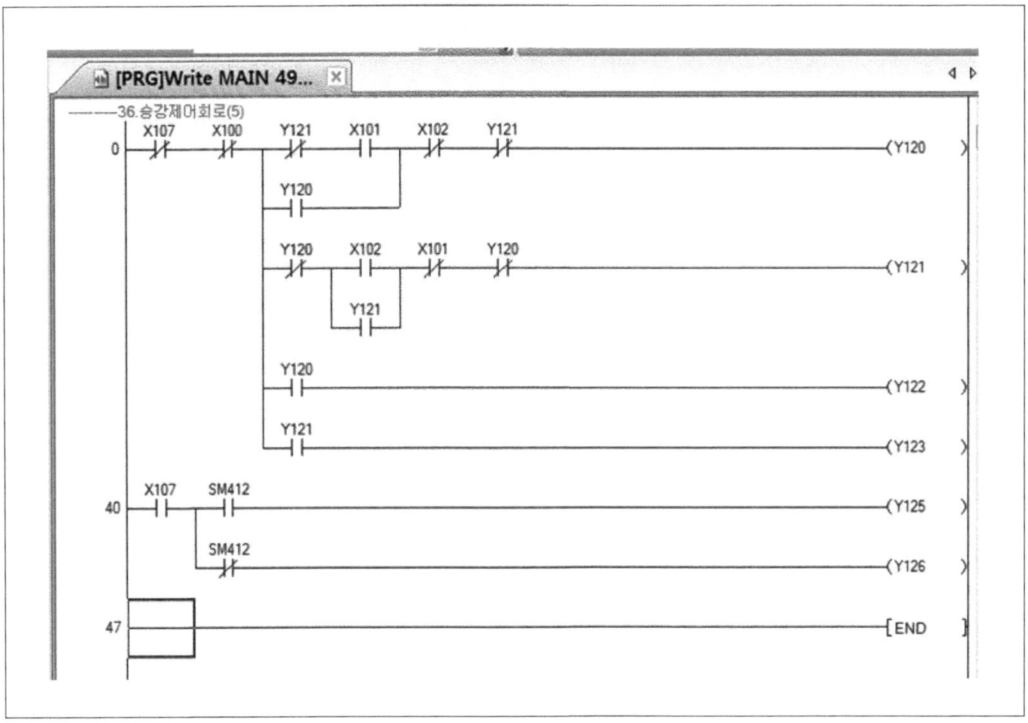

(36) 전기자동차 제작 회로 코딩6

① 동작 설명

P1을 on 하면 RY1에 의해 Motor는 정회전 하고, P0을 on 하여 Motor를 정지시킨 다음, 일정 시간 경과 후 Motor 정지 상태에서 P2를 on 하여 Moter를 역회전시킨다.

P0를 on 하면 초기화된다.

② 승강기 제어 회로

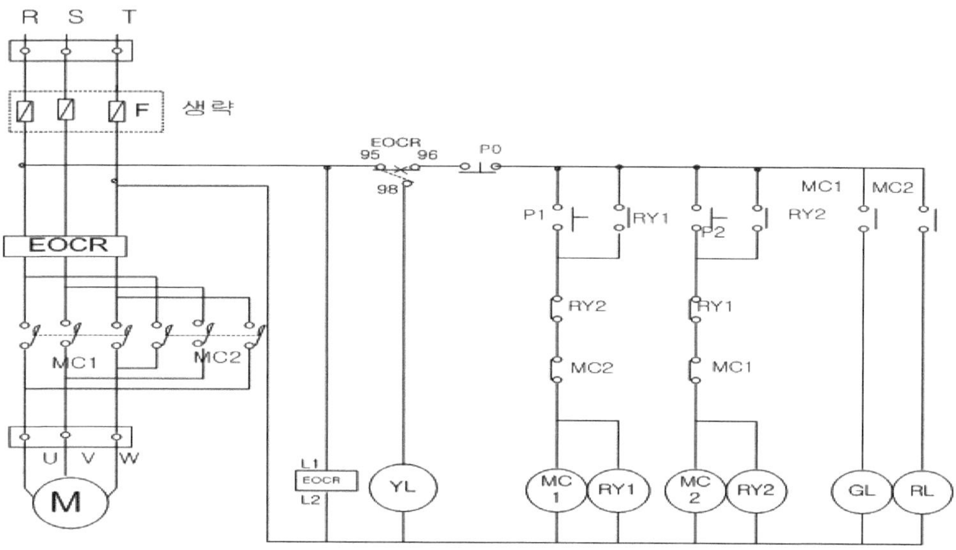

③ PLC 입출력 결선

입출력 설정 I/O			
입력	**디바이스**	**출력**	**디바이스**
P0	X100	MC1	Y120
P1	X101	MC2	Y121
P2	X102	GL	Y122
		RL	Y123
		YL	Y124
EOCR	X107		

④ PLC 프로그램

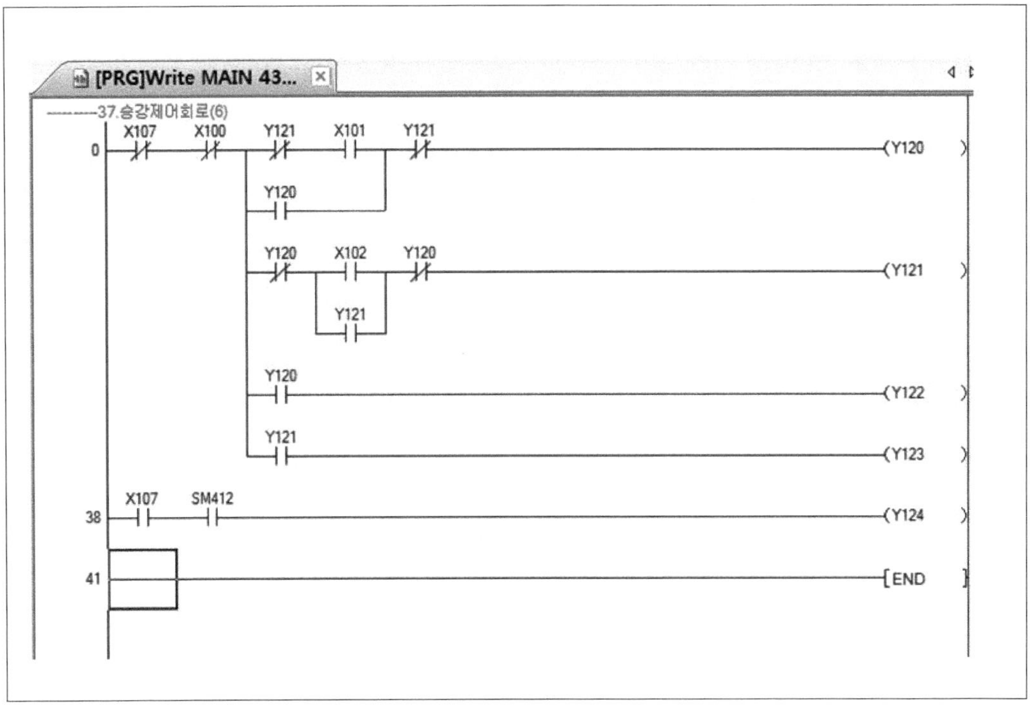

(37) 전기자동차 제작 회로 코딩7

① 동작 설명

PB1을 on 하면 MC1에 의해 Motor1는 회전하고, 일정 시간 경과 후 Motor2가 회전한다. EOCR1, EOCR2에 의해 과부하 테스트를 할 수 있다.

② 승강기 제어 회로

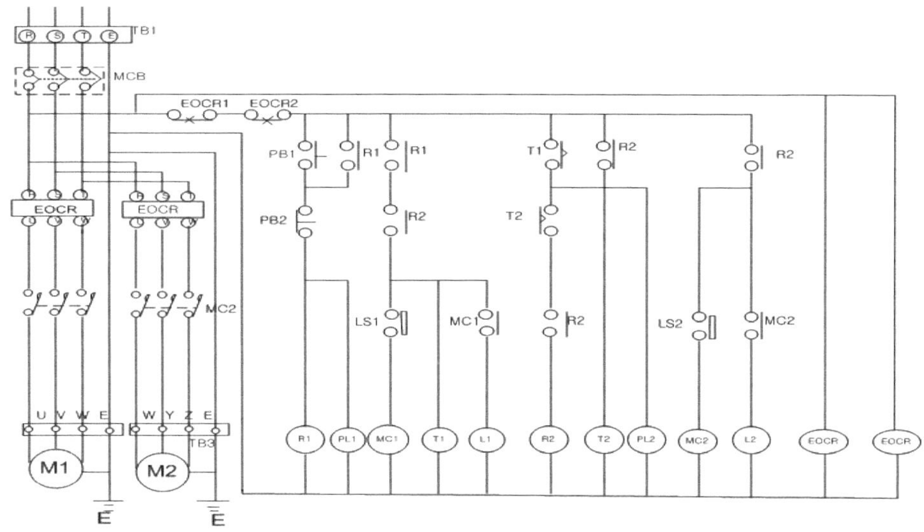

③ PLC 입출력 결선

입출력 설정 I/O			
입력	디바이스	출력	디바이스
P1	X100	MC1	Y120
P2	X101	MC2	Y121
LS1	X102	L1	Y122
LS2	X103	L2	Y123
EOCR1	X107	PL1	Y124
EOCR2	X108	PL2	Y125

④ PLC 프로그램

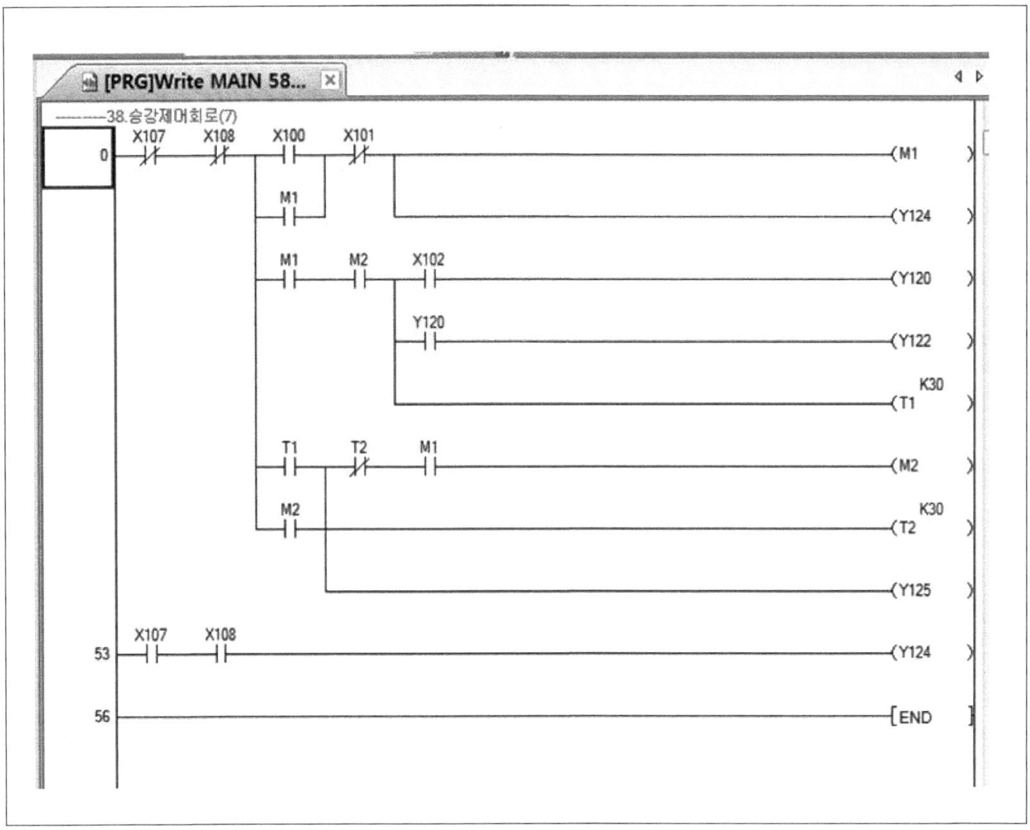

(38) 전기자동차 제작 회로 코딩8

① 동작 설명

PB1을 on 하면 Motor는 회전하고, PB1을 한 번 더 누르면 Motor가 정지된다.

② 승강기 제어 회로

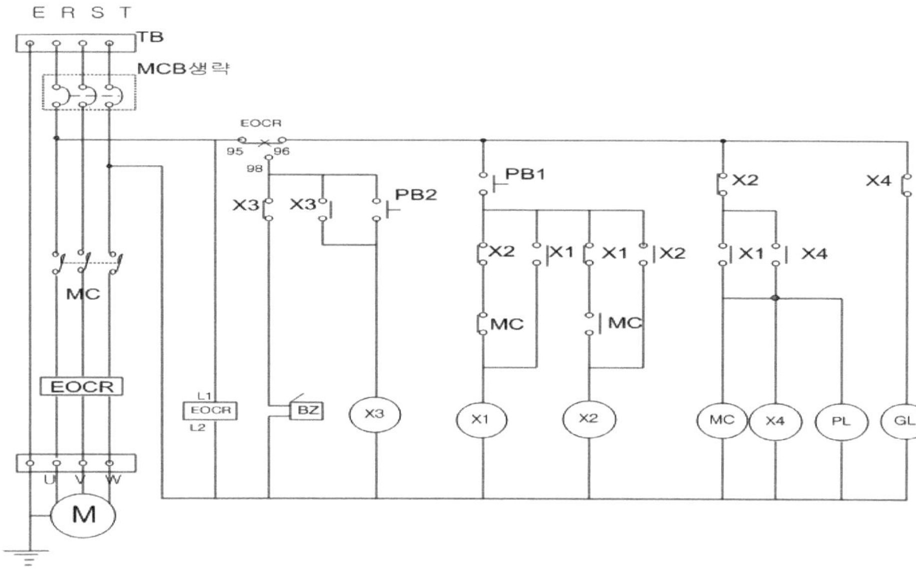

③ PLC 입출력 결선

입출력 설정 I/O			
입력	디바이스	출력	디바이스
PB1	X101	MC	Y120
PB2	X102	PL1	Y121
		PL2	Y122
		BZ	Y123
		GL	Y124
EOCR1	X107		

④ PLC 프로그램

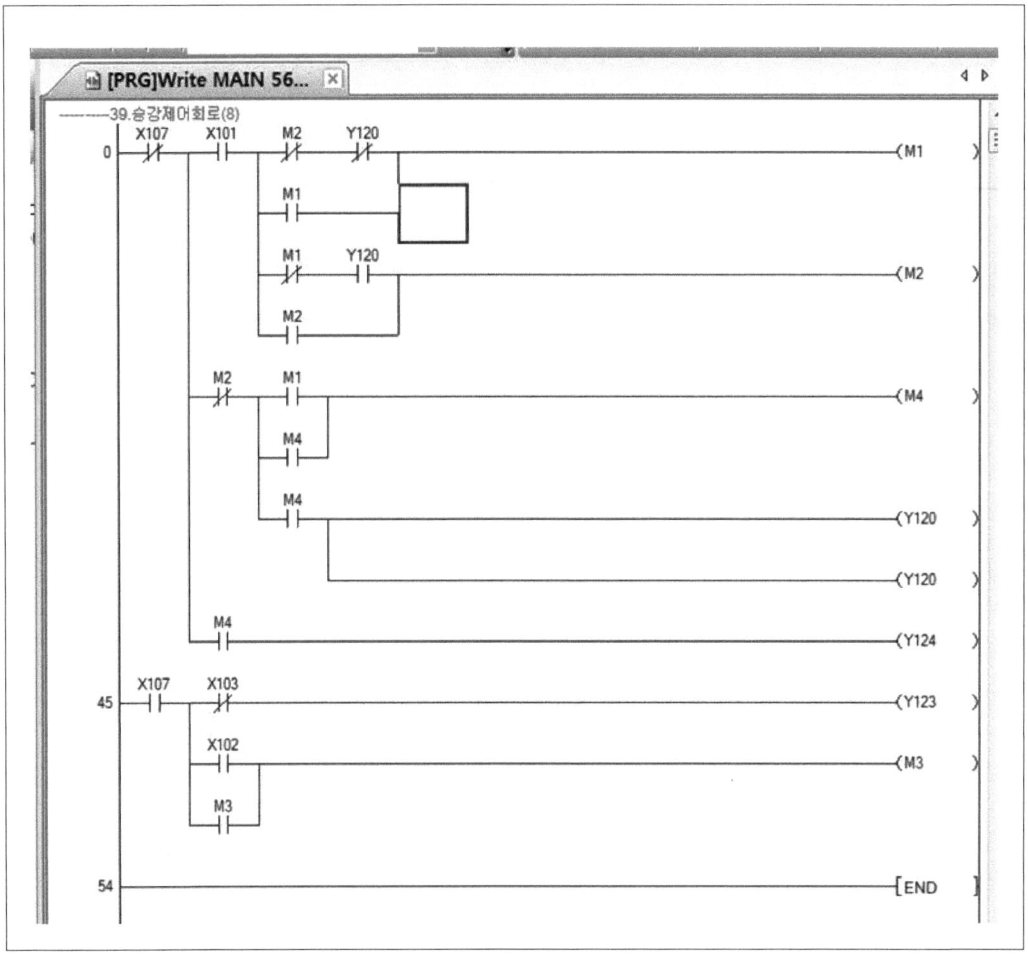

(39) 전기자동차 제작 회로 코딩9

① 동작 설명

on 버튼을 누르면 Motor는 설정 시간 동안 기동하며, 설정 시간 후 Motor는 정지된다. P0를 on 하면 초기화된다.

② 승강기 제어 회로

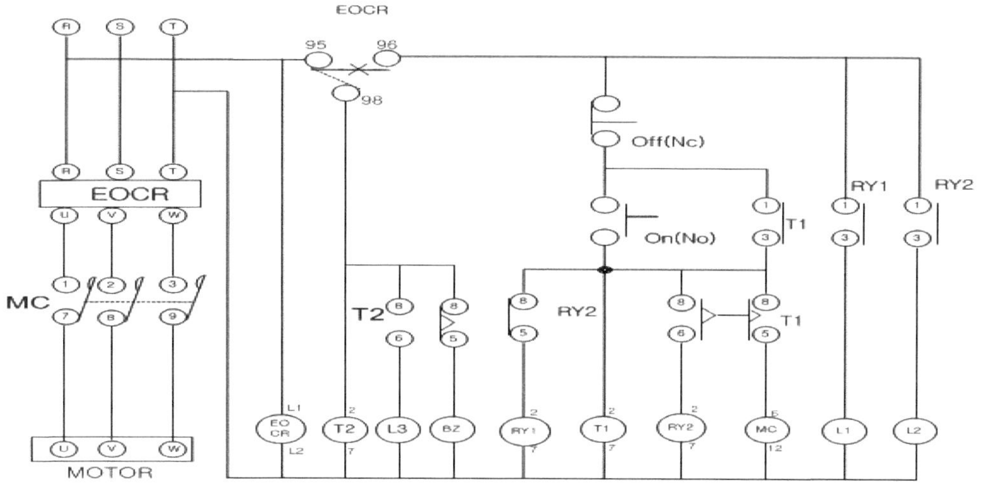

③ PLC 입출력 결선

입출력 설정 I/O			
입력	디바이스	출력	디바이스
OFF	X100	MC	Y120
ON	X101	L1	Y121
		L2	Y122
		L3	Y123
EOCR1	X107	BZ	Y124

④ PLC 프로그램

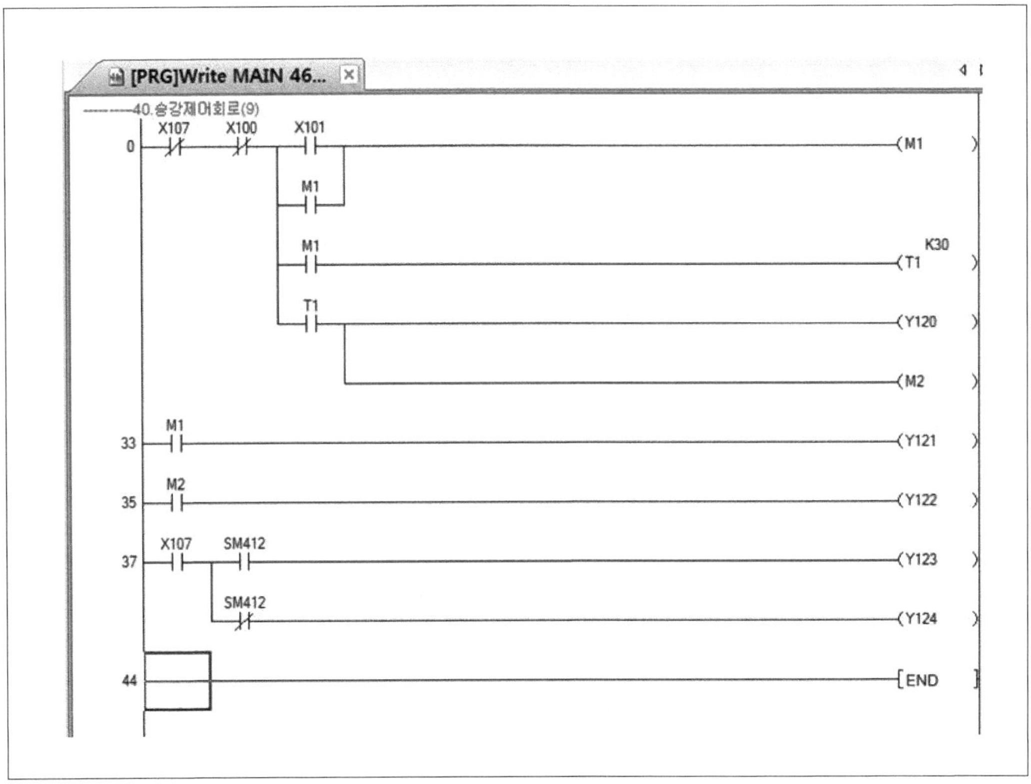

(40) 전기자동차 제작 회로 코딩10

① 동작 설명

P1을 on 하면 MC1에 의해 Motor는 정회전하고, 설정 시간 후 Motor가 정지한다. P0를 on 하면 초기화된다.

② 승강기 제어 회로

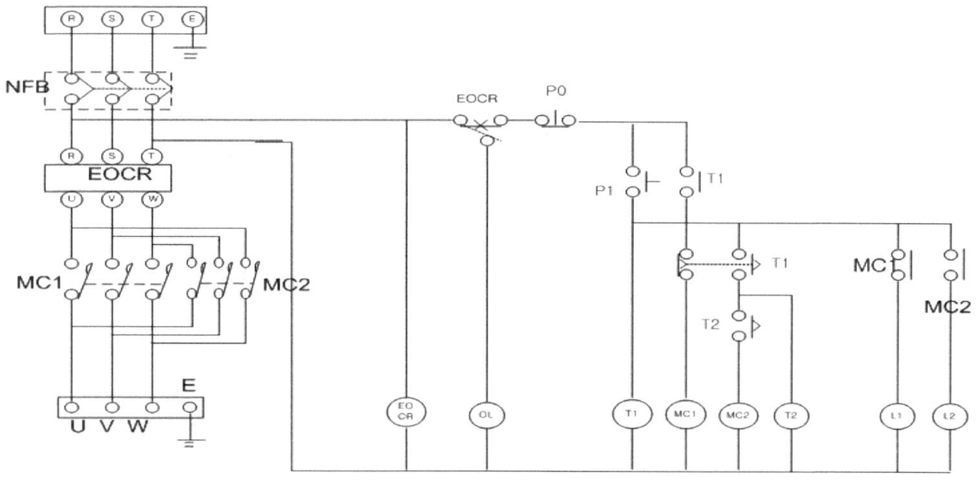

③ PLC 입출력 결선

입출력 설정 I/O			
입력	디바이스	출력	디바이스
PB0	X100	MC1	Y120
PB1	X101	MC2	Y121
		L1	Y122
		L2	Y123
EOCR	X107	OL	Y124

④ PLC 프로그램

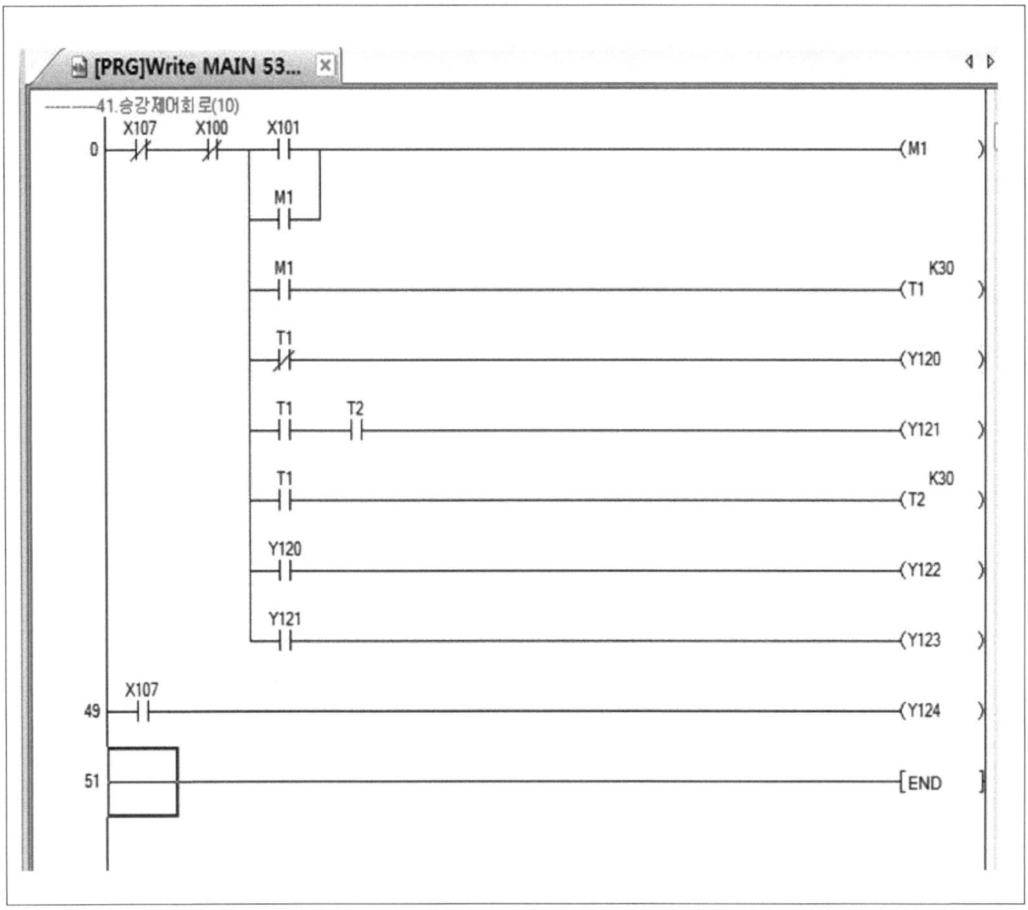

(41) 전기자동차 제작 회로 코딩11

① 동작 설명

기동 버튼을 on 하면 MC1에 의해 Motor는 Y 기동하고, 설정 시간 후 Motor는 △ 운전한다. 정지 버튼를 on 하면 초기화된다.

② 승강기 제어 회로

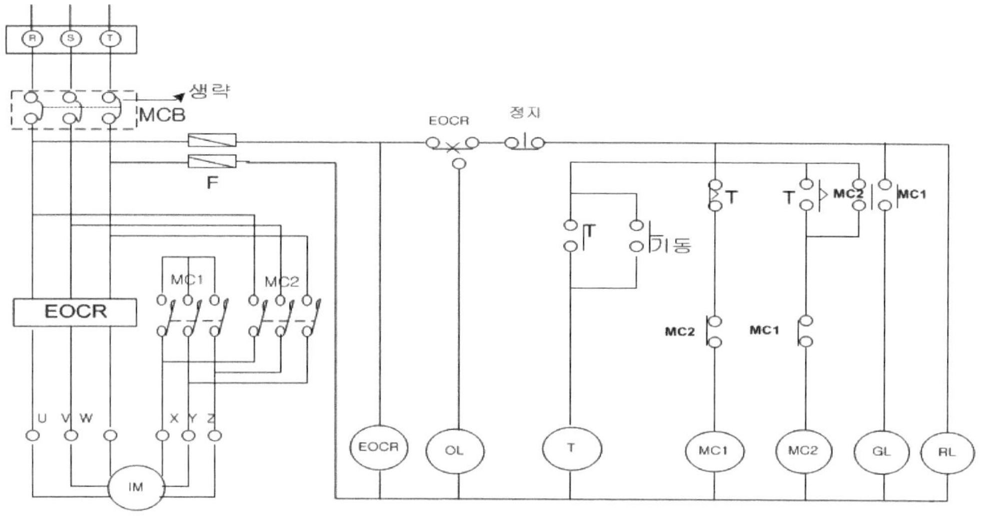

③ PLC 입출력 결선

입출력 설정 I/O			
입력	**디바이스**	**출력**	**디바이스**
PB0	X100	MC1	Y120
PB1	X101	MC2	Y121
		GL	Y122
		RL	Y123
EOCR	X107	OL	Y124

④ PLC 프로그램

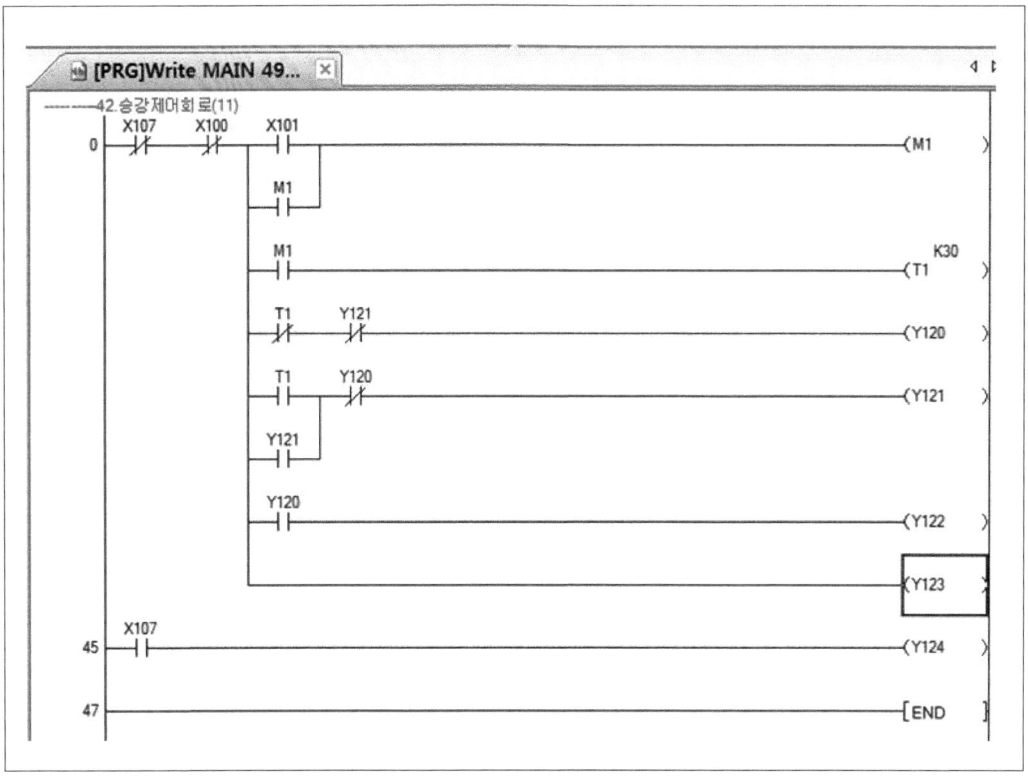

(42) 전기자동차 제작 회로 코딩12

① 동작 설명

PB1을 on 하면 MC1에 의해 Motor1이 회전하고, T초 후에 MC1은 정지하며 MC2가 여자되어 Motor2는 회전한다. T초 후 위 동작을 반복한다. PB0를 on 하면 초기화된다.

② 승강기 제어 회로

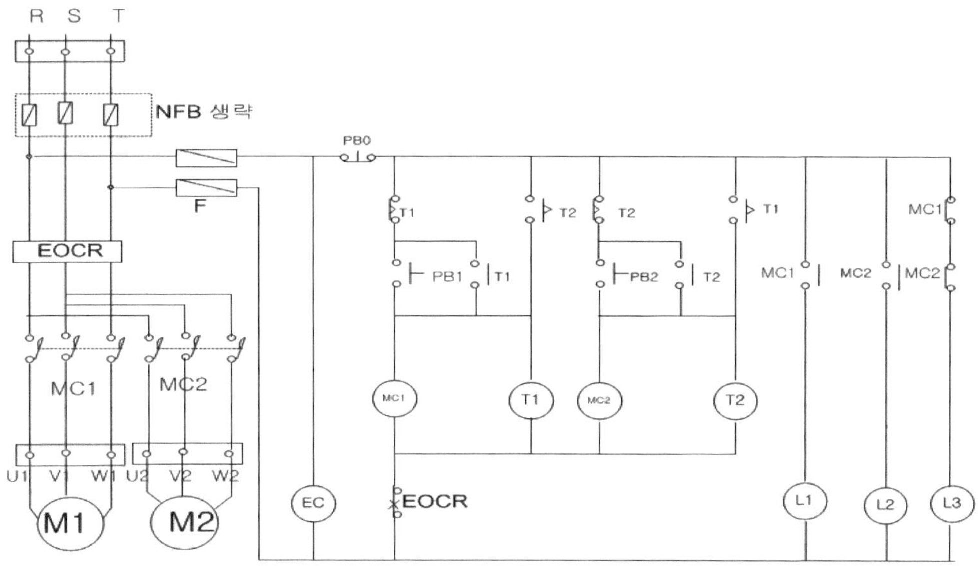

③ PLC 입출력 결선

입출력 설정 I/O			
입력	**디바이스**	**출력**	**디바이스**
PB0	X100	MC1	Y120
PB1	X101	MC2	Y121
PB2	X102	L1	Y122
		L2	Y123
		L3	Y124
EOCR	X107		

④ PLC 프로그램

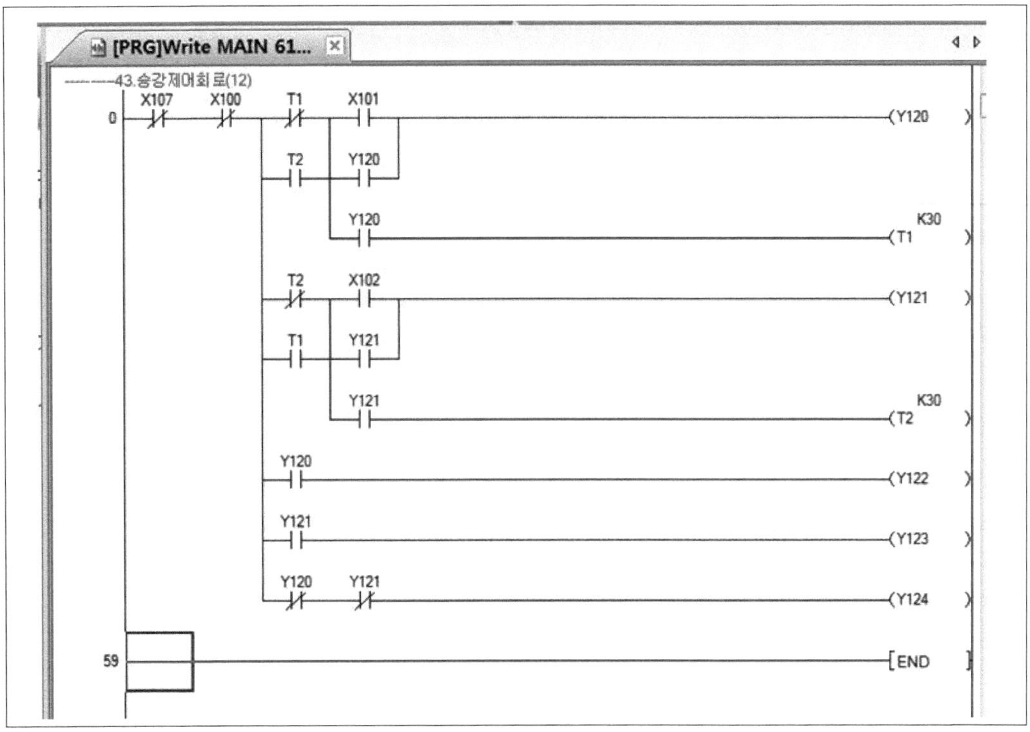

(43) 전기자동차 제작 회로 코딩13

① 동작 설명

PB2을 on 하면 MC1에 의해 Motor는 정회전하고, 일정 시간 경과 후 타이머에 의해 Motor가 회전한다. P0를 on 하면 초기화된다.

② 승강기 제어 회로

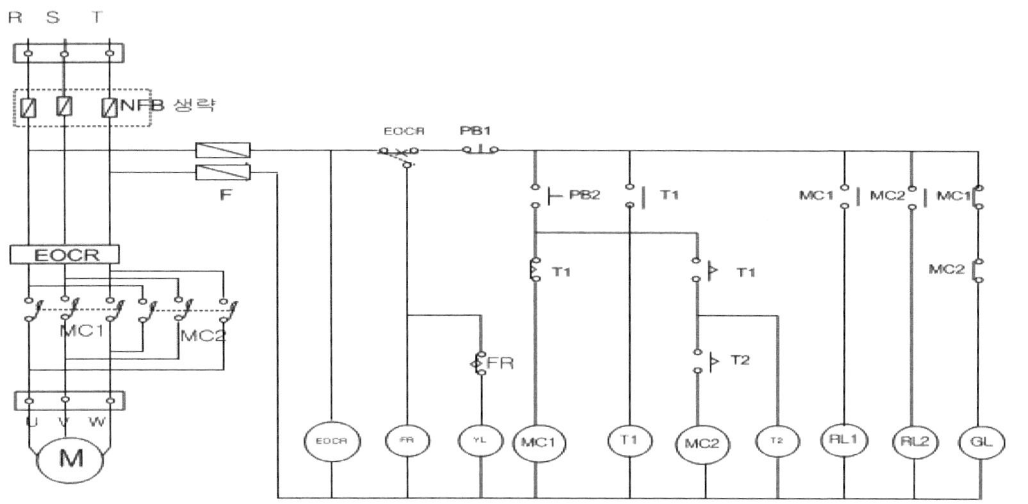

③ PLC 입출력 결선

입출력 설정 I/O			
입력	**디바이스**	**출력**	**디바이스**
PB1	X100	MC1	Y120
PB2	X101	MC2	Y121
		RL1	Y122
		RL2	Y123
		GL	Y124
EOCR	X107	YL	Y125

④ PLC 프로그램

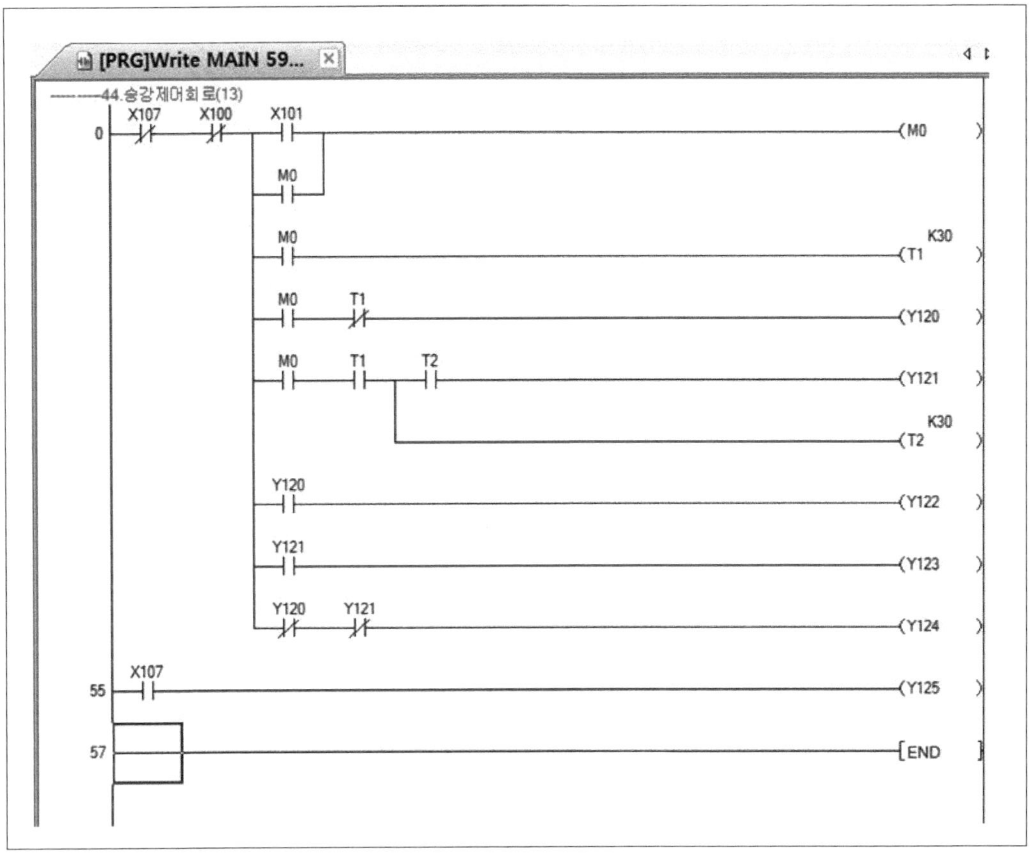

(44) 전기자동차 제작 회로 코딩14

① 동작 설명

PB1을 on 하면 MC1에 의해 Motor는 정회전하고, PB0을 on 하여 Motor를 정지시킨 다음, PB2를 on 하여 Motor를 역회전시킨다. P0를 on 하면 초기화된다.

② 승강기 회로도

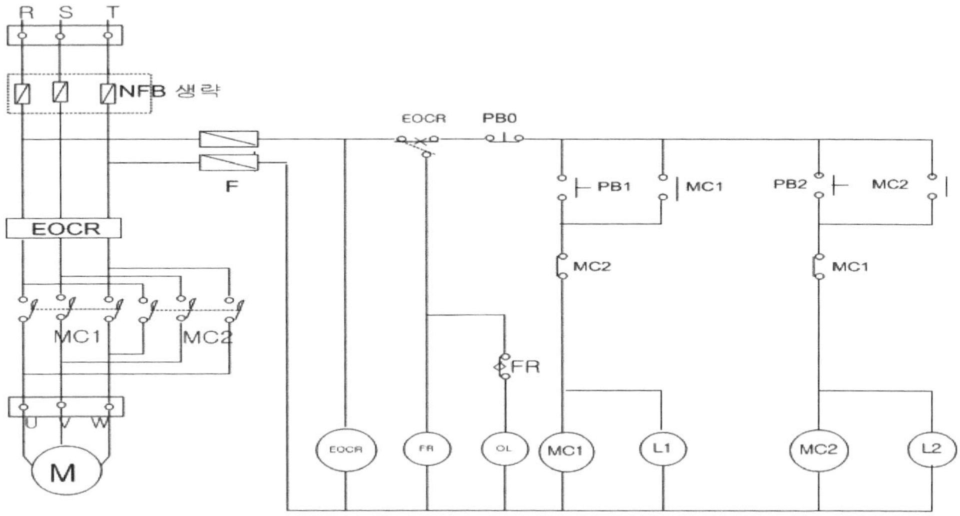

③ PLC 입출력 결선

입출력 설정 I/O			
입력	**디바이스**	**출력**	**디바이스**
PB0	X100	MC1	Y120
PB1	X101	MC2	Y121
PB2	X102	L1	Y122
		L2	Y123
		OL	Y124
EOCR	X107		

④ PLC 프로그램

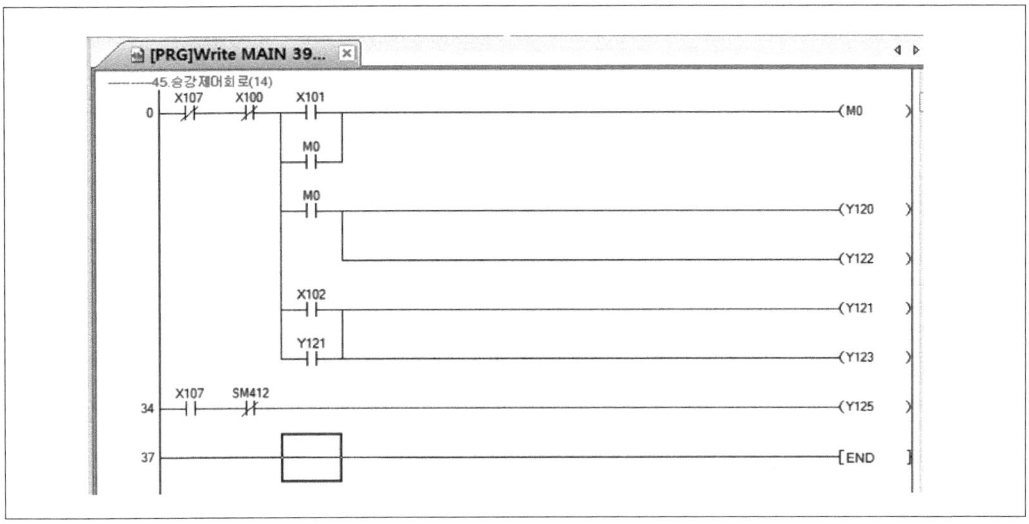

(45) 전기자동차 제작 회로 코딩15

① 동작 설명

ON 버튼을 on 하면 MC1에 의해 Motor는 Y 기동하고, 설정 시간 후 Motor는 △ 운전한다. OFF 버튼을 on 하면 초기화된다.

② 승강기 회로도

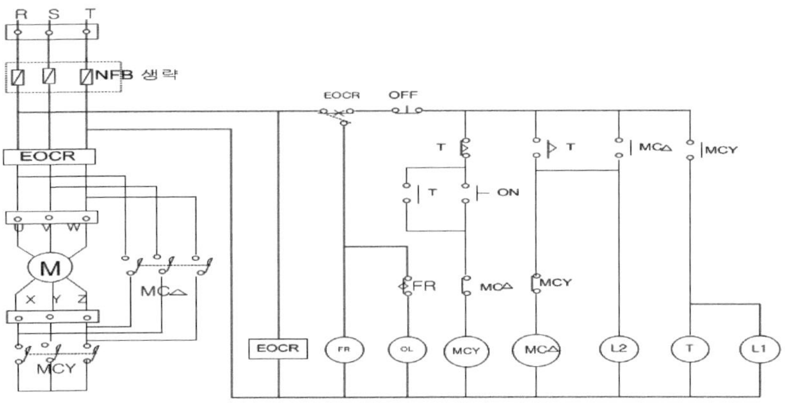

③ PLC 입출력 결선

입출력 설정 I/O			
입력	디바이스	출력	디바이스
OFF	X100	MC1	Y120
ON	X101	MC2	Y121
		L1	Y122
		L2	Y123
		OL	Y124
EOCR	X107		

④ PLC 프로그램

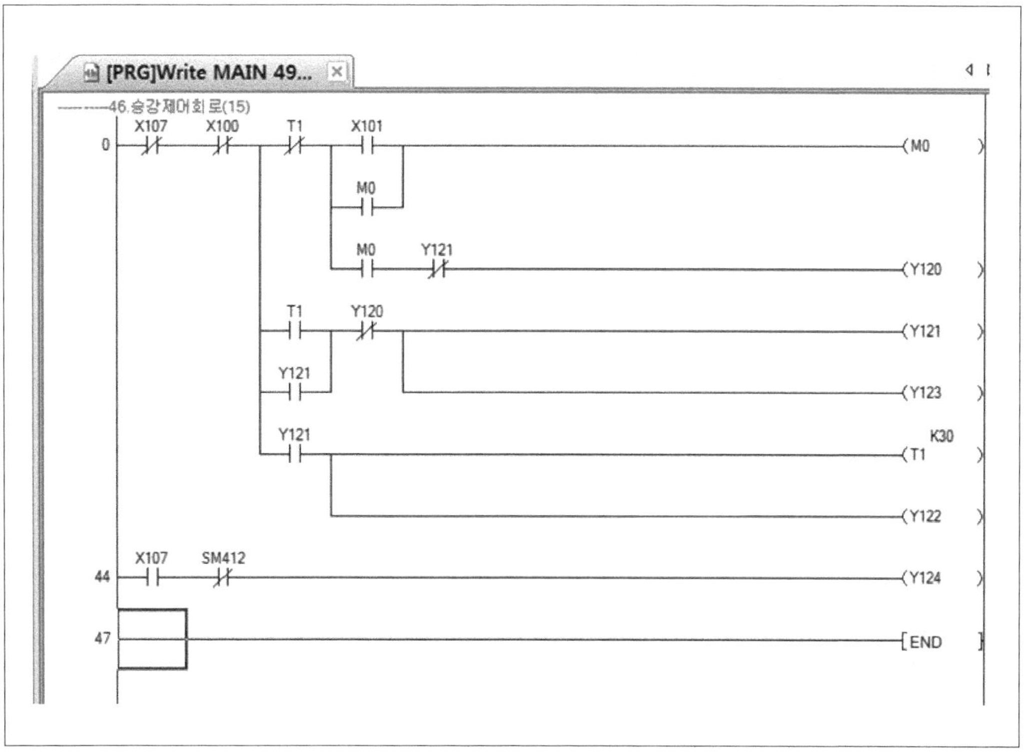

(46) 전기자동차 제작 회로 코딩16

① 동작 설명

ON 버튼을 on 하면 MC1에 의해 Motor는 정회전하고, 설정 시간 후 Motor는 정지한다. OFF 버튼을 on 하면 초기화된다.

② 승강기 회로도

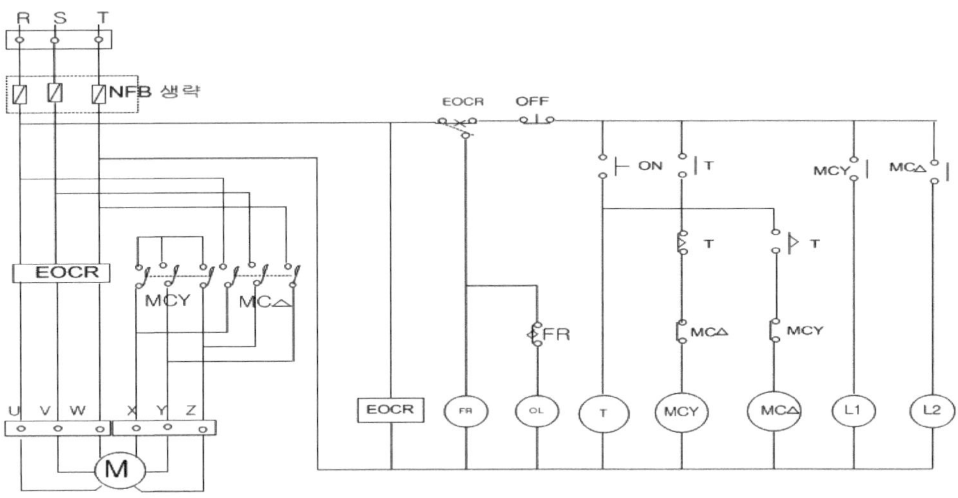

③ PLC 입출력 결선

입출력 설정 I/O			
입력	디바이스	출력	디바이스
PB1	X100	MC1	Y120
PB2	X101	MC2	Y121
		L1	Y122
		L2	Y123
		OL	Y124
EOCR	X107		

④ PLC 프로그램

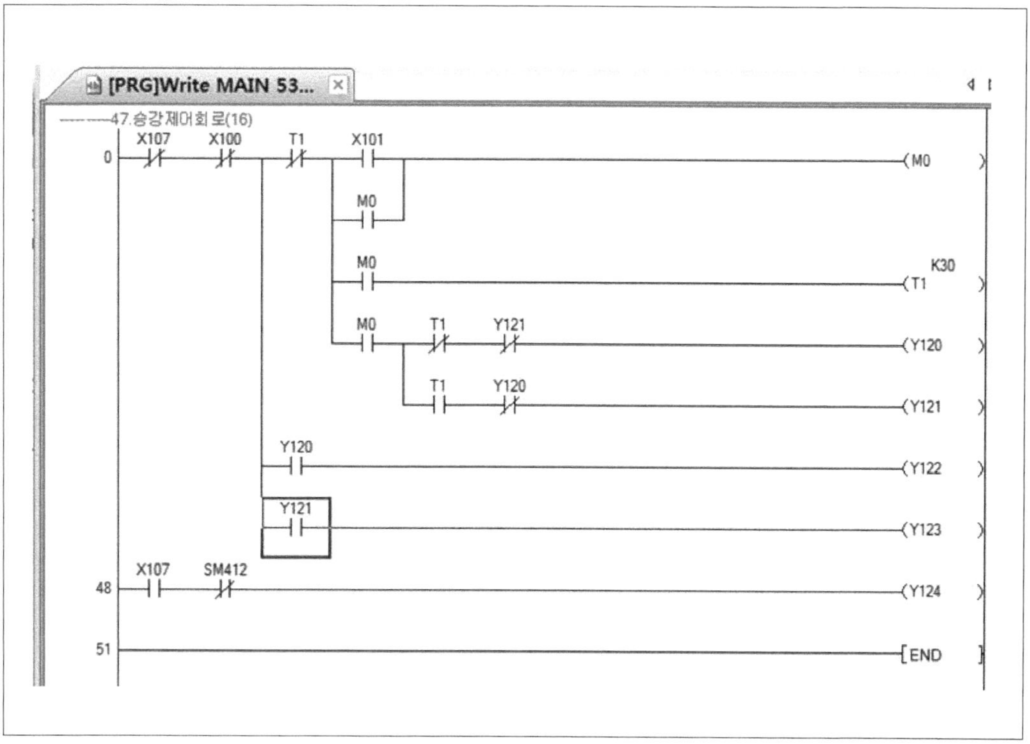

(47) 전기자동차 제작 회로 코딩17

① 동작 설명

PB2를 on 하면 MC1에 의해 Motor는 정회전 하고, 일정 시간 경과 후 타이머에 의해 Motor가 역회전한다. P0를 on 하면 초기화된다.

② 승강기 회로도

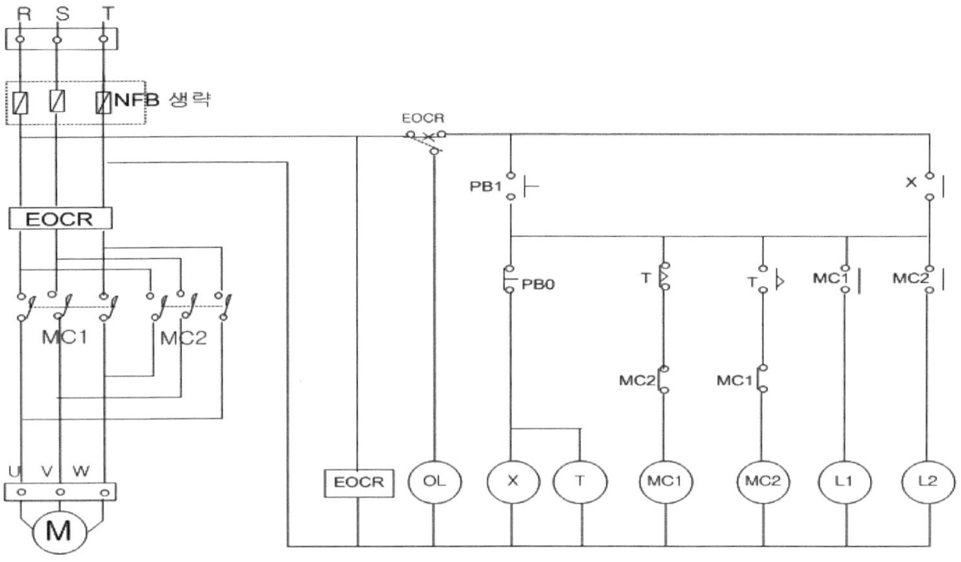

③ PLC 입출력 결선

입출력 설정 I/O			
입력	디바이스	출력	디바이스
PB0	X100	MC1	Y120
PB1	X101	MC2	Y121
		L1	Y122
		L2	Y123
EOCR	X107	OL	Y125

④ PLC 프로그램

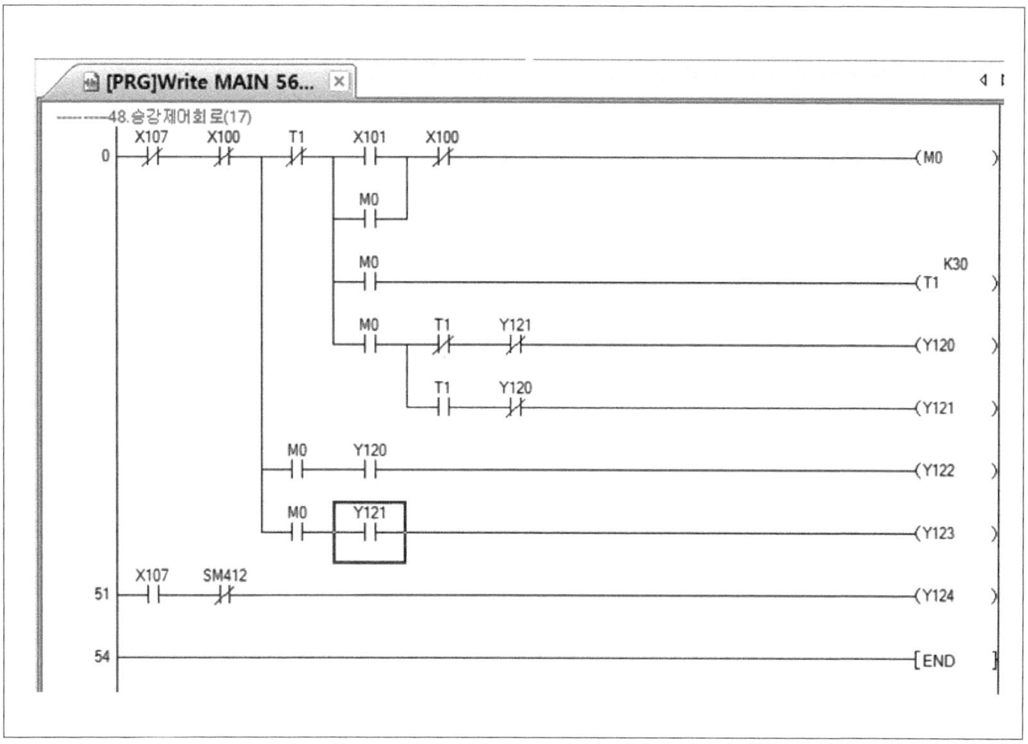

(48) 전기자동차 제작 회로 코딩18

① 동작 설명

기동 버튼을 on 하면 MC1에 의해 Motor는 Y 기동하고, 설정 시간 후 Motor는 △ 운전한다. 정지 버튼를 on 하면 초기화된다.

② 승강기 회로도

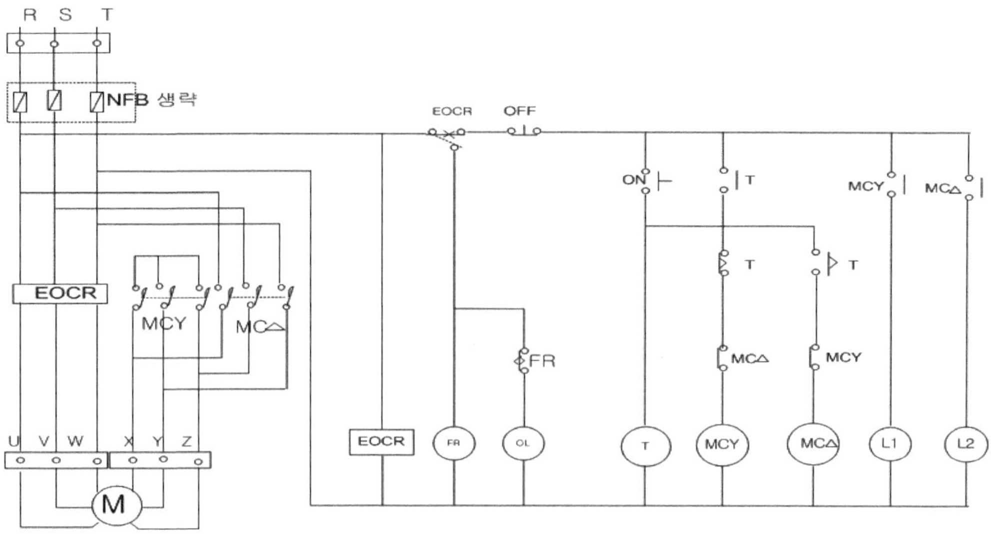

③ PLC 입출력 결선

입출력 설정 I/O			
입력	디바이스	출력	디바이스
OFF	X100	MCY	Y120
ON	X101	MCΔ	Y121
		L1	Y122
		L2	Y123
		OL	Y124
EOCR	X107		

④ PLC 프로그램

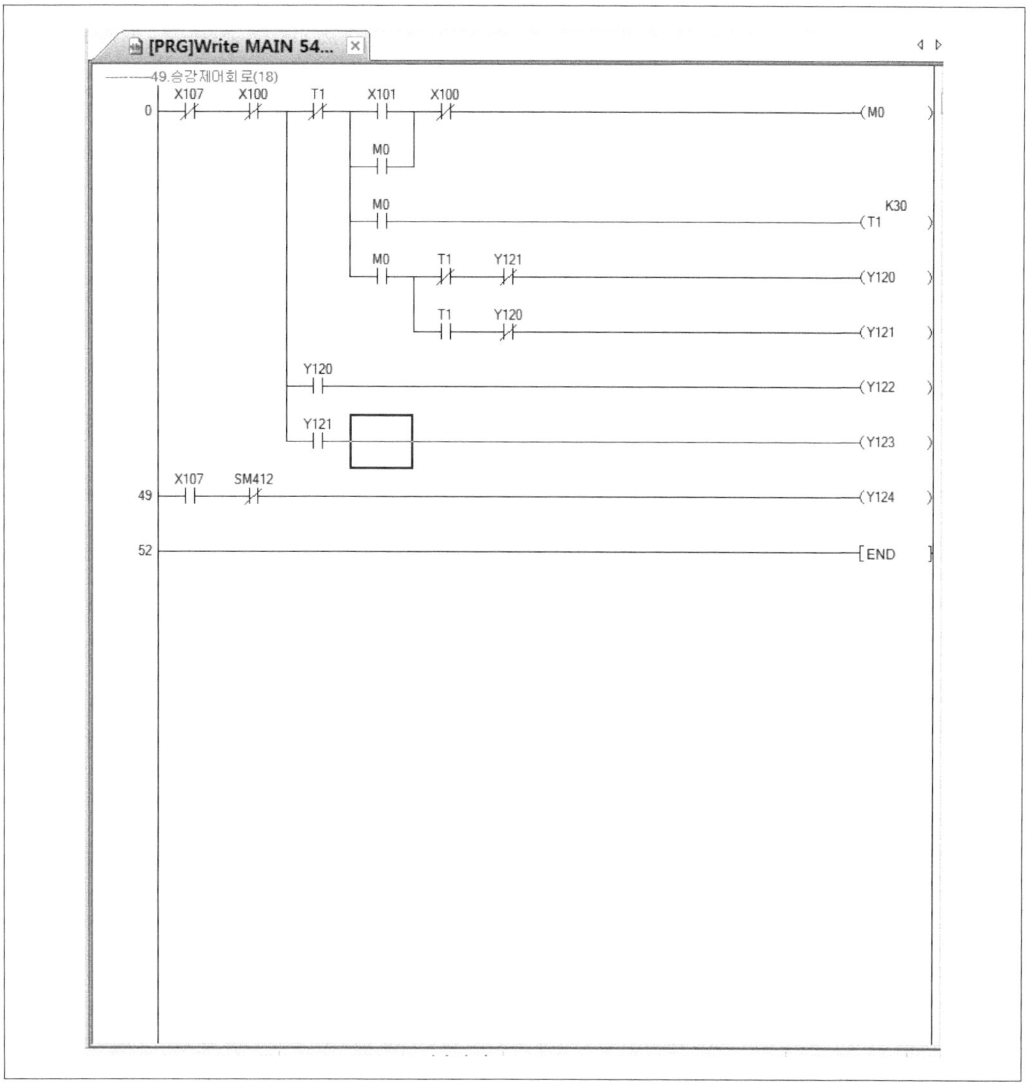

(49) 전기자동차 제작 회로 코딩19

① 동작 설명

P1을 on 하면 MC1에 의해 Motor는 Y 기동하고, P0을 on 하여 Motor를 정지시킨 다음, P2에 의해 △ 운전한다. P0를 on 하면 초기화된다. EOCR 과부하 테스트에 의해 트리커가 작동한다.

② 승강기 회로도

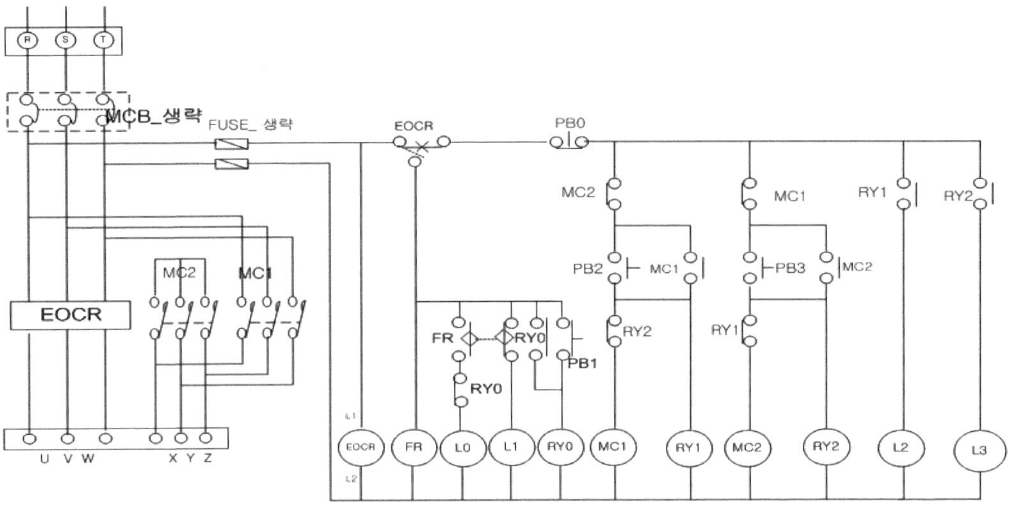

③ PLC 입출력 결선도

입출력 설정 I/O			
입력	**디바이스**	**출력**	**디바이스**
PB0	X100	MC1	Y120
PB1	X101	MC2	Y121
PB2	X102	L1	Y122
PB3	X103	L2	Y123
		L3	Y124
EOCR	X107	L0	Y125

④ PLC 프로그램

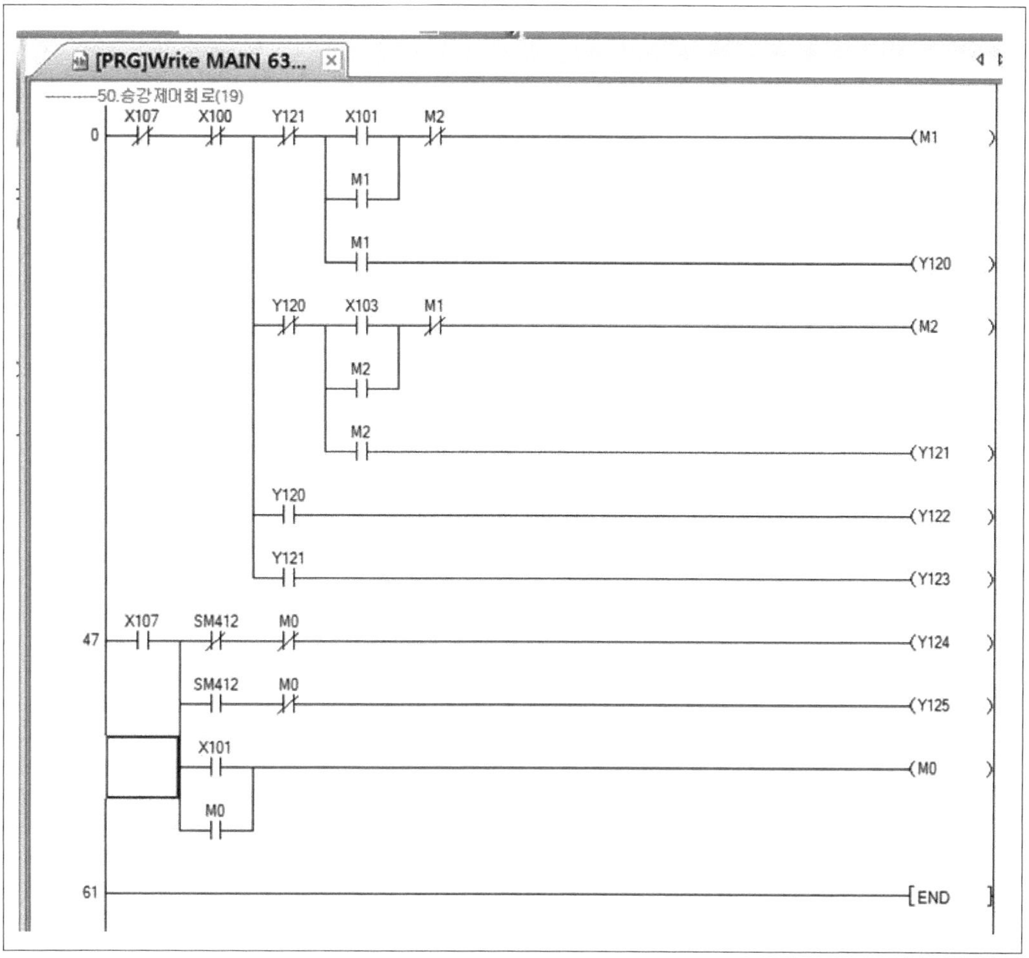

(50) 전기자동차 제작 회로 코딩20

① 동작 설명

PB1을 on 하면, LS1이 on 할 때 MC1에 의해 Motor1을 운전하고, 설정 시간 후 MC2에 의해 Motor2를 운전한다. PB0에 의해 초기화한다.

② 승강기 회로도

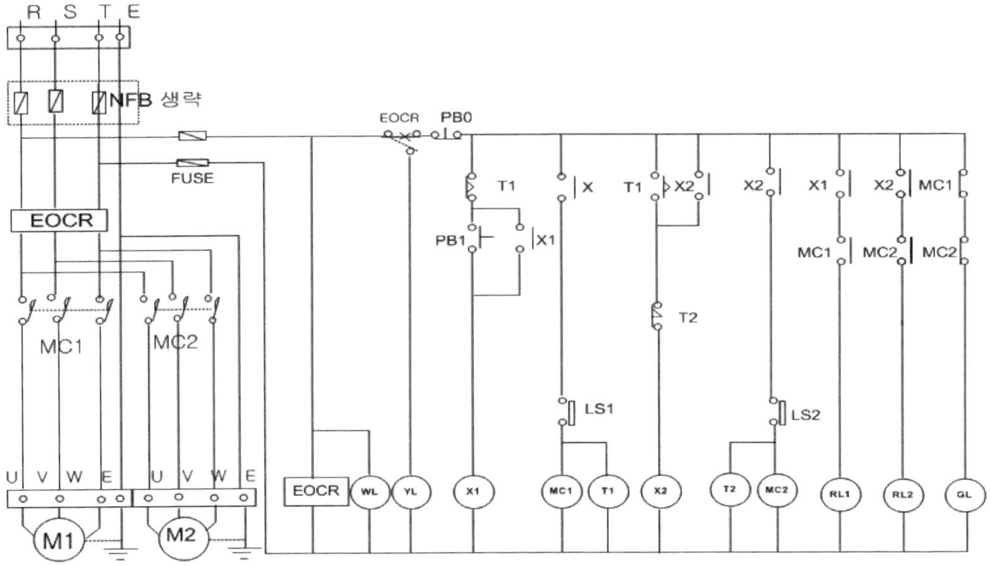

③ PLC 입출력 결선

입출력 설정 I/O			
입력	**디바이스**	**출력**	**디바이스**
PB0	X100	MC1	Y120
PB1	X101	MC2	Y121
LS1	X102	PL1	Y122
LS2	X103	PL2	Y123
		GL	Y124
EOCR	X107	YL	Y125
		WL	Y126

④ PLC 프로그램

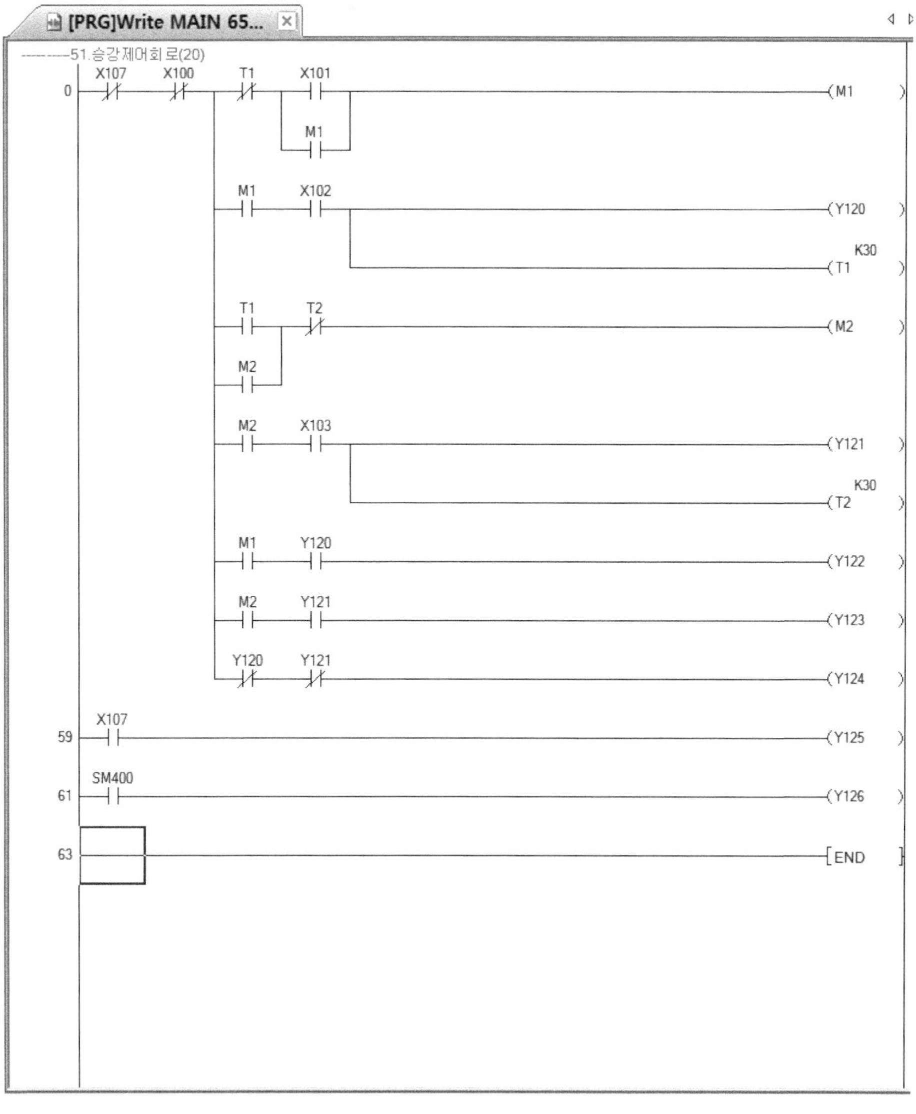

(51) 전기자동차 제작 회로 코딩21

① 동작 설명

PB1을 on 하면 MC1에 의해 Motor1을 회전하고, T초 후 MC2에 의해 Motor2를 회전하고, T초 후 MC3에 의해 Motor3을 회전한다. PB0를 on 하면 초기화된다.

② 승강기 회로도

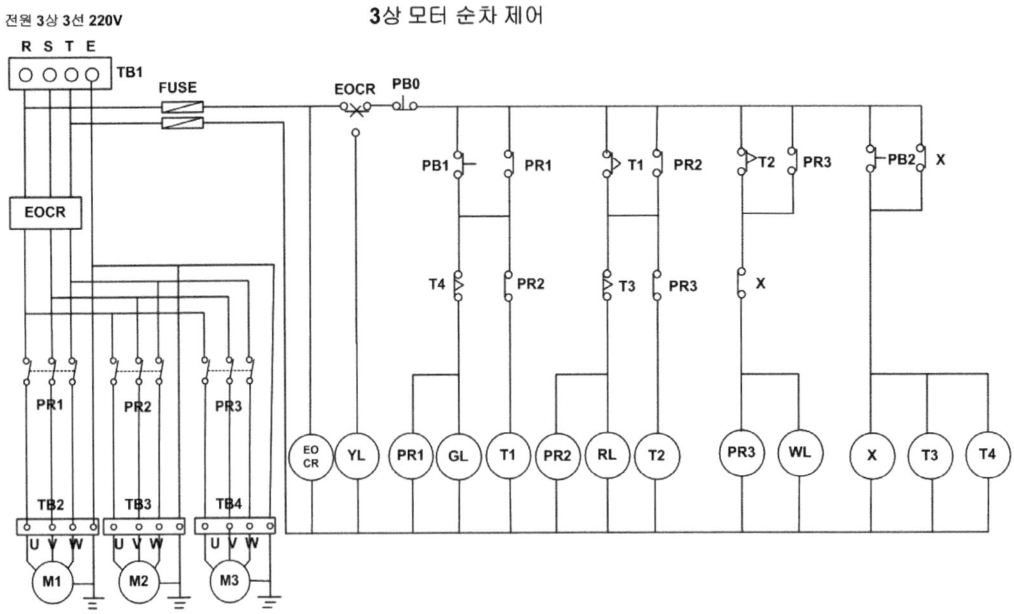

③ PLC 입출력 결선

입출력 설정 I/O			
입력	디바이스	출력	디바이스
PB0	X100	PR1	Y120
PB1	X101	PR2	Y121
PB2	X102	PR3	Y122
		GL	Y123
		RL	Y124
		WL	Y125
EOCR	X107	YL	Y126

④ PLC 프로그램

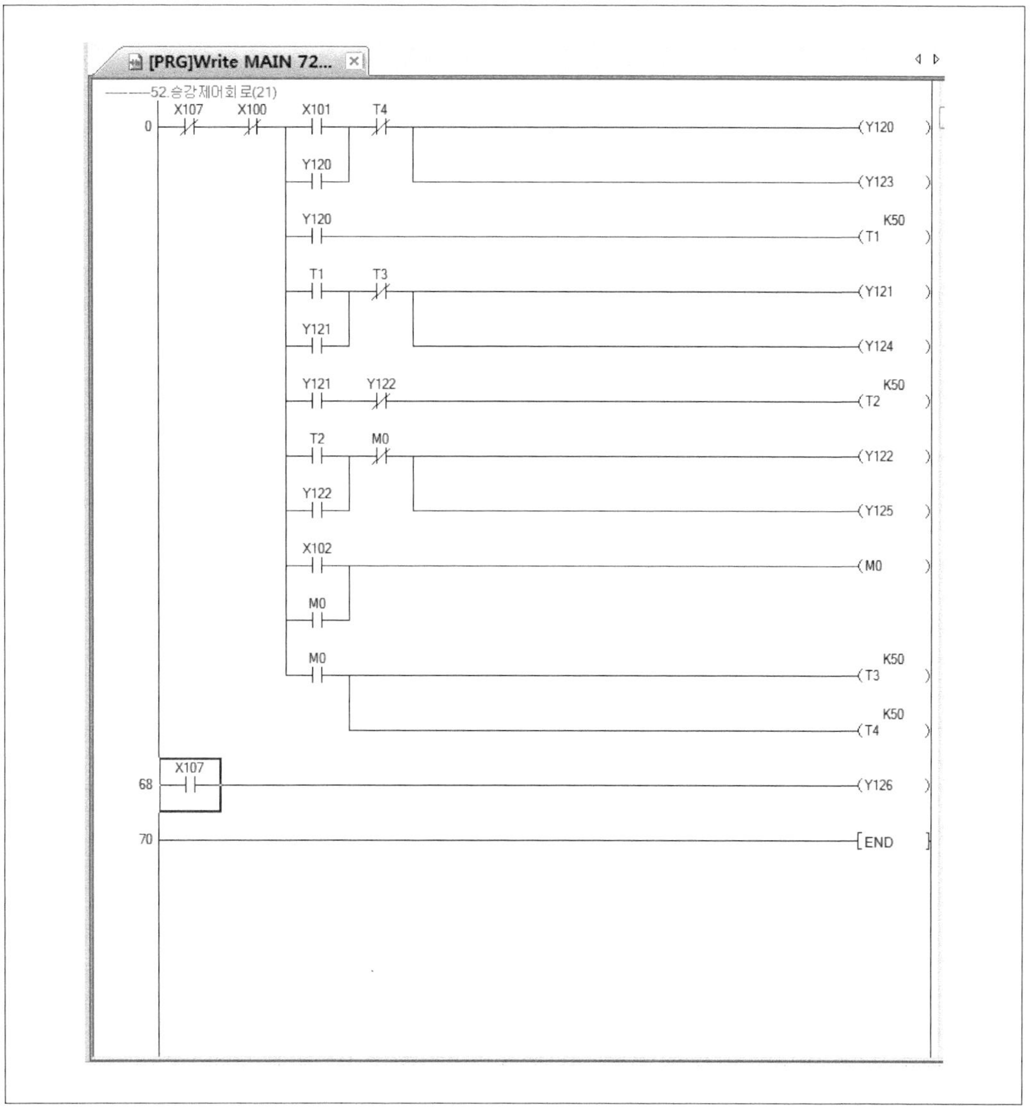

(52) 전기자동차 제작 회로 코딩22

① 동작 설명

PB1을 on 하면 X1이 여자되고, X1에 의해 MC가 여자되고, Motor는 기동 정지를 반복한다. PB0를 on 하면 초기화된다.

② 승강기 회로도

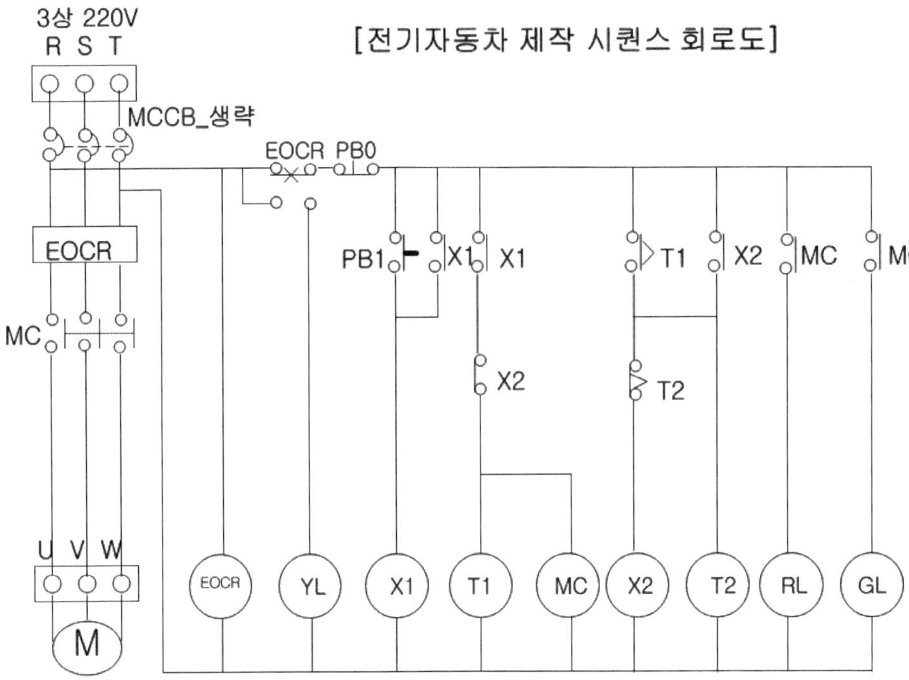

③ PLC 입출력 결선

입출력 설정 I/O			
입력	디바이스	출력	디바이스
PB0	X100	MC	Y120
PB1	X101	RL	Y121
		GL	Y122
EOCR	X107	YL	Y126

④ PLC 프로그램

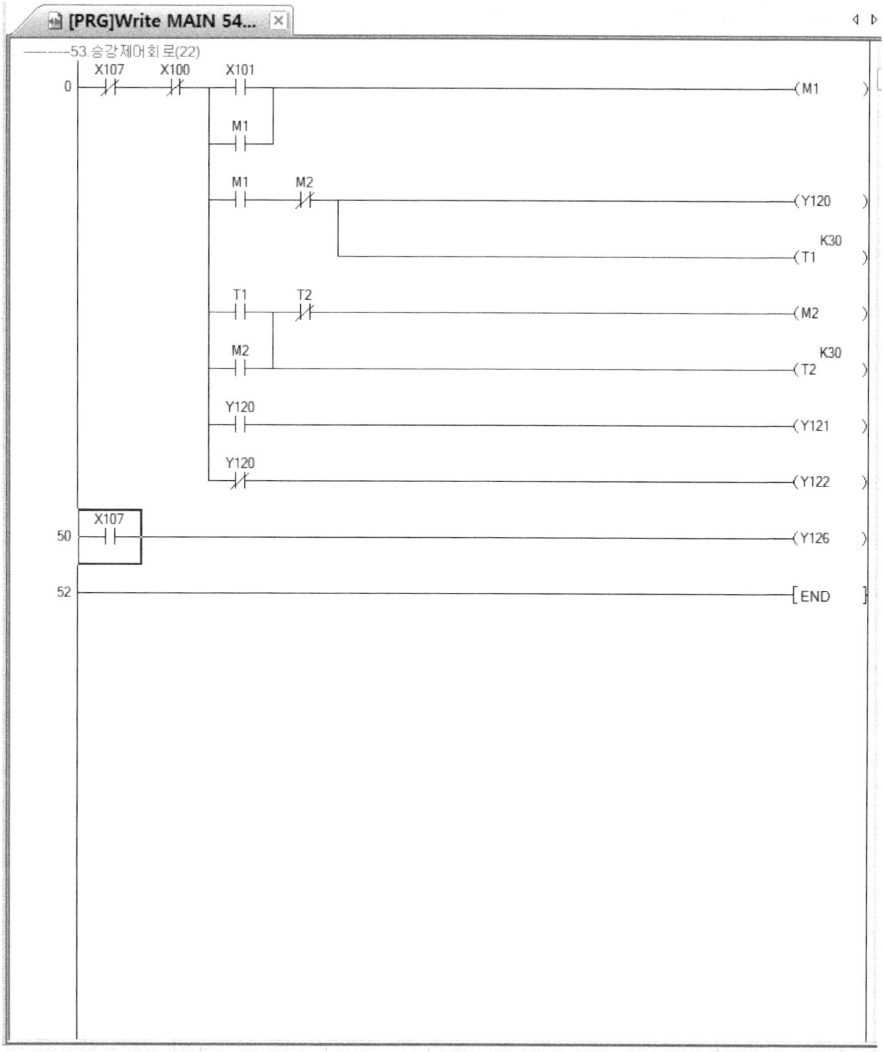

(53) 전기자동차 제작 회로 코딩23

① 동작 설명

PB1을 on 하면 MC1에 의해 Motor는 Y 기동하고, P0을 on 하여 Motor를 정지시킨 다음, PB2에 의해 △ 운전한다. P0를 on 하면 초기화된다. EOCR 과부하 테스트를 할 수 있다.

② 승강기 회로도

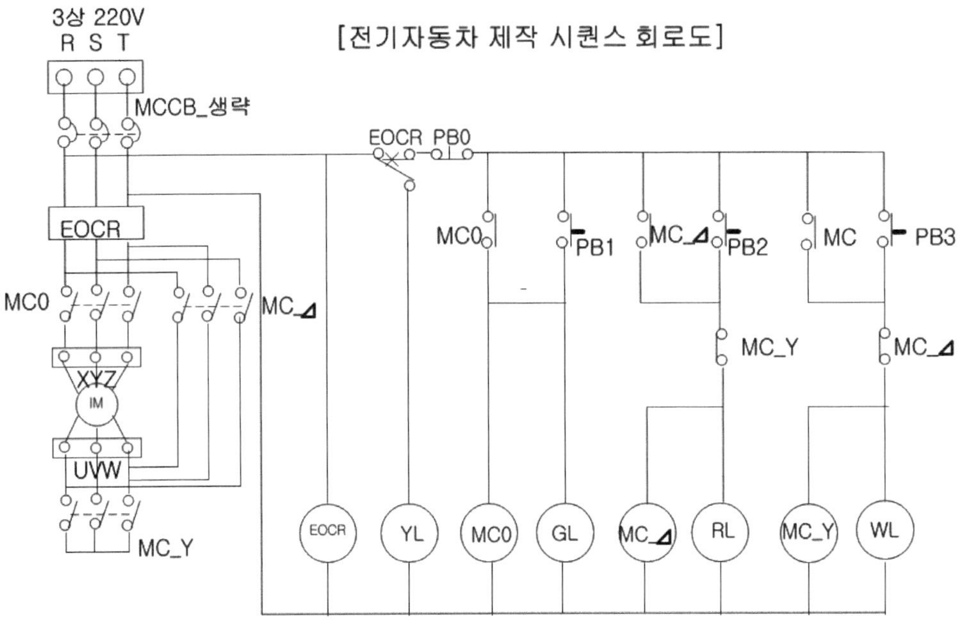

③ PLC 입출력 결선

입출력 설정 I/O			
입력	디바이스	출력	디바이스
PB0	X100	MC0	Y120
PB1	X101	MCΔ	Y121
PB2	X102	MCY	Y122
PB3	X103	GL	Y123
		RL	Y124
		WL	Y125
EOCR	X107	YL	Y126

④ PLC 프로그램

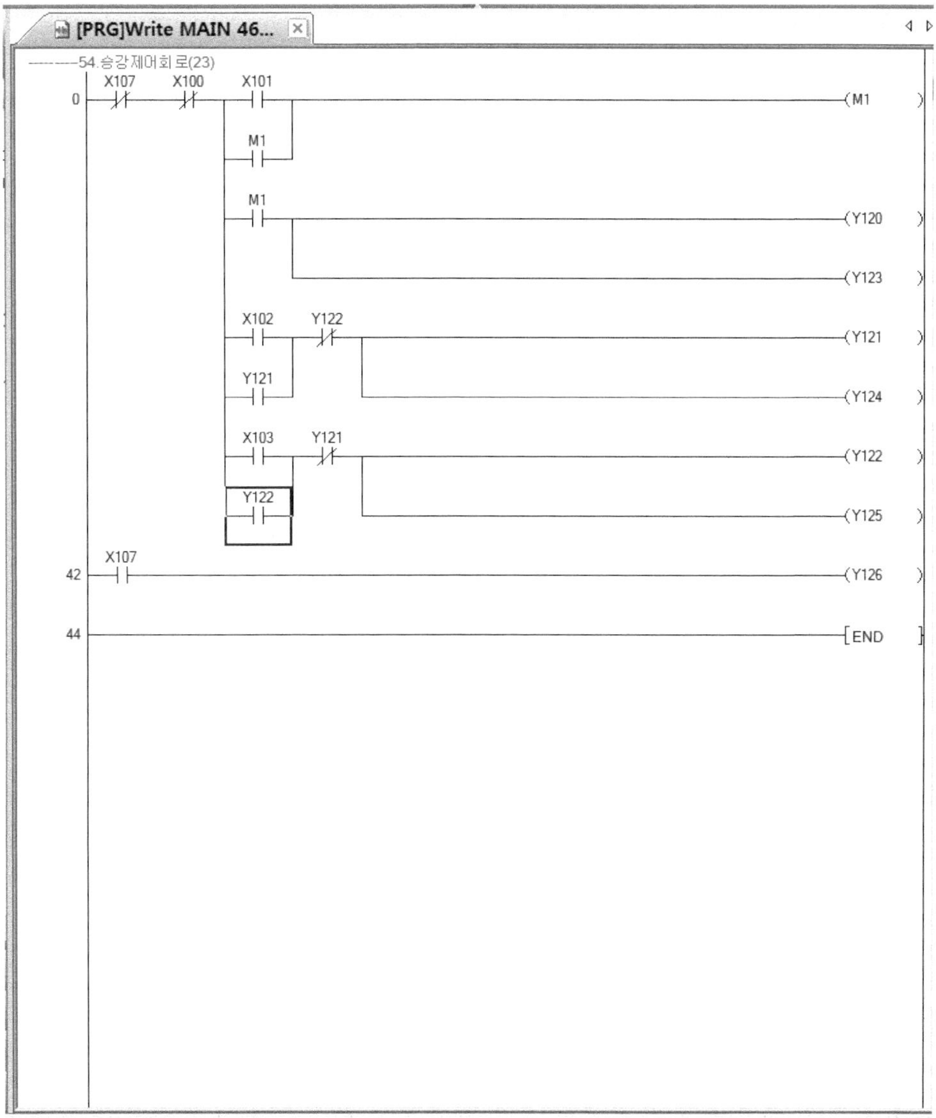
[PRG]Write MAIN 46...
54.승강제어회로(23)
0
X107
X100
X101
M1
M1
Y120
Y123
X102
Y122
Y121
Y121
Y124
X103
Y121
Y122
Y122
Y125
42
X107
Y126
44
END

Chapter
12

HMI 작화

LS산전 XBC PLC와 M2i HMI와 연결하여 전기자동차를 구성하는 프로젝트를 한다. 준비 사항은 간단하며, 아래 사진과 같이 HMI와 XGB PLC를 연결할 수 있는 RS232 케이블과 HMI전송 USB 케이블을 준비하면 된다.

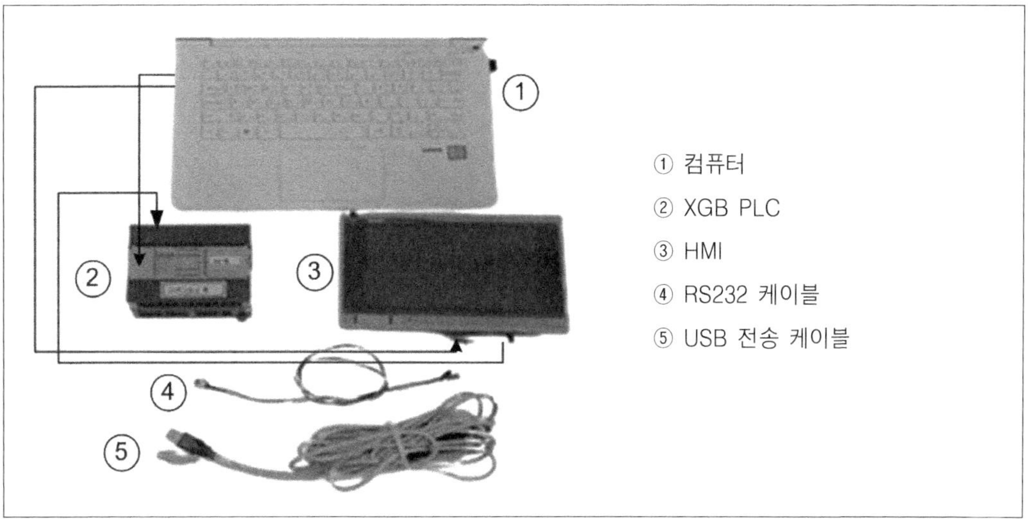

(1) HMI 접속 방식

PC와 본체의 RS-232C 커넥터 핀 규격은 아래 그림과 같다.

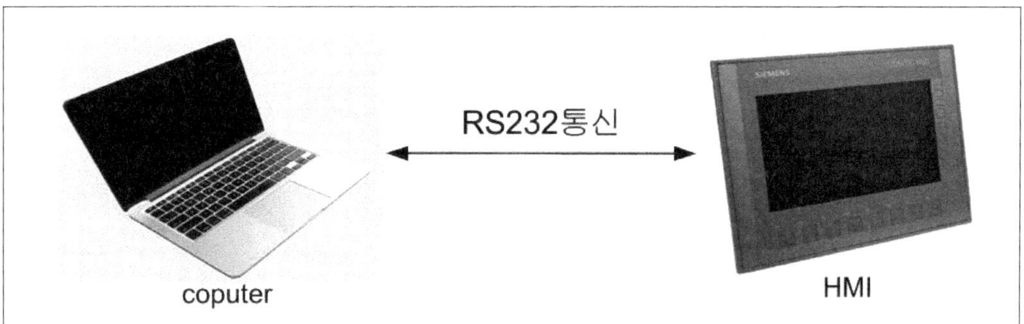

본체 6핀 포트와 PC의 9핀 포트 연결

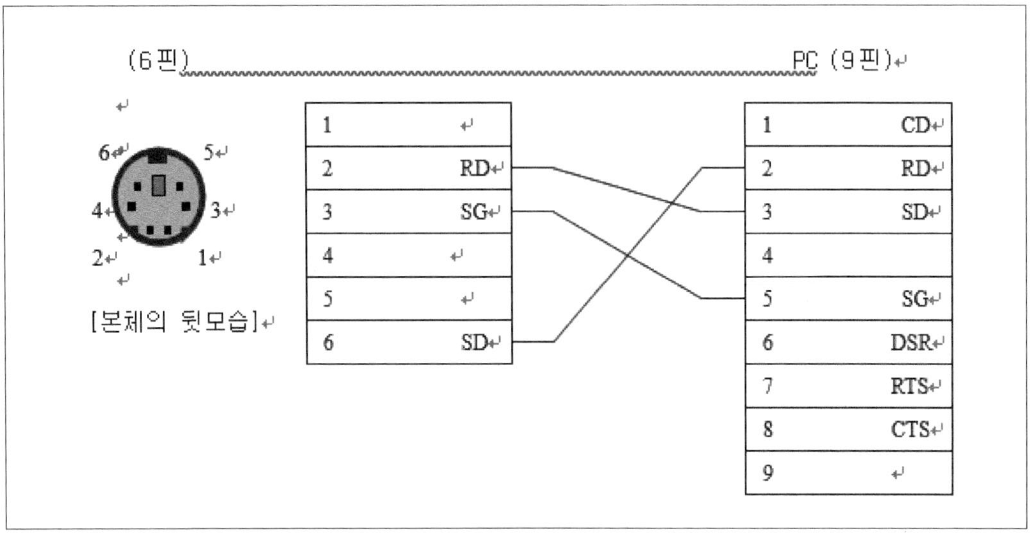

(2) 메뉴

본 소프트웨어를 실행시키면 처음의 화면은 다음과 같이 표시된다.

(3) 그리기

그리기 모드는 선택/선/사각/원/타원/호(현, 파이)/칠하기/다각직선(폐 다각직선)/눈금/문자가 있다. 그 외에 특수 기능으로 '화면 배경색 설정'이 있다. 각 그리기 모드마다 그에 해당하는 모달 리스(Modaless) 다이얼로그 박스가 나타나, 속성을 변경하면서 도형을 등록할 수 있다.

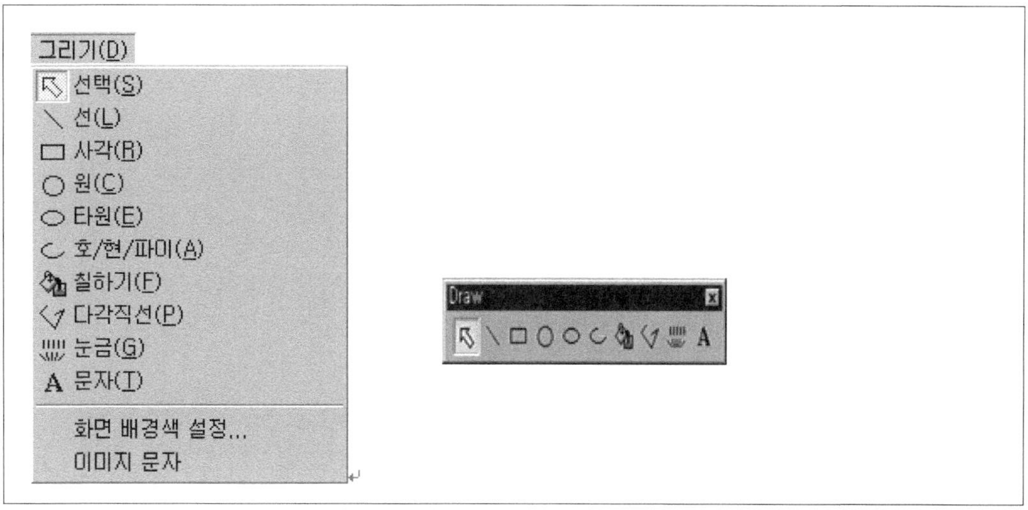

그리는 방법은 사각형과 같다. 원을 특정 테두리 색으로 그리거나, 또는 특정한 패턴 및 색으로 칠할 수 있다.

① 선 색상: 원의 테두리 색을 지정한다. 이 경우 칠하기 속성은 지정 불가능하다.

② 칠하기 사용(Fill): 원의 내부를 채우도록 하는 속성이다. 전면 색으로 채우길 원한다면 무늬 없는 Fill 패턴(0번)을 선택한다.

③ 전면 색: Fill 패턴으로 채웠을 경우 전면 색이다. 테두리선 색도 전면 색으로 적용한다.

④ 배경색: Fill 패턴으로 채웠을 경우 바탕색이다.

⑤ 칠하기 사용 시 패턴 조합에 의한 다양한 색상을 구현할 수 있다.

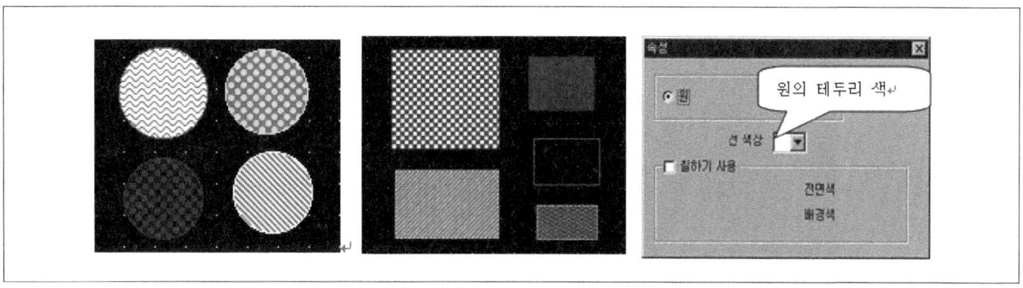

(4) 태그

태그란, 외부 기기(PLC) 또는 본체의 데이터를 조건 또는 시간 주기, 또는 실시간에 의해 본체 화면에 나타내거나 본체의 데이터를 외부 기기로 전달할 수 있도록 하는 매개 역할로써 본체 화면에 등록된 객체를 말한다. 여러 종류의 태그가 있으며 아래에서 상세히 기술한다.

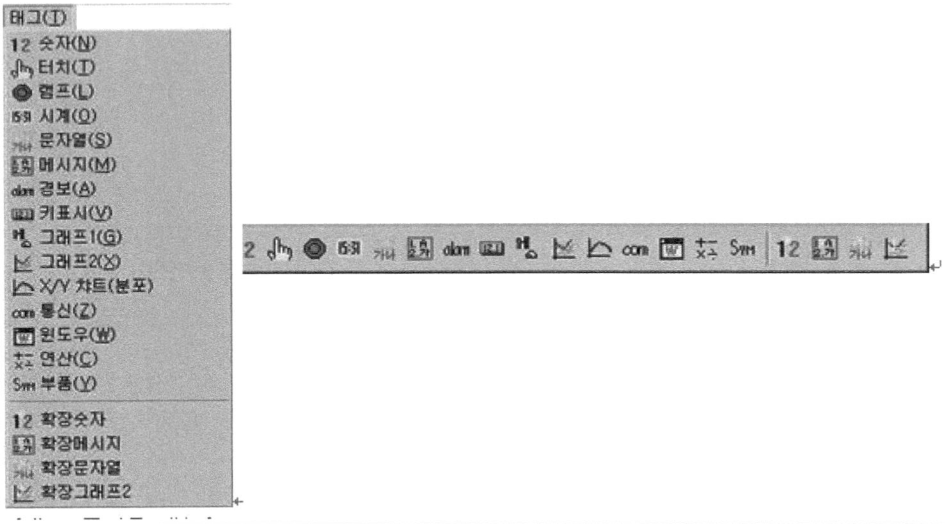

(5) 터치, 램프 태그

비트램프 태그로 비트 주소 표시 작화: 비트램프 태그는 설정한 비트 주소의 ON/OFF 상태를 원/사각 모양의 색상이나 이미지로 점등하여 표시해 주는 태그이다.

작화 순서

① 비트램프-비트램프 이미지에서 다양한 이미지 선택 후, 램프 표시

② 램프 주소에서 M10 내부 릴레이를 해도 되고, PLC 출력을 활용해 그대로 P20부터 사용해도 된다.

③ 입력 주소는 M0 또는 P0부터 사용해도 된다.

(6) 글씨 쓰기 비트램프, 터치, 작화하기

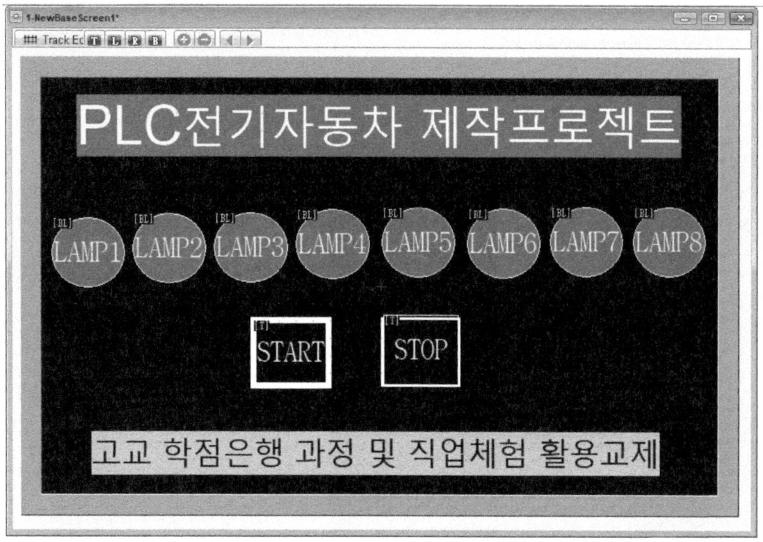

(7) 이미지 불러오기

인터넷 이미지를 불러와 백 화면으로 활용할 수 있다.

(8) 파이 그래프

파이 그래프는 설정된 주소의 값을 원의 부채꼴 면적으로 표현하는 그래프이다. 주소는 총 64개까지 설정이 가능하다.

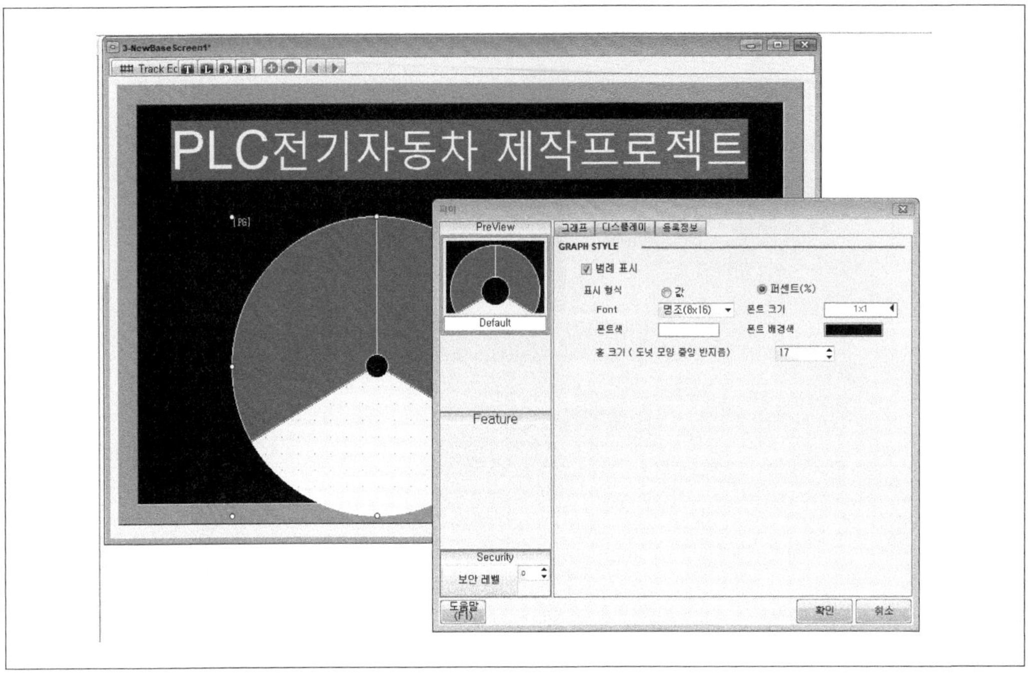

Chapter 13

인버터 XGB_PLC+HMI 작화

인버터, HMI, PLC를 조합하여 전동기 7단 속도 제어를 할 수 있다 전기자동차 L1은 XGB PLC 장착+ M2I HMI, L2에서는 멜섹 PLC_ FX3U, + GOT2000, L3에서는 FX5U+GOT 2000, L4에서는 Siemens s1200+HMI TP700, L5에서는 안버터+ 3상 유도 전동기 + HMI을 장착한 전기자동차 제작 프로젝트를 완성하고자 한다. 인버터에 대한 이론과 PLC 통신 기술을 습득하여 인공지능 및 자율주행할 수 있는 자동차 제작과 L6은 드론을 접목하여 플라잉카 프로젝트 제작까지 발전시키고자 한다.

(1) 인버터 이론

인버터는 올바른 주변 기기의 선정하에 올바른 접속이 필요하다. 잘못된 시스템 구성 및 접속은 정상 운전을 불가능하게 하거나 현저한 수명 저하를 가져온다. 최악의 경우 인버터가 파손되기 때문에 본문의 내용 및 주의사항에 따라 올바르게 사용한다.

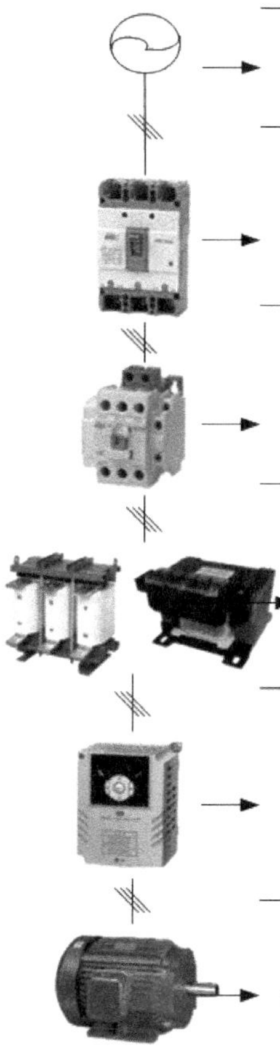

전원 규격	• 인버터가 허용하는 전원 규격 범위 내에서 사용 한다.
배선용 차단기 또는 누전 차단기	• 인버터는 전원 입력 시 큰 돌입 전류가 흐르므로 차단기 선정시 주의한다.
전자 접촉기	• 반드시 설치할 필요는 없으나 설치하는 경우 이 전자 접촉기로 시동이나 정지는 하지 않는다. 인버터 수명 저하의 원인이 된다.
교류 및 직류 리액터	• 역률 개선이나 입력 전원 용량이 큰 곳(인버터 용량의 **10**배 이상의 전원 설비 용량, 배선거리 **10m** 이내)에서는 반드시 **AC** 리액터를 사용한다.
인버터 설치 장소 및 배선	• 인버터의 수명은 주위 온도에 절대적인 영향을 받으므로 주위 온도가 허용 범위를 넘지 않게 한다. 또, 잘못된 배선은 제품 파손의 원인이 되므로 설치 방법에 맞게 설치한다.
인버터 출력단	• 진상 콘덴서, 써지 킬러, 라디오 노이즈 필터는 출력 측에 연결하지 않는다. 기기 파손 및 인버터 오동작의 원인이 된다.

(2) 주파수 설정

SV-iG5A 시리즈의 파라미터는 다음과 같이 4개의 그룹으로 구성되어 0.00 운전 그룹에서 Frg, 0: 주파수 운전, 주파수 10[HZ], 20[HZ], 60[HZ], 변경에 따라 속도가 변경된다.

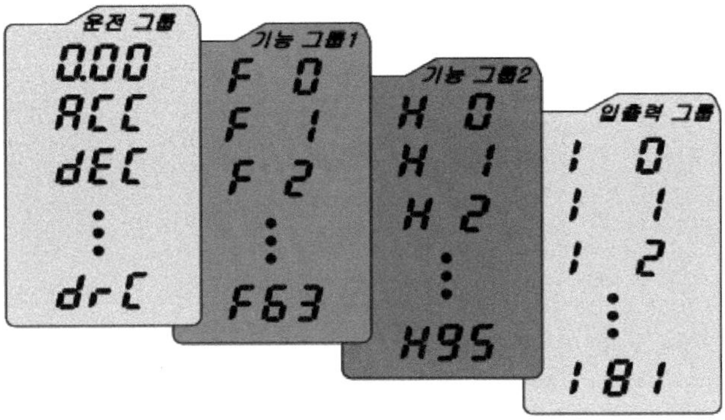

<그룹 간의 이동>

$NS=\frac{120f}{P}$ [rpm], 주파수에 의한 속도 제어 3: 가변 저항에 의한 속도 제어 시 사용

(3) 고정 주파수의 변경

고정 주파수는 최대 60[HZ]인데 최대 300[HZ]까지 변경할 수 있다. 주파수를 변경하려면 기능 그룹1의 F21에서 120[HZ]로 변경하고, 운전 그룹에서 st1: 20[HZ], st2: 60[HZ], st3: 90[HZ]로 변경 가능하다.

(4) 정회전, 역회전 다단속 제어

P1: 정방향 운전 지령, P2: 방향 운전 지령, P3: 비상 정지, P5: 조그 주파수 운전,

P6: 다단속 주파수_하, P7: 다단속 주파수_중, P8: 다단속 주파수_상

S+: , S-: RS-485 통신 신호 연결 단자

단 수	P6	P7	P8	속 도	비 고
1	0			10	1
2		0		40	6
3	0	0		80	7
4			0	30	5
5	0		0	25	4
6		0	0	20	3
7	0	0	0	15	2

〈단속도 설정(ST1: 10[HZ], ST2: 40[HZ], ST3: 80[HZ])〉

(5) 인버터 결선도

인버터 결선에서 PLC 출력COM(+)에 인버터 COM+를 연결해야 한다.

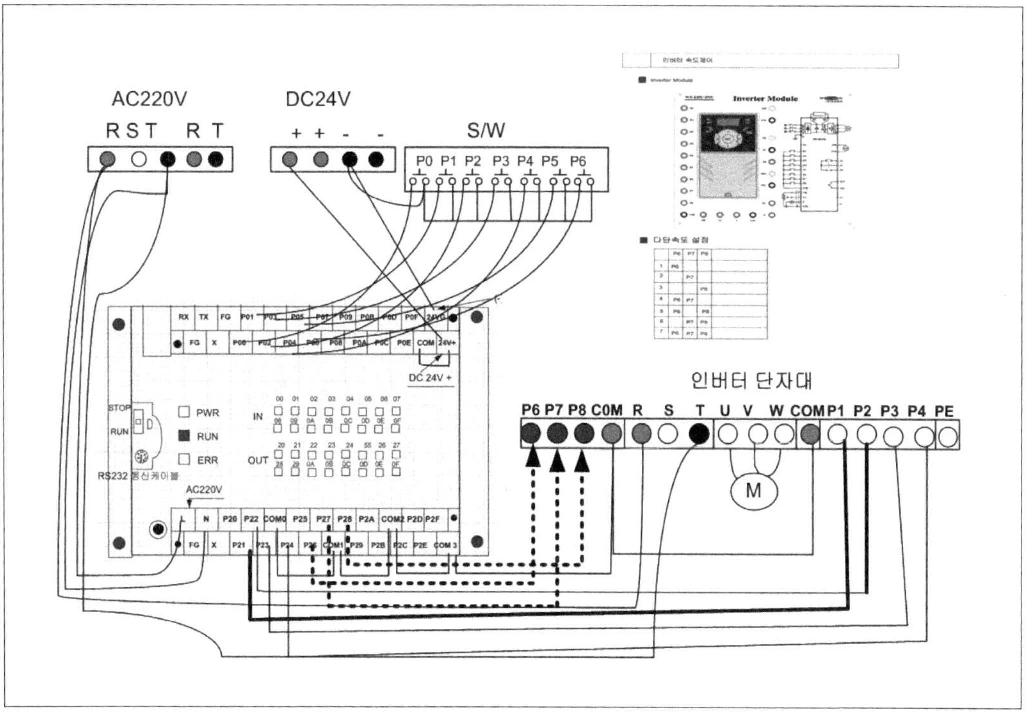

(6) 인버터 다단속 PLC 프로그램

[문제1] 동작 설명: PB1을 누르면 정회전한다. 정회전 표시등은 LAMP1을 사용하고 PBO를 누르면 정지한다. PB2를 누르면 역회전한다. 역회전 표시등은 LAMP2를 사용하고 PB0를 누르면 정지한다.

[문제1] PLC 프로그램 작성

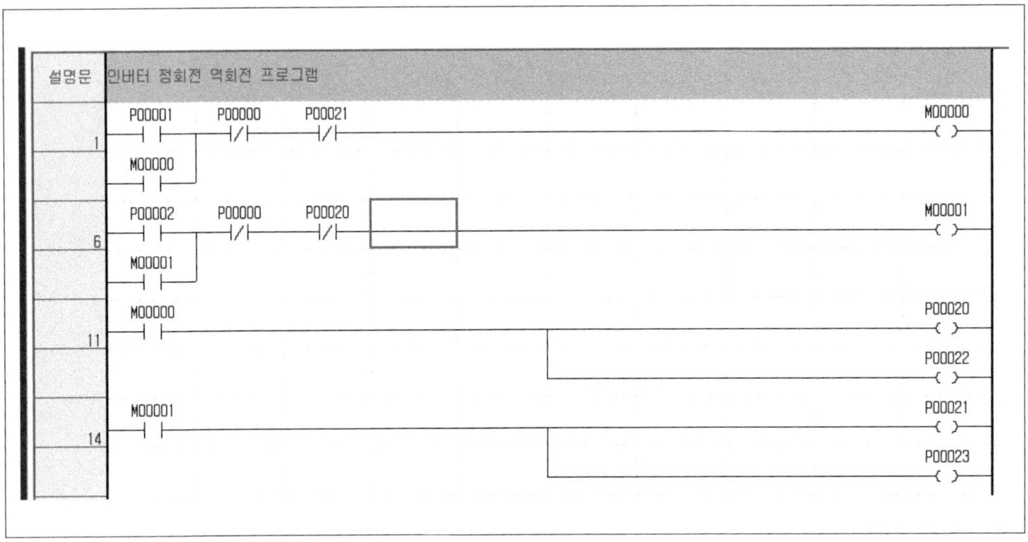

[문제2] 7단 인버터 속도 제어 PLC 프로그램

인버터 7단 속도 제어와 정·역회전 PLC 프로그램을 작성하시오. 인버터 결선은 위 그림 인버터 결선과 같다.

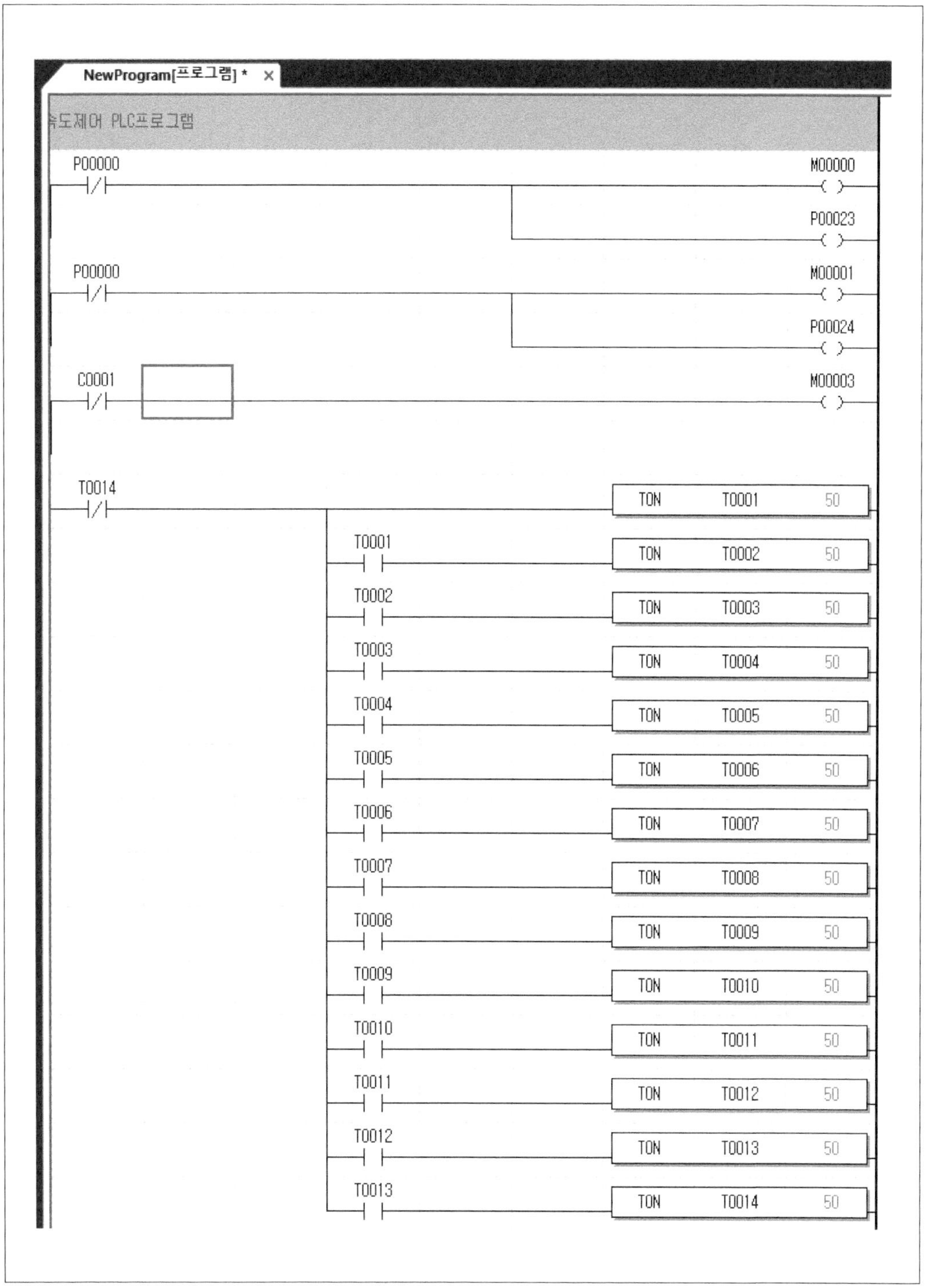
NewProgram[프로그램] *
속도제어 PLC프로그램
P00000
M00000
P00023
P00000
M00001
P00024
C0001
M00003
T0014
TON T0001 50
T0001
TON T0002 50
T0002
TON T0003 50
T0003
TON T0004 50
T0004
TON T0005 50
T0005
TON T0006 50
T0006
TON T0007 50
T0007
TON T0008 50
T0008
TON T0009 50
T0009
TON T0010 50
T0010
TON T0011 50
T0011
TON T0012 50
T0012
TON T0013 50
T0013
TON T0014 50

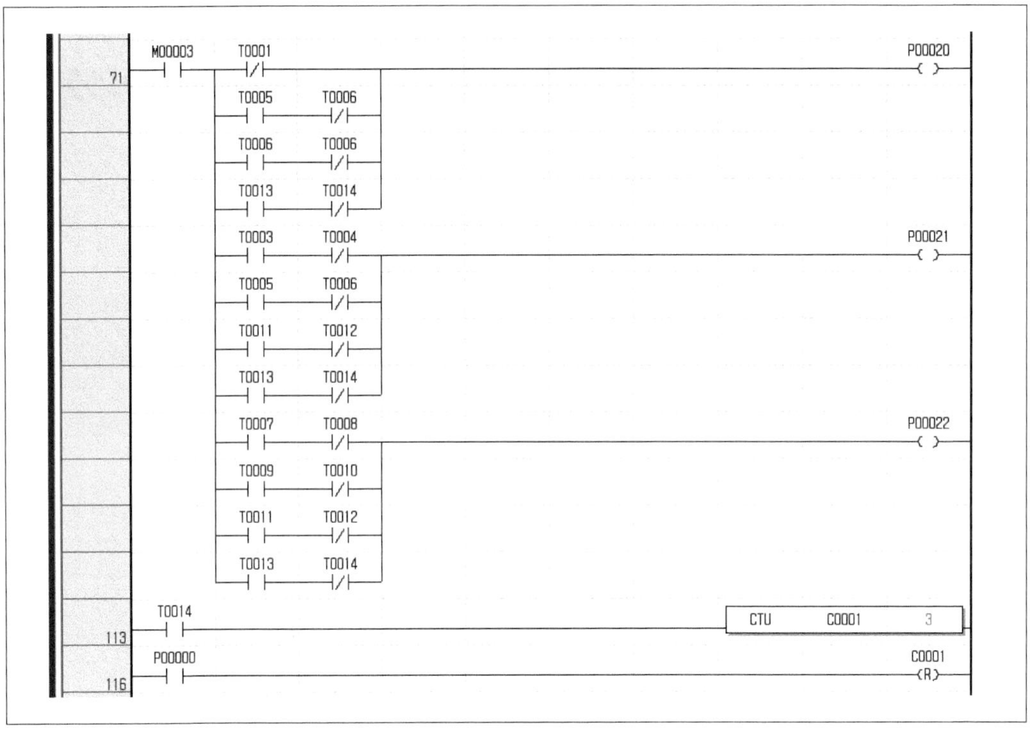

<7단 인버터 속도 제어 PLC 프로그램>

(7) SCADA 인버터 제어

머드버스 통신 프로토클은 단순하고 개발 및 관리가 쉽다. 이에 따라 많은 산업 현장에서 사용되는 통신 프로토콜이다. X-SCADA와 인버터 모드버스 RTU 통신 프로토클로 연결하여 인버터를 제어할 수 있다.

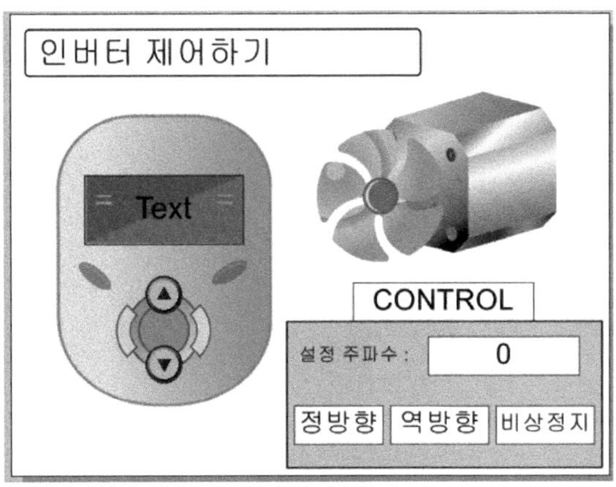

① 장치 추가하기

장치 탐색기에서 MODBUS 장치 한 개를 추가한다.

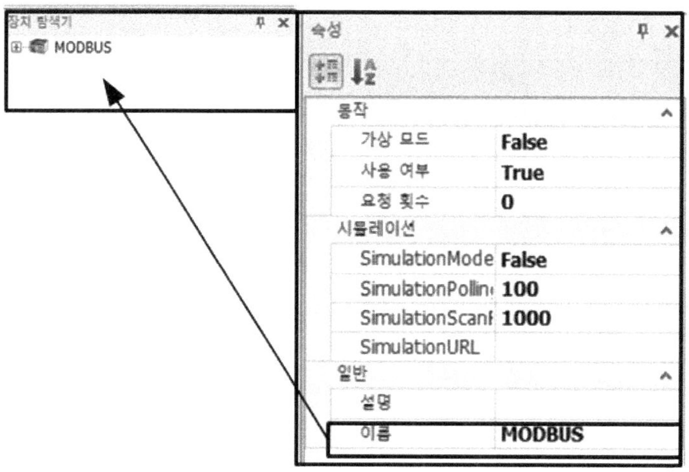

② 시리얼 연결 추가

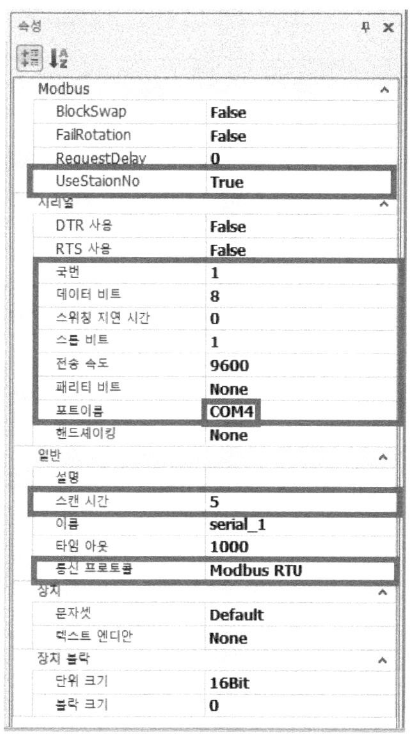

③ 태그 추가하기

장치 태그에서 INVERTER 그룹 태그 1개를 추가한다. 그룹 태그 안에 디지털 태그 2개와 아나로그 태그 4개를 추가한 후 다음과 같이 속성을 변경한다.

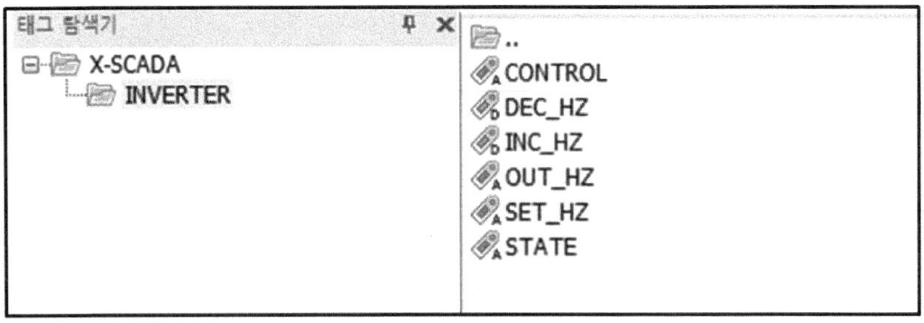

	digital_1	digital_2	digital_3	digital_4	digital_5	digital_6
이름	DEC_HZ	INC_HZ	SET_HZ	OUT_HZ	CONTROL	STATE
변환	None	None	Scale	Scale	None	None
스케일 값	1	1	0.01	0.01	1	1
장치	(none)	(none)	MODBUS	MODBUS	MODBUS	MODBUS
장치 내 주소			40005	40010	40006	40014

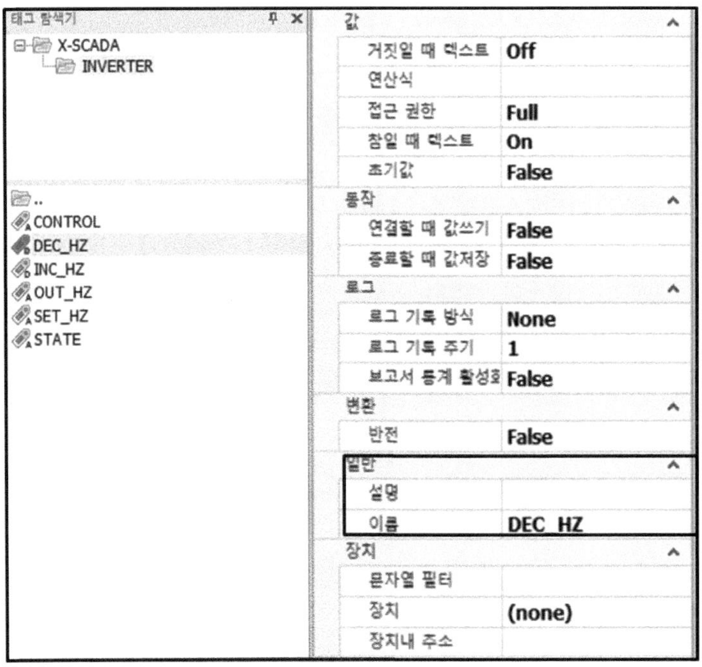

④ 스크립트 작성하기

이벤트 함수 작성 페이지 스크립트 창에 다음과 같은 이벤트 함수를 작성한다.

```
function DEC_HZ_OnTrue(event) {
    $XT("INVERTER.SET_HZ").value = $XT("INVERTER.SET_HZ").value - 5;
}

function INC_HZ_OnTrue(event) {
    $XT("INVERTER.SET_HZ").value = $XT("INVERTER.SET_HZ").value + 5;
}
```

⑤ INVERTER.DEC_HZ, INVERTER.INC_HZ, 태그 속성의 OneTrue 이벤트 함수에 등록시킨다.

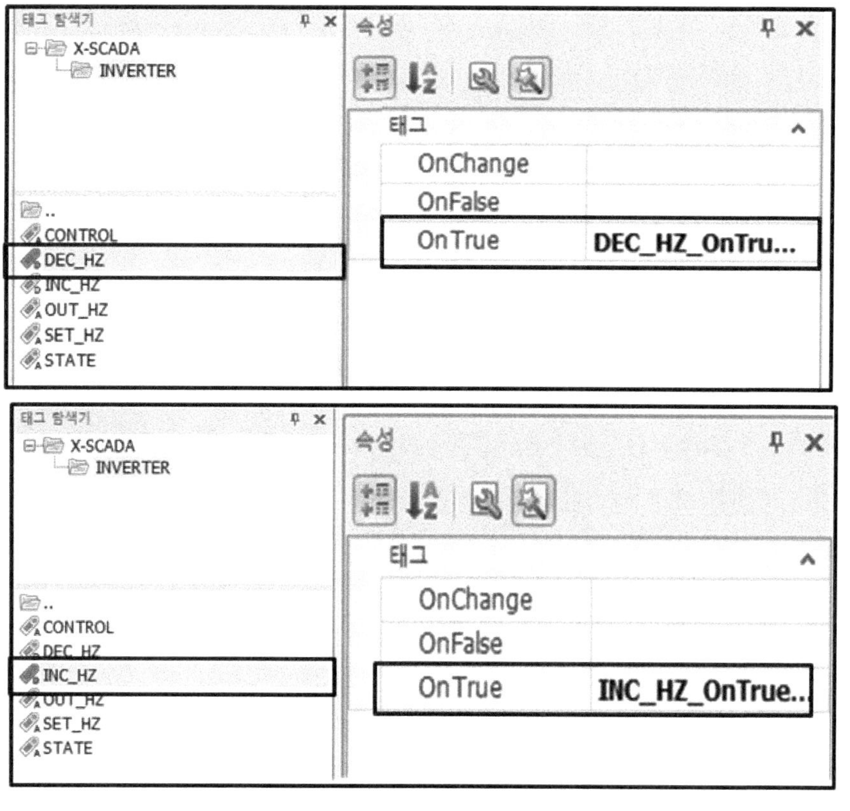

⑥ 주파수 지령 설정

				주파수 지령					정보			운전지령					10진수
지령	B15	B14	B13	B12	B11	B10	B9	B8	B7	B6	B5	B4	B3	B2	B1	B0	
정지				1			1	1	1	1						1	5057
정방향				1			1	1	1	1					1		5058
역방향				1			1	1	1	1				1			5060
RESET				1			1	1	1	1			1				5064
비상정지				1			1	1	1	1		1					5072

⑦ 통신 프로토콜 설정

그 룹	코드번호	기능 내용	설 정	내 용			
			표시값				
입출력	159	통신 프로토콜 설정	0	통신 프로토콜을 설정한다.			
				0	MODBUS RTU		
	160	인버터 국번	1	RS-485 통신 사용 시 국번을 설정한다.			
				1-32			
	161	통신 속도 (X-SCADA장치 설정과 동일)	4	통신 속도를 설정한다.			
				0	1200bps		
				1	2400bps		
				2	4800bps		
				3	9600bps		
				4	19200bps		
	165	데이터/패리티/스톱 비트 설정	0	통신 전송 포맷을 설정한다.			
					Data Bit	Stop Bit	Parity Bit
				0	8bit	1bit	NONE
				1	8bit	2bit	NONE
				2	8bit	1bit	EVEN
				3	8bit	1bit	ODD
운 전	Drv	운전 지령 방법	3	RS-485 통신으로 운전			
	Frg	주파수 설정 방법	7	RS-485 통신으로 운전			

(8) PLC RS232 통신

① XGB PLC와 SCADA와 장치 연결 작화

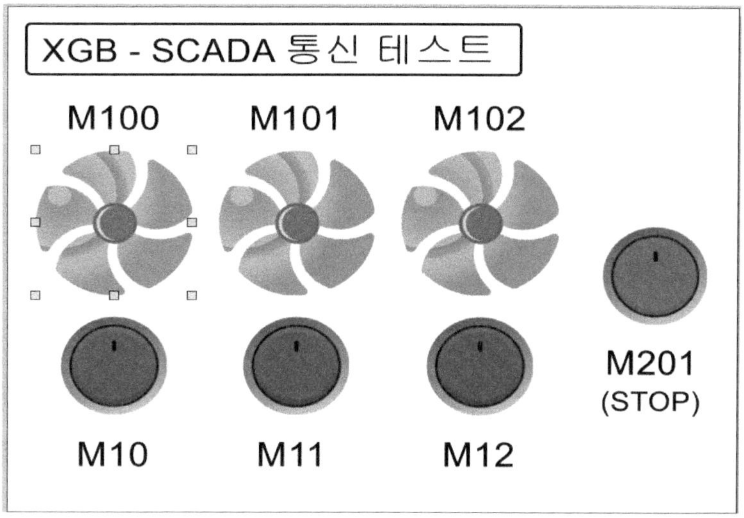

② 장치 탐색기 설정

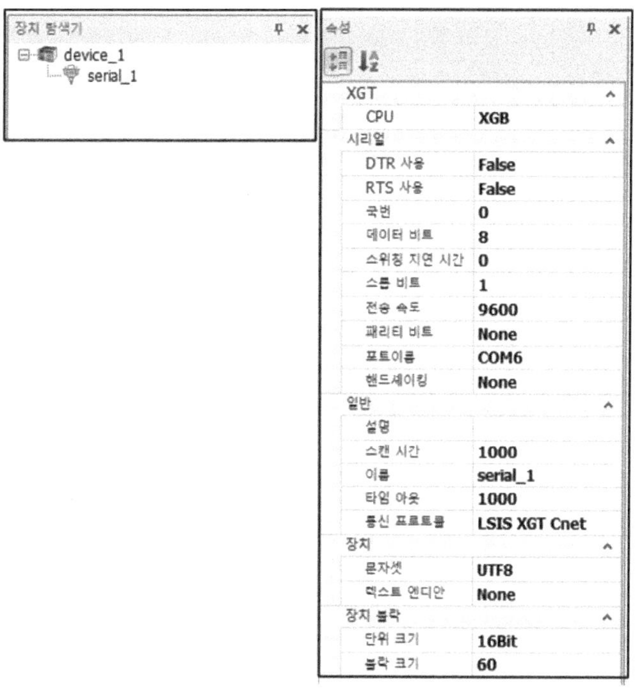

③ 태그 탐색기 설정

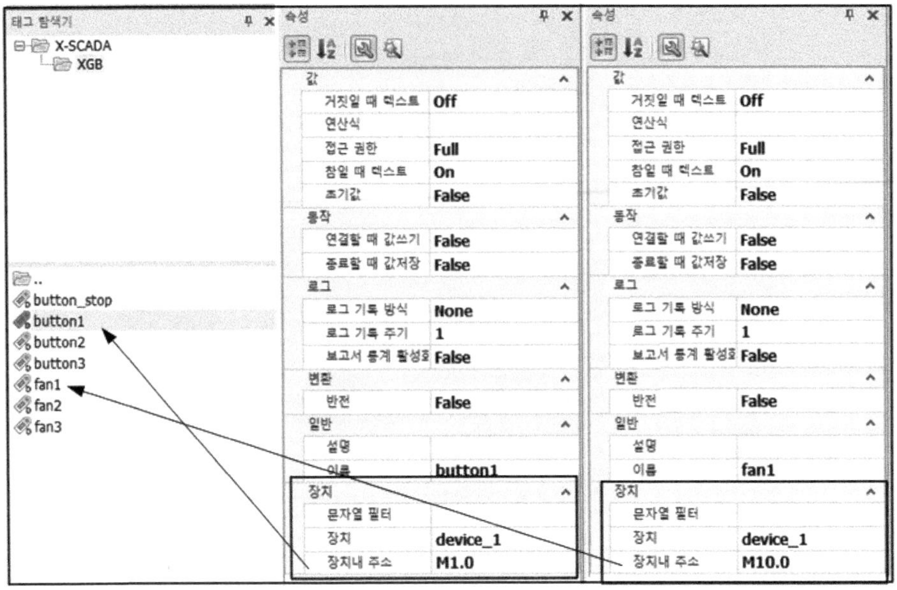

④ PLC 프로그램 작성

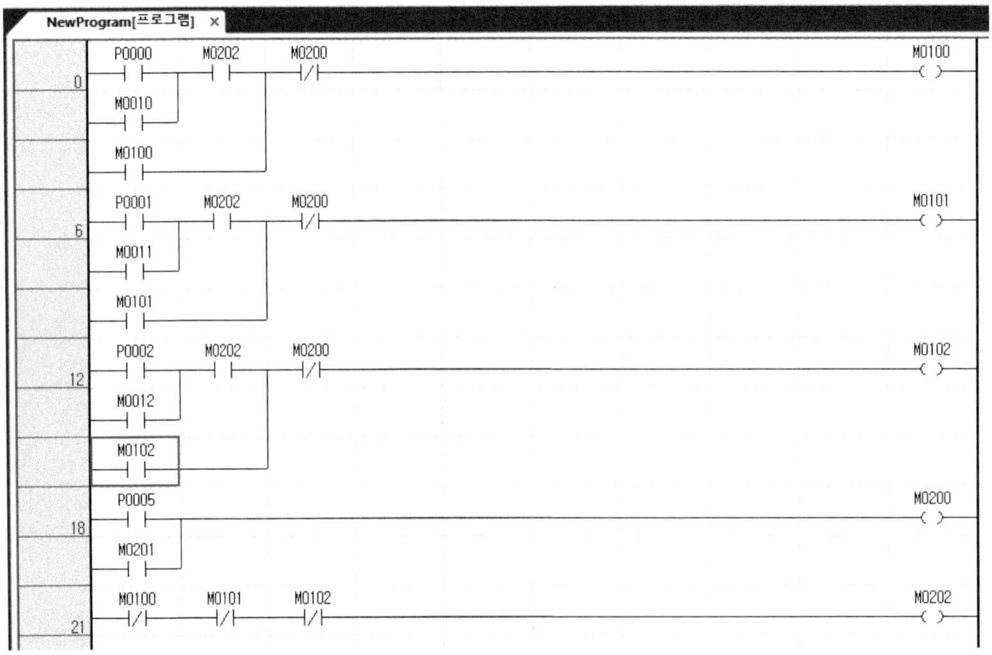

(9) PLC 이더넷 통신

① SCADA 작화

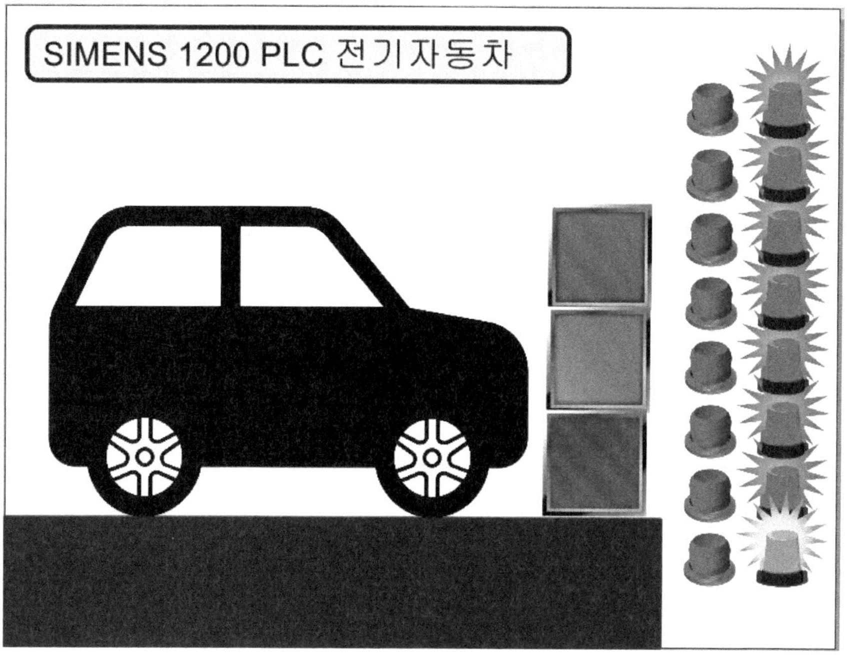

② 장치 탐색기 설정

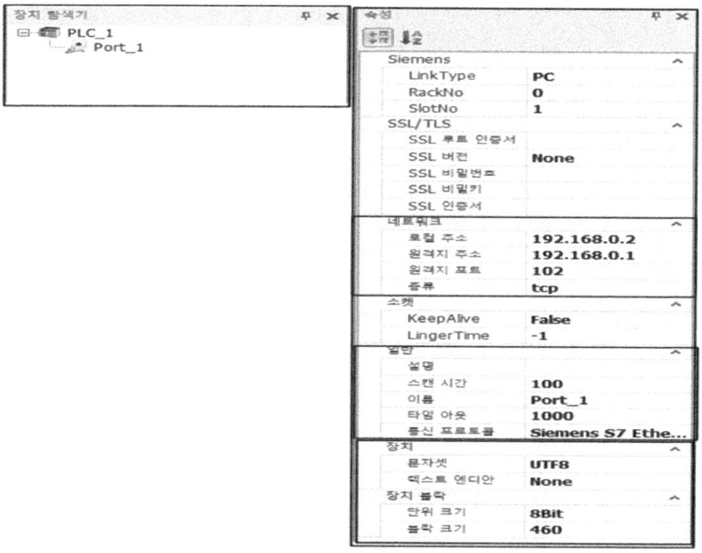

③ 태그 탐색기 설정

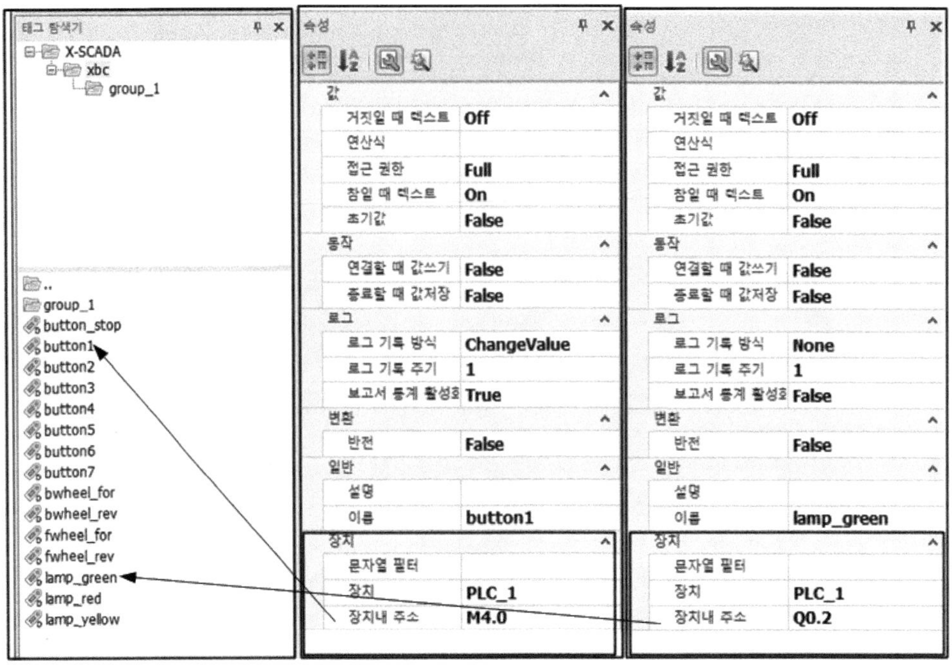
태그 탐색기
X-SCADA
xbc
group_1
..
group_1
button_stop
button1
button2
button3
button4
button5
button6
button7
bwheel_for
bwheel_rev
fwheel_for
fwheel_rev
lamp_green
lamp_red
lamp_yellow
속성
값
거짓일 때 텍스트 Off
연산식
접근 권한 Full
참일 때 텍스트 On
초기값 False
동작
연결할 때 값쓰기 False
종료할 때 값저장 False
로그
로그 기록 방식 ChangeValue
로그 기록 주기 1
보고서 통계 활성화 True
변환
반전 False
일반
설명
이름 button1
장치
문자열 필터
장치 PLC_1
장치내 주소 M4.0
속성
값
거짓일 때 텍스트 Off
연산식
접근 권한 Full
참일 때 텍스트 On
초기값 False
동작
연결할 때 값쓰기 False
종료할 때 값저장 False
로그
로그 기록 방식 None
로그 기록 주기 1
보고서 통계 활성화 False
변환
반전 False
일반
설명
이름 lamp_green
장치
문자열 필터
장치 PLC_1
장치내 주소 Q0.2

④ PLC 프로그램

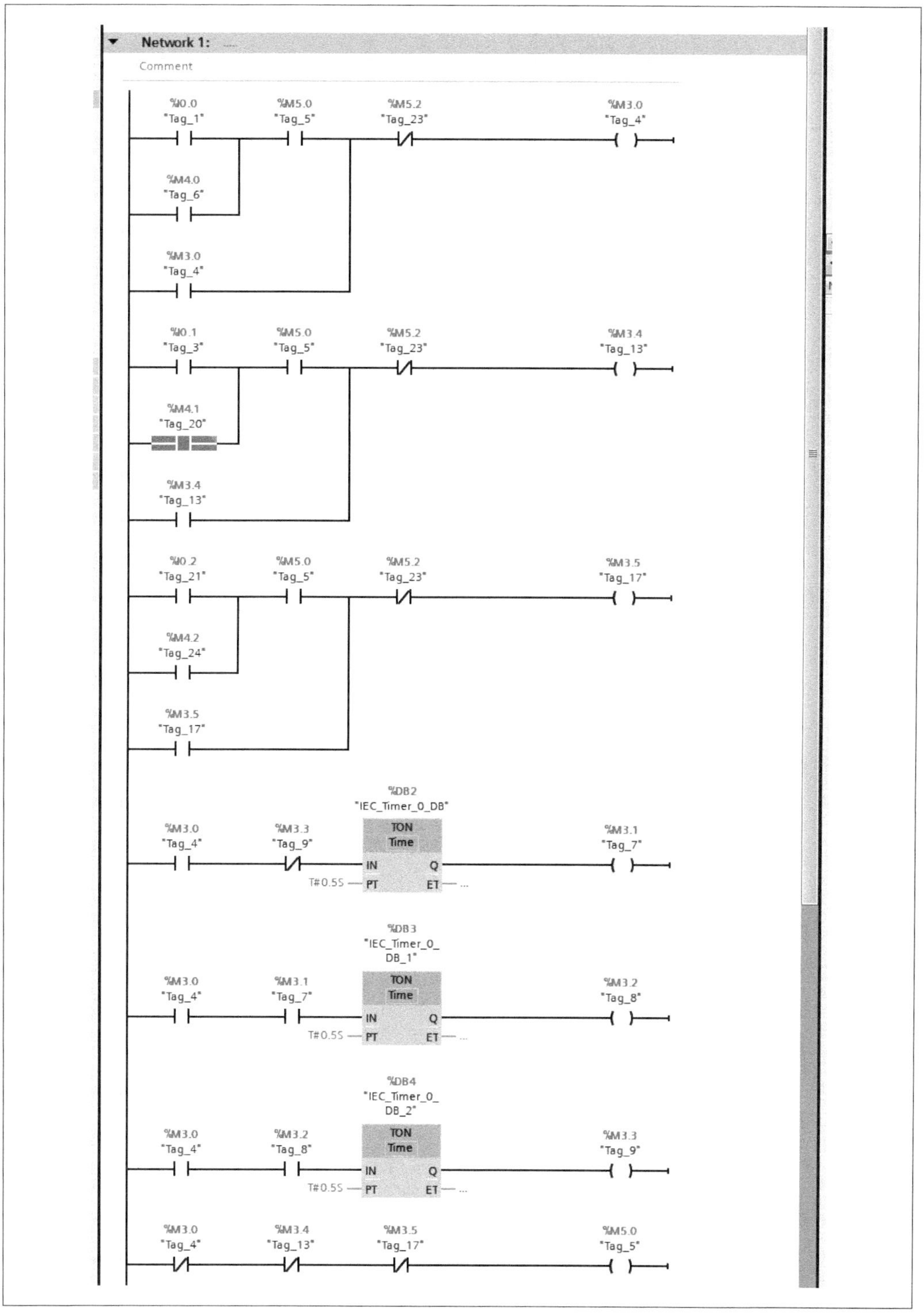
Network 1:
Comment
%I0.0
"Tag_1"
%M5.0
"Tag_5"
%M5.2
"Tag_23"
%M3.0
"Tag_4"
%M4.0
"Tag_6"
%I0.1
"Tag_3"
%M3.4
"Tag_13"
%M4.1
"Tag_20"
%I0.2
"Tag_21"
%M3.5
"Tag_17"
%M4.2
"Tag_24"
%DB2
"IEC_Timer_0_DB"
TON
Time
%M3.3
"Tag_9"
%M3.1
"Tag_7"
IN
Q
PT
ET
T#0.5S
%DB3
"IEC_Timer_0_DB_1"
%M3.2
"Tag_8"
%DB4
"IEC_Timer_0_DB_2"
%M5.0
"Tag_5"

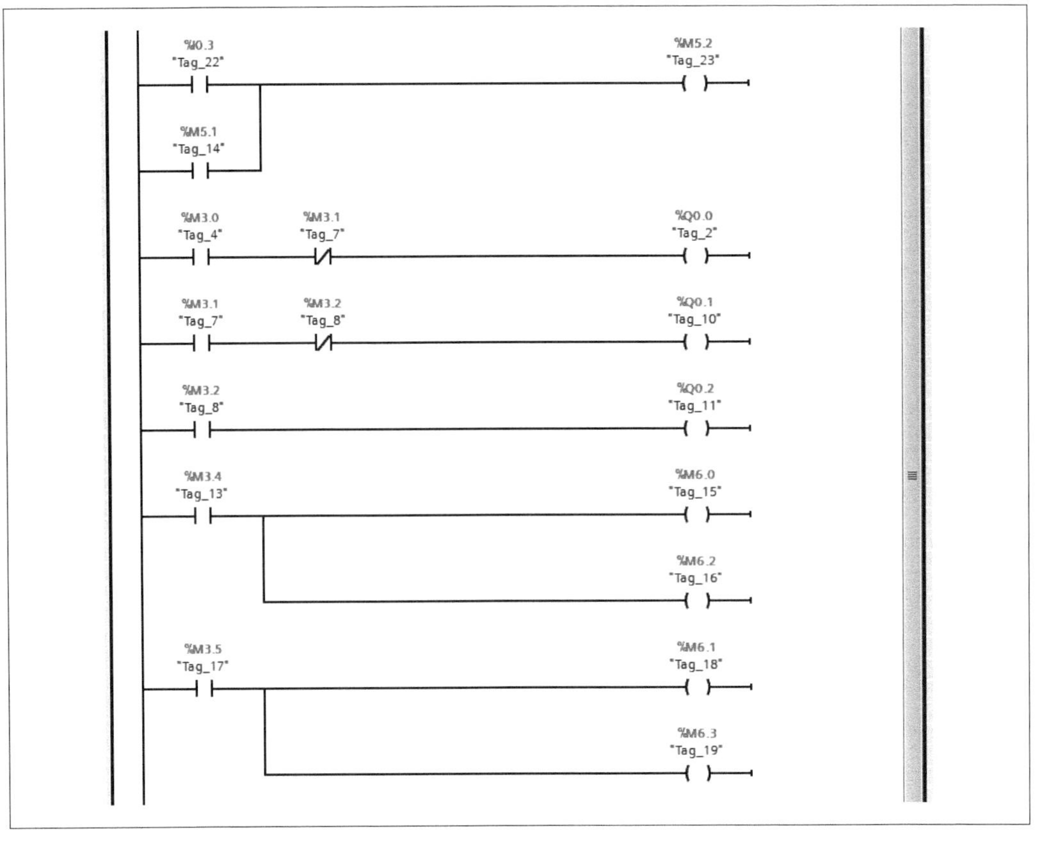
%I0.3
"Tag_22"
%M5.2
"Tag_23"
%M5.1
"Tag_14"
%M3.0
"Tag_4"
%M3.1
"Tag_7"
%Q0.0
"Tag_2"
%M3.1
"Tag_7"
%M3.2
"Tag_8"
%Q0.1
"Tag_10"
%M3.2
"Tag_8"
%Q0.2
"Tag_11"
%M3.4
"Tag_13"
%M6.0
"Tag_15"
%M6.2
"Tag_16"
%M3.5
"Tag_17"
%M6.1
"Tag_18"
%M6.3
"Tag_19"

Chapter

14

전기자동차 유지보수 및 테스터 사용법

(1) 아나로그 멀티 테스터

멀티 테스터(multi-tester)는 전압(V), 전류(A) 및 저항(Ω)을 측정할 수 있는 계측 VOM (Volt-Ohm-Milli ampere meter)i-meter) 또는 회로 시험기라 부른다.

(2) 디지털 테스터

멀티 테스터의 주요 기능은 전압, 전류, 저항의 측정이다. 부가 기능으로는 건전지의 잔량을 측정하거나 콘덴서, TR 등을 측정할 수 있다.

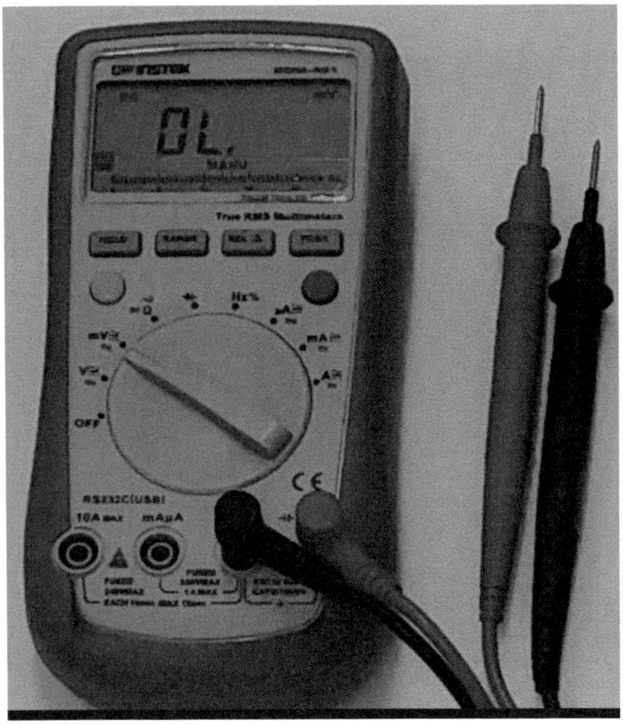

(3) 멀티 테스터 구성 및 용도

명 칭	기 능
DC[V] 측정	직류 전압을 측정하는 곳이며, 측정 범위 선택은 2.5, 10, 50, 250, 1000[V]이다
AC[V] 측정	교류 전압을 측정하는 곳이며, 측정 범위 선택은 10, 50, 250, 1000[V]이다. 직류 전압이나 교류 전압 등을 측정할 때는 측정하려는 곳의 예상 측정값의 2배 이상의 레인지에서 측정하는 것이 좋다.
DC[mA] 측정	직류 전류를 측정하는 곳으로 2.5, 25, 250[mA], 10[A]까지 측정할 수 있다. 10[A] 측정 소켓으로 사용된다.
옴[Ω] 측정	저항을 측정하는 곳으로 "옴"이라고 읽는다.
저항값 눈금	멀티 테스터에서 사용하고 있는 미터는 아날로그 전류계이기 때문에 전류가 흐른 만큼 지침이 움직인다.
전압 전류값 눈금	지시값의 최댓값이 10, 50, 250으로 되어 있다. 레인지가 10, 50, 250의 배수로 되어 있어 그에 따라 10배, 50배, 250배가 되게 읽으면 된다.

(4) 전류계 사용법

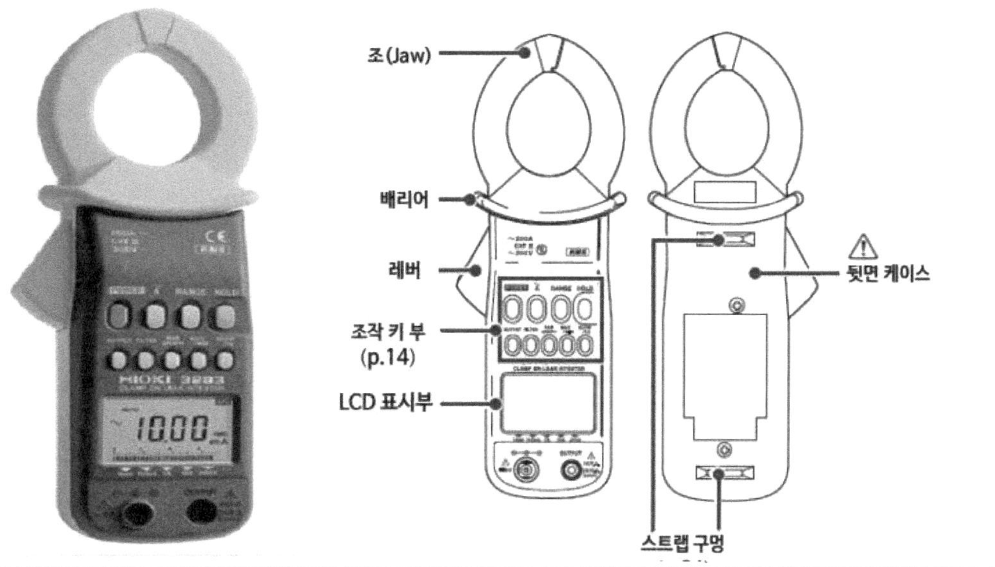

사용 부위 명칭: 조(jaw), 배리어, 레버, 조작 키부, LED 표시, 뒷면 케이스, 스트랩 구멍 측정 가능 범위: 교류, 전압, 전류, 저항, 직류전압, 벨 테스터 기능

(5) 메거 사용법(meagering)

① 측정치 눈금

② 메거 측정 테스트 측정 잭

③ 메거 측정 레인지

① 절연 저항계는 500V 절연 저항계를 많이 사용한다. 전기 사용 장소의 사용 전압이 저압인 전로의 전선 상호 간 및 전로와 대지 사이의 절연 저항은 개폐기 또는 과전류 차단기로 구분할 수 있는 전로마다 다음 표에서 정한 값 이상이어야 한다. 다만 전선 상호 간의 절연 저항은 기계 기구를 쉽게 분리가 곤란한 분기 회로의 경우 기기 접속 전에 측정할 수 있다.

전로의 사용 전압 구분[V]		절연저항[MΩ]
400[V] 미만	150[V] 이하	0.1[MΩ]
	150[V] 초과 300[V] 이하인 경우	0.2[MΩ]
	사용 전압이 300[V] 초과 400[V] 미만인 경우	0.3[MΩ]
400[V] 이상		0.4[MΩ]

② 콘센트에서 절연 저항 측정 방법과 누전 점검 방법

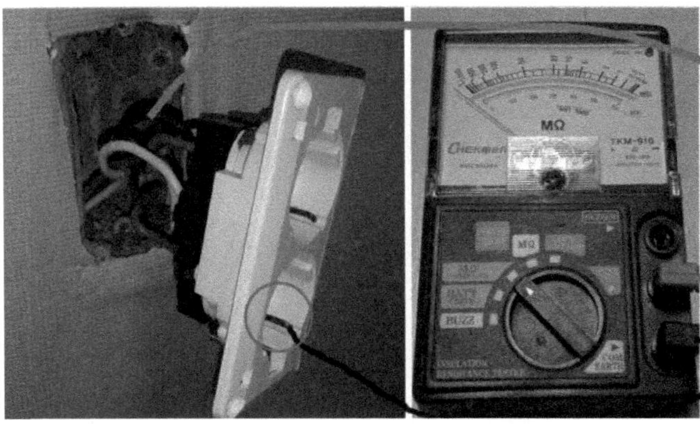

콘센트에서의 전로 절연 저항 측정 방법이다. 누전 점검을 할 때 사용한다. 콘센트를 뜯으면 위와 같이 선들이 있는데, 녹색 선은 접지선이고 나머지 흰색 선과 검정 선은 중성선 및 HOT LINE이다. 먼저 차단기를 내려 전기를 차단 후에 COM선은 접지선에 고정하고 콘센트 흰색 또는 검정 선을 측정하여 메거 테스트 눈금이 220[V]인 경우 위 표와 같이 0.2[MΩ] 이상을 지시하면 정상이고, 0.2[MΩ] 이하이면 누전이다. 특히 테스터를 하기 전 모든 연결 접속선은 분리시킨 상태에서 라인, 라인별 테스트를 해야 한다.

③ 가정용 분전반에서 정연 저항 측정법

가정용 분전반은 아래와 같이 2선식으로 되어 있다. 여기서도 절연 저항을 측정하려면 먼저 측정하고자 하는 곳의 차단기를 내린다. 그리고 녹색 접지선에 메거의 COM선을 접속하고 +선에 측정하고자 하는 선에 접속하여 측정하면 된다. 여기서도 모든 접속선은 분리한 뒤 측정해야 누전된 선로를 찾을 수 있다.

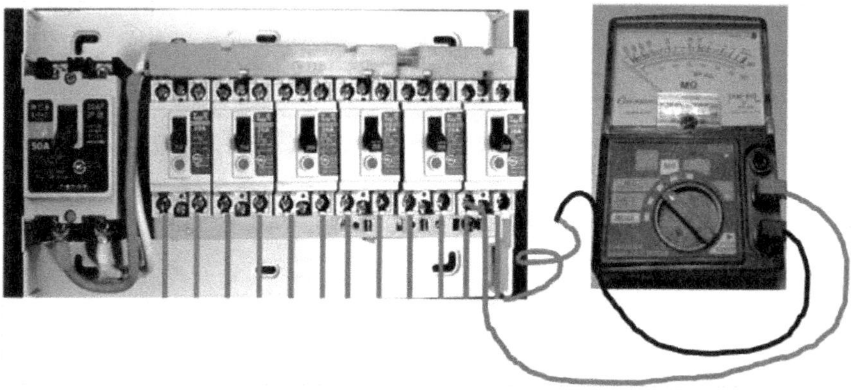

④ 전기자동차 메가 테스트

아래 그림과 같이 메가의 COM 선은 접지선에 접속하고 프러스 선은 PLC R선에 접속하여 R선에 절연 저항을 측정할 수 있다.

Chapter
15

전기자동차 유지보수 점검

테스터와 벨 테스터, 전류계, 메가 테스터 등을 사용하여 전압 유무, 전선의 단선 유무 등을 검사 확인할 수 있다.

(1) AC 220[V] 전압 측정

AC 전압 220[V], 전압이 인가되는지를 확인한다. 퓨즈 단선 유무도 확인하고, 변압기, PLC 입력단까지 전압이 인가되는지 확인한다.

차단기 1차 측 전압 측정값	퓨즈 2차 측 전압 측정값	변압기 1차 측 전압 측정값	PLC 전원 측 전압 측정값	단자대 AC 220[V]
[V]	[V]	[V]	[V]	[V]

(2) DC 24[V] 전압 측정

DC 전압은 PLC DC 전원 측과 트랜스 DC 24[V] 측에 있으며, 전기자동차 상단에 DC 전원반을 설정해 놓았다. 다음과 같은 곳에 DC 전원을 측정한다. DC 24[V] 전압은 극성이 있음으로 주의해서 정확하게 측정한다.

PLC DC 전원 측	트랜스 DC 전원 측	DC 단자대	1번 모터 DC 전압	RY1 13, 14번
[V]	[V]	[V]	[V]	[V]

(3) 전류 측정

전류계를 사용하여 1번 모터, 2번 모터, 3번 모터, 4번 모터에 흐르는 전류를 측정하고 전원 선에 흐르는 전류를 측정한다.

1번 모터	2번 모터	3번 모터	4번 모터	전원 측 전류
[A]	[A]	[A]	[A]	[A]

(4) 메가의 측정

메가의 사용법을 이해하고 1번 모터, 2번, 3번, 4번 모터의 절연 저항을 측정하고, 전기자동차의 임의 한 선을 단선하고 그 단선된 부분을 절연 저항 측정기로 검사하여 고장을 진단한다.

1번 모터	2번 모터	3번 모터	4번 모터	단선된 곳 진단
[MΩ]	[MΩ]	[MΩ]	[MΩ]	[MΩ]

(5) 벨 테스터에 의한 단선 측정

임의선 5곳을 제거하고 그곳에 단선 유무를 벨 테스터를 사용하여 진단 유지보수한다.

① 1번 모터에 +선 제거 후 단선 여부를 벨 테스터로 점검 확인한다.

② 2번 모터에 -선 제거 후 단선 여부를 벨 테스터로 점검 확인한다.

③ 3번 모터에 +선 제거 후 단선 여부를 벨 테스터로 점검 확인한다.

④ 4번 모터에 -선 제거 후 단선 여부를 벨 테스터로 점검 확인한다

⑤ PLC 출력 P25단자 제거 후 단선 여부를 벨 테스터로 점검 확인한다

고장 1번	고장 2번	고장 3번	고장 4번	고장 5번

【참고자료】

1. 생산자동화 MPS 장비 멜섹 PLC 제어. 김일호. 도서출판 건기원. 2018.
2. siemens PLC & 전장 시스템 제어. 김일호. 오성미디어. 2018.
3. siemens PLC s1500 기초(L1). 김일호. 도서출판 건기원. 2019.
4. www. xisom.com
5. 타임차트 PLC 응용 제어. 김일호. 오성미디어. 2013.
6. 전기기능사. 국가기술자격검정연구회 저. 대광서림. 2017.
7. 무인 멀티콥터 드론 조종 자격증. 박정환, 류영기. ㈜골든벨. 2018.
8. https://www.ggoomgil.go.kr/index.jsp: 전기자동차 제작교육 신청 주소

직업 체험, 방과 후 수업, 고교학점제 활용 교재

전기자동차
PLC 프로그래밍 코딩
(XGB, FX 3U_PLC 사용)

2022년 3월 2일 1판 1쇄 인 쇄
2022년 3월 5일 1판 1쇄 발 행

지은이 : 김 일 호

펴낸이 : 박 정 태

펴낸곳 : **광 문 각**

10881
파주시 파주출판문화도시 광인사길 161
광문각 B/D 4층
등 록 : 1991. 5. 31 제12-484호
전화(代) : 031) 955-8787
팩 스 : 031) 955-3730
E-mail : kwangmk7@hanmail.net
홈페이지 : www.kwangmoonkag.co.kr

• ISBN : 978-89-7093-760-1 93560

값 22,000원